烟火化学
基本原理与理论
（第3版）

Chemistry of Pyrotechnics

Basic Principles and Theory

[美] 约翰·A. 康克林　克里斯托弗·J. 莫西拉　著

代梦艳　张兴高　张开创　李剑斌
赵建峰　张鹏程　刘海峰　　　　　译

国防工业出版社
·北京·

著作权合同登记　图字：01－2022－7032 号

图书在版编目（CIP）数据

烟火化学：基本原理与理论/（美）约翰·A. 康克林，（美）克里斯托弗·J. 莫西拉著；代梦艳等译. —北京：国防工业出版社，2024.4

书名原文：Chemistry of Pyrotechnics, Basic Principles and Theory

ISBN 978-7-118-13273-1

Ⅰ.①烟…　Ⅱ.①约…②克…③代…　Ⅲ.①烟火剂-化学　Ⅳ.①TQ567

中国国家版本馆 CIP 数据核字（2024）第 070128 号

Chemistry of Pyrotechnics: Basic Principles and Theory, Third Edition
9781138079922
which is authored by John A. Conkling, Chris J. Mocella
© 2019 by Taylor & Francis Group, LLC
CRC Press is an imprint of Taylor & Francis Group, an Informa business
Authorized translation from English language edition published by CRC Press, part of Taylor & Francis Group LLC; All rights reserved; 本书原版由 Taylor & Francis 出版集团旗下，CRC 出版公司出版，并经其授权翻译出版。版权所有，侵权必究。
National Defense Industry Press is authorized to publish and distribute exclusively the Chinese (Simplified Characters) language edition. This edition is authorized for sale throughout Mainland of China. No part of the publication may be reproduced or distributed by any means, or stored in a database or retrieval system, without the prior written permission of the publisher. 本书中文简体翻译版经授权由国防工业出版社独家出版，并限在中国大陆地区销售。未经出版者书面许可，不得以任何方式复制或发行本书的任何部分。

※

国防工业出版社 出版发行

（北京市海淀区紫竹院南路 23 号　邮政编码 100048）
三河市天利华印刷装订有限公司印刷
新华书店经售

＊

开本 710×1000　1/16　印张 17　字数 298 千字
2024 年 4 月第 1 版第 1 次印刷　印数 1—1500 册　定价 119.00 元

（本书如有印装错误，我社负责调换）

| 国防书店：(010) 88540777 | 书店传真：(010) 88540776 |
| 发行业务：(010) 88540717 | 发行传真：(010) 88540762 |

第 3 版前言（2019）

本书是对 John Conkling 博士毕生努力和奉献精神的延续，我非常荣幸能够为他工作。尽管 Conkling 博士已经从烟火化学的主要工作中退休了，但读者不要误会，这仍然完全是他的工作，他就是我所站立的那个"巨人的肩膀"。

我与 Conkling 博士在 1999 年相识，那时我在马里兰州切斯特敦的华盛顿大学（我俩共同的母校）工作。当时，我在大学里为学年之间的夏季会议工作，其中一个会议就是 Conkling 博士极富传奇色彩的夏季烟火技术研讨会。那时，我的一位好友也是他的研究人员，看到这个机会，我提出了申请，如愿成了 Conkling 博士的夏季研究人员。我在他的指导下完成了本科研究，同时成为烟火技术研讨会的教学人员，并一直持续到 2010 年，即这一会议持续的第 27 年。Conkling 博士一直坚持为这一项目以及那里的许多其他烟火和烟花项目提供咨询，对于他在学术和专业领域的指导以及持续至今的友谊，我表示不胜感激。

为了继续 Conkling 博士对这一领域的研究工作，自第 2 版出版以来，我一直致力于研讨化学和烟火学的核心问题，并通过最新进展来更新关注的主要问题，尤其是"绿色烟火技术"以及寻找对人类和环境具有较低毒性作用的新配方。新型烟火研究涉及的内容非常广泛，而我只能将其中的一小部分纳入本书。希望读者可以由此受到启发，通过参考本书中的一些想法来继续自己的研究，并将最先进的烟火技术推入 21 世纪。

Christopher J. Mocella
马里兰州安那波利斯

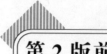

第 2 版前言（2010）

自本书第 1 版出版以来，已经过去了 25 年，烟火和含能材料的世界一直在发生着重大变化。这些变化主要是出于对安全的关注——对于那些使用含能材料的工作人员，对于在含能材料生产设施附近的社区，以及对环境问题的关注。这些压力和改变带来的结果之一是政府颁布了新的法规，对可能用于含能混合物中的材料加以限制，要求进行大量培训项目，并采取了其他措施（如 OSHA 的《过程安全管理标准》），旨在消除安全事故和事件。几乎所有在 20 世纪 50 年代和 60 年代进入含能材料领域的人员都已经退休，并带走了他们在含能混合物制备方面多年积累的实践知识。

本书于 1985 年第 1 版出版以来，举办国际烟火技术研讨会（International Pyrotechnics Seminars）的频率和意义日益增加。现在每年至少在科罗拉多州或美国以外的地方举办一次研讨会，这些研讨会的进展仍在继续成为当前烟火研究的重要信息来源。此外，国际烟火专题讨论会（International Symposium on Fireworks，ISF）继续每两年在加拿大或其他地方举行，这些会议总是能产生一系列有趣的技术论文。

国际烟火协会（Pyrotechnics Guild International，PGI）已成长为一个由受人尊敬的烟火爱好者和研究人员组成的组织，他们在烟火技术领域做出了重要贡献。

《烟火学杂志》（*The Journal of Pyrotechnics*）这一期刊为人们迅速出版烟火学领域的研究和综述论文提供了一种新的载体。

这一领域同样存在消极的一面，即目前在美国仍然缺乏一个能涵盖含能材料科学的有组织的、全面的学术课程。新墨西哥理工学院正在提供一个爆炸技术领域的培训项目，这是我们迈出的重要一步。烟火技术领域正在越来越多地与遮蔽技术和低特征信号火焰发射等领域相互配合，以适应不断变化的技术需求。对烟火科学赋予更多的关注将成为这个国家的宝贵财富。

我要感谢我的众多同仁和同事在过去 25 年中有趣的讨论、有益的评论和建设性的批评意见。首先在这一致谢名单上的是 Joseph Domanico，我的朋友和同事，自 1984 年以来就一直在华盛顿学院举办的夏季烟火技术研讨会项目工作。Joe 是一个真正独特的人，在含能材料领域拥有广泛的知识。

我还要感谢华盛顿学院 2001 级的 Christopher J. Mocella 对本书第 2 版的帮助和贡献。Chris 还以讲师的身份参加了华盛顿学院的夏季烟火技术研讨会，并成为了该团队的重要成员。

致谢名单中包括派因布拉夫兵工厂（Pine Bluff Arsenal）的 Tom Shook 和 Loy Aikman，20 年前他们让我参与了军事领域的烟火学研究。另一个特别感谢的是 MP 联合公司的 David Pier，多年来我一直在与他辩论各种各样的话题，涉及含能材料的诸多方面。为培养我做出贡献的其他朋友和同事还包括已故的 Fred McIntyre，以及另一位前华盛顿学院化学系学生 Jeff Johnson，以及 Orion 安全产品公司。我还要感谢美国烟火技术协会多年来给予我足够的时间来追求自己的科学兴趣，也要感谢 TNT 烟花和 Orion 安全产品公司，允许我从 APA 退休以来一直协助他们进行有趣的项目。非常感谢过去 27 年来，夏季烟火技术研讨会项目的参与者，以及美国烟酒枪炮及爆炸物管理局的朋友，特别是 Judy LeDoux 和 Debra Satkowiak，感谢他们允许我协助培训他们的工作人员。

最后，我必须承认并感谢我的妻子 Sandra 对于这个项目的重要意义，如果没有她的持续鼓励，第 2 版将被推迟更久。我的两个孩子 Melinda Conkling Hart 和 John A. Conkling Jr. 也努力帮助她鼓励我。他们还为我们带来了四个出色的得克萨斯孙辈——John Maxey Hart, Edward Austin Hart Jr., Julia Valliant Conkling, 以及最新出生的 John A. Conkling 三世。也许他们中的一个将会在这个优秀的领域开启职业生涯。

本书一直强调的是基本的化学原理，而不是作为烟火技术的操作指南。目前已经有各种详尽的出版作品，涵盖了含能材料的许多领域。本书旨在作为一个桥梁，使得人们可以充满自信地将化学知识转化为把化学原理和逻辑应用于含能材料的能力。遗憾的是，现在对烟火技术领域的历史讨论得很少。这个领域的历史，特别是 20 世纪的工作，是另一部期待有人撰写的传奇。然而，毫无疑问，烟火技术作为一门科学，就像任何其他科学领域一样，必须通过借鉴该领域过去的成就来成长和发展。每个人的目标都必须是竭尽所能让含能材料领域变得更加高效、实用和安全。

John A. Conkling
马里兰州切斯特顿

第1版前言（1985）

每个人都有机会观察到涉及烟火药剂的化学反应。美国每年7月4日独立日的美丽烟花、高速公路求救信号、航天飞机的固体燃料助推器，以及步枪爱好者使用的黑火药，这些都有着一个共同的技术背景——烟火技术。

在20世纪，这些构成含能材料的化学原理被学术界和工业研究人员或多或少地忽略了。最近的大多数工作都是以达到性能指标为主要目的，而不关注基础原理的研究（如产生颜色更深的绿色火焰）。许多重要的结果来自于军事报告，但化学基本原理必须通过许多测试结果才能一点一滴地收集。

目前，大部分知识是由经验丰富的人员所掌握，这些工作人员中的许多人在第二次世界大战期间接受了最初的培训，他们正在接近退休年龄（如果不是已经退休）。对于未来的研究人员来说，这是最不幸的。新手很难掌握开始生产实践所需的技能和知识。虽然化学专业的背景会有所帮助，但是当今许多现代化学课程似乎很难被从事烟火和炸药工作的人员所应用。此外，现在的学校里根本没有开展如何安全地混合、处理和储存含能材料的关键教育，这些知识必须通过职业培训获得。

本书旨在向初学者介绍烟火技术和高能化学的基本原理，并为有经验的人员提供一本方便易用的综述。虽然本书绝不能代替在现场安全工作中所必需的基本实践经验和培训，但我希望它可以提供有益的帮助。我们尝试简化化学理论并使其可直接适用于烟火和炸药研究。本书的难度接近大学入门课程的水平，对本书内容的学习可以帮助人们为参加有关含能材料的专业会议和研讨会做准备，并使他们能够理解会议展示的成果。特别是，伊利诺伊理工学院与国际烟火学会（International Pyrotechnics Society）在美国每两年举办一次的国际烟火技术研讨会，在召集组织研究人员讨论当前工作方面发挥了重要作用。迄今为止，举行的九次研讨会的论文集都包含了大量有价值的信息，可供高能化学领域的研究人员进行阅读和思考。

我要感谢美国化学学会的Richard Seltzer先生和Marcel Dekker公司的Maurits

第 1 版前言（1985）

Dekker 博士，感谢他们的鼓励以及愿意将烟火技术视为现代化学的一个分支。感谢华盛顿学院在 1983 年给予的学术假期，让我能够最终完成定稿。我还要感谢烟火学领域的诸位同事们，他们为我提供了数据和鼓励；以及感谢 1983 年和 1984 年在华盛顿学院举行的夏季烟火研讨会小组对本书草稿进行的审阅。感谢我的妻子和孩子在我专注于这项工作时给予我的支持与鼓励。

最后，我必须感谢我与前化学系主任，后来的华盛顿学院院长 Joseph H. McLain 先生多年的友谊和合作。正是他的热情与鼓励使我从降冰片基（norbornyl）阳离子和物理有机化学的领域中抽离，而进入了引人入胜的烟火和炸药领域。1981 年，McLain 博士去世，高能化学领域从此失去了一位引路者。

John A. Conkling
马里兰州切斯特顿

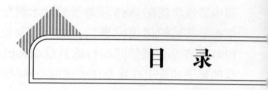

目 录

第1章 概论 ··· 1
  1.1 含能材料 ··· 2
  1.2 黑火药：最原始的烟火剂 ··· 3
  1.3 烟火发展史及意义 ··· 5

第2章 基本化学原理 ··· 8
  2.1 原子和分子 ··· 9
  2.2 摩尔的概念 ··· 16
  2.3 电子传递反应 ··· 18
    2.3.1 氧化还原理论 ··· 18
    2.3.2 热化合价法：简单而有效的方法 ··· 20
    2.3.3 配平方程式 ··· 23
    2.3.4 如何判断一个化合物是富燃料型还是富氧型 ··· 23
    2.3.5 计算质量比 ··· 24
    2.3.6 分析混合物的热化合价 ··· 25
    2.3.7 三组分体系 ··· 26
    2.3.8 热化合价法练习题 ··· 26
    2.3.9 附加热化合价练习题 ··· 29
  2.4 电化学 ··· 29
  2.5 热力学 ··· 32
    2.5.1 热力学概论 ··· 32
    2.5.2 反应热 ··· 34
  2.6 化学反应的速率 ··· 37
  2.7 富能键 ··· 39
  2.8 物态 ··· 40
    2.8.1 气态 ··· 41

	2.8.2	液态	42
	2.8.3	固态	43
	2.8.4	物质的其他相态	44
2.9	酸和碱		45
2.10	光的产生		46
	2.10.1	分子辐射	49
	2.10.2	黑体辐射	49
2.11	"绿色"化学与烟火技术：导论		50

第3章 含能药剂的组分 ... 52

3.1	引言		53
3.2	氧化剂		54
	3.2.1	对氧化剂的需求	54
	3.2.2	硝酸钾	57
	3.2.3	氯酸钾	58
	3.2.4	高氯酸钾	61
	3.2.5	绿色烟火：高氯酸盐问题	62
	3.2.6	高氯酸铵	63
	3.2.7	新闻里的高氯酸铵	65
	3.2.8	二硝酰胺：高氯酸盐的"绿色"替代品	65
	3.2.9	高碘酸盐：高氯酸盐的"绿色"替代品	66
	3.2.10	5-氨基四氮唑：高氯酸盐的"绿色"替代品	67
	3.2.11	硝酸锶	67
	3.2.12	硝酸钡	68
	3.2.13	氧化铁	68
	3.2.14	其他氧化剂	69
	3.2.15	非"氧"氧化剂	69
	3.2.16	小结	70
	3.2.17	氧化剂的选择与比较	70
3.3	可燃剂		71
	3.3.1	对可燃剂的需求	71
	3.3.2	金属可燃剂	72
	3.3.3	非金属元素可燃剂	77
	3.3.4	有机可燃剂	81
3.4	黏合剂		86
	3.4.1	黏合剂概述	86

3.4.2　大多数的黏合剂也是燃料 ·············· 89
　3.5　阻燃剂 ························· 90
　3.6　催化剂 ························· 91
　3.7　产气量的有关考虑 ··················· 91
　3.8　组分选择的结论和最佳实践 ··············· 92

第4章　烟火原理 ························ 94
　4.1　引言 ························· 95
　4.2　烟火性能的技术参数 ·················· 95
　4.3　烟火剂性能的影响因素 ················· 99
　4.4　对高性能含能药剂的要求 ················ 105
　4.5　含能混合物的制备 ··················· 106
　4.6　烟火剂的性能变化 ··················· 107
　4.7　烟火剂的老化效应 ··················· 109
　4.8　小结 ························· 110

第5章　烟火实验室和分析技术 ················· 111
　5.1　引言 ························· 112
　5.2　烟火实验室 ······················ 112
　　5.2.1　储存 ······················ 113
　　5.2.2　安全性：个人防护装备和通用操作 ········ 115
　5.3　药剂的制备 ······················ 116
　　5.3.1　颗粒和粉体的粒度分级 ············· 116
　　5.3.2　化学品称量 ·················· 118
　　5.3.3　组分的混合 ·················· 119
　5.4　实验通风橱"点火区" ················· 121
　　5.4.1　设置实验通风橱的点火区域 ··········· 121
　　5.4.2　药剂引燃 ···················· 122
　　5.4.3　清理和安全注意事项 ·············· 122
　5.5　烟火分析技术 ····················· 123
　　5.5.1　简介 ······················ 123
　　5.5.2　热分析 ····················· 123
　　5.5.3　热输出测量 ·················· 127
　　5.5.4　光谱分析 ···················· 127
　　5.5.5　显微镜 ····················· 128
　　5.5.6　水分分析 ···················· 128
　　5.5.7　其他设备和技术 ················ 128

5.6 工艺危险性分析 …………………………………………………………… 129
5.7 小结 ………………………………………………………………………… 129

第6章 点火与传播 …………………………………………………………… 130
6.1 点火原理 ……………………………………………………………………… 131
　6.1.1 点火技术 ……………………………………………………………… 131
　6.1.2 点火的启动和持续 …………………………………………………… 132
　6.1.3 燃烧、爆燃和爆轰 …………………………………………………… 133
　6.1.4 点火的影响因素：第一部分 ………………………………………… 133
　6.1.5 晶格结构、运动、反应性与塔姆曼温度 …………………………… 134
　6.1.6 点火的影响因素：第二部分 ………………………………………… 136
　6.1.7 点火温度 ……………………………………………………………… 139
　6.1.8 测定点火温度的方法 ………………………………………………… 141
　6.1.9 小结 …………………………………………………………………… 143
6.2 燃烧的传播 …………………………………………………………………… 143
　6.2.1 简介 …………………………………………………………………… 143
　6.2.2 组分选择的影响 ……………………………………………………… 144
　6.2.3 质量比和化学计量的影响 …………………………………………… 145
　6.2.4 热传递、压药密度和湿度等因素的影响 …………………………… 146
　6.2.5 外部压力和约束条件的影响 ………………………………………… 146
　6.2.6 外界温度的影响 ……………………………………………………… 149
　6.2.7 燃烧表面积 …………………………………………………………… 150
　6.2.8 爆燃转爆轰 …………………………………………………………… 150
　6.2.9 小结 …………………………………………………………………… 151
6.3 燃烧火焰温度 ………………………………………………………………… 152
6.4 传播指数 ……………………………………………………………………… 155
6.5 小结 …………………………………………………………………………… 156

第7章 感度 …………………………………………………………………… 157
7.1 引言 …………………………………………………………………………… 158
　7.1.1 点火感度的统计学特性 ……………………………………………… 158
　7.1.2 感度测试的安全问题 ………………………………………………… 159
　7.1.3 感度测试结果间的差异 ……………………………………………… 160
7.2 静电火花感度 ………………………………………………………………… 161
7.3 摩擦感度 ……………………………………………………………………… 163
7.4 撞击感度 ……………………………………………………………………… 166
7.5 热感度 ………………………………………………………………………… 168

7.5.1　热感度概述 ··· 168
　　　7.5.2　感度变化的差异性 ······································· 170
　7.6　冲击波感度 ··· 171
　7.7　基于感度重新设计配方 ··· 172
　7.8　小结 ··· 173

第8章　热药剂：点火药、延期药和高热剂 ······························ 175
　8.1　热的产生 ··· 176
　8.2　点火和延期的术语 ··· 176
　8.3　点火药和引火剂 ··· 180
　8.4　延期药 ··· 182
　　　8.4.1　延期药与热力学 ··· 182
　　　8.4.2　延期药和化学计量 ······································· 183
　　　8.4.3　绿色烟火型延期药 ······································· 185
　8.5　高热剂和铝热混合物 ··· 186
　8.6　小结 ··· 188

第9章　推进剂 ·· 189
　9.1　推进剂简介 ··· 190
　9.2　原始推进剂——黑火药 ··· 191
　9.3　无烟火药 ··· 192
　9.4　运载火箭用推进剂 ··· 195
　9.5　发射药与火箭推进剂 ··· 196
　9.6　推进剂研究前沿进展 ··· 196

第10章　光和颜色的产生 ··· 198
　10.1　引言 ·· 199
　10.2　白光剂 ·· 199
　　　10.2.1　白光的生成概述 ·· 199
　　　10.2.2　照明剂和照明弹 ·· 200
　　　10.2.3　摄影照明剂 ·· 202
　　　10.2.4　绿色烟火在摄影照明剂中的应用 ·························· 203
　10.3　火花的产生 ·· 204
　10.4　频闪和闪烁剂 ·· 205
　10.5　飞花剂和喷波剂 ·· 206
　10.6　彩色光的产生 ·· 207
　　　10.6.1　概述 ·· 207
　　　10.6.2　氧化剂的选择 ·· 210

10.6.3 可燃剂和燃速 ·················· 211
10.6.4 Veline 颜色系列 ················ 212
10.6.5 用氯进行颜色增强 ··············· 213
10.6.6 红色火焰剂：经典锶基体系 ·········· 214
10.6.7 红色火焰剂：锂基替代物 ············ 216
10.6.8 绿色火焰剂：经典的钡基体系 ········· 217
10.6.9 绿色火焰剂：基于硼的绿色烟火技术 ····· 217
10.6.10 蓝色火焰剂：经典的氯化铜体系 ······· 219
10.6.11 蓝色火焰剂："绿色烟火"碘化铜和溴化铜体系 · 221
10.6.12 紫色火焰剂 ·················· 222
10.6.13 黄色火焰剂：钠 ················ 222
10.6.14 钠杂质：生成颜色中的注意事项 ······· 224
10.6.15 橙色火焰剂：钙和钠/锶的组合 ········ 224
10.7 红外辐射与烟火技术 ·················· 225
10.8 小结 ························· 226

第 11 章 烟的产生 ···················· 227

11.1 引言 ························· 228
11.1.1 固体颗粒的生成与分散 ············ 228
11.1.2 挥发性物质的蒸发 ··············· 229
11.2 彩色发烟剂 ······················ 229
11.2.1 彩烟的生成概述 ················ 229
11.2.2 绿色烟火：环境友好的黄色烟雾 ········ 233
11.3 白烟的生成 ······················ 234
11.3.1 白烟生成概述 ················· 234
11.3.2 "绿色烟火"：HC 型发烟剂替代产品的研究 ·· 236
11.4 小结 ························· 238

第 12 章 声音的产生 ··················· 239

12.1 声音的产生：声响效果 ················ 240
12.2 啸声 ························ 242
12.3 爆裂效果 ······················ 244
12.4 烟火化学研究结语 ·················· 245

第 13 章 致谢和未来展望 ················· 246

13.1 致谢 ························ 246
13.2 未来展望 ······················ 247

参考文献 ························· 250

第 1 章 概论

不同颜色的烟火照亮了整个天空。

欢迎来到含能材料的世界。很少有人计划科学技术领域的职业生涯,但老话说,"一旦你闻到烟味",就会上瘾。

1.1 含能材料

本书将介绍烟火学的基本原理和理论，重点介绍其中的化学知识及所涉及材料的化学相互作用。

烟火学的英文名为"pyrotechnics"，由希腊语"pyr"（意为"火"）和"techne"（意为"艺术""工艺"或"技术"，今天也可以称为"科学"）两部分组成。因此，我们可以将烟火视为"火的艺术"或"火的科学"，并且正如读者将要看到的，所有烟火界的研究工作都包含了科学原理和一些艺术创造力。

本文中的许多烟火材料也适用于与之密切相关的推进剂和火炸药领域。如图1.1所示，所有这些领域又都属于"含能材料"的广泛范畴。人们将推进剂设计为"爆燃"，或者在火箭发动机或枪管的约束下相当快速地燃烧，但不会爆炸（注意：许多推进剂在无约束的开放状态下燃烧是相当温和的）。

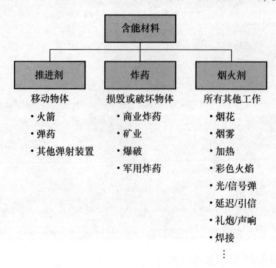

图1.1 含能材料的分类

（含能材料可分为推进剂（推动物体）、炸药（损坏或摧毁物体）和烟火剂（这是含能材料能发挥的许多其他功能的总称），每一种含能材料的应用和研究的广度和深度都有各自的特色）

推进剂的配方设计是为了使材料快速燃烧时产生的气体体积最大化，将热气体推出并按预期把炮弹射向预定的方向。炸药的爆炸会迅速释放巨大的能量，炸药工程师可以利用这些能量以及相应的冲击波和压力，去完成一些工作。这些工作往往需要通过完全"爆炸"来实现（爆燃和爆炸之间的区别将在后面的章节中讨论）。

我们在这里主要关注的是烟火药，通常（但并不总是）比火炸药或推进剂的反应要慢得多，燃烧的化学混合物释放的热量会产生诸如光、颜色、烟、气体、热和声音等复合效应，并被广泛应用。此外，烟火药会以阴燃、快速燃烧或完全爆燃的形式燃烧，而不是像炸药那样发生瞬间爆炸。值得注意的是，自1976年以来，一份名为《推进剂、炸药、烟火药》（Propellants Explosives Pyrotechnics，PEP）的知名研究期刊一直在发表同行评议的研究成果。"高能化学"和"含能材料"也被用来指代这三个密切相关的领域。

烟火中涉及的化学反应是经典的电子传递或氧化还原类型（俗称"氧化还原"反应）。这里，化学物质相互作用，交换电子，形成新产物并释放多余的能量。作为研究对象的混合物在室温下几乎总是固体，并且被设计在没有外部氧气的情况下也能发挥作用。表1.1说明了含能材料所涉及的从非常慢的燃烧反应速度到速率大于1km/s的瞬时爆轰所需的反应速度。

表1.1 高能反应类别

类 别	近似反应速率	示 例
燃烧	毫米/秒（mm/s）级	延期药，彩色发烟剂
爆燃	米/秒（m/s）级	火箭推进剂，密封黑火药
低阶爆轰	>1千米/秒（km/s）	炸药，TNT
高阶爆轰	>5千米/秒（km/s）	军用炸药

注意："爆轰"是指一种特定的、冲击波传播的含能材料的反应过程，"爆轰"一词不是"点火"或"爆炸"的同义词。爆轰是一种爆炸，并且是一种高速爆燃（特别是当材料受到约束时）[①]。

1.2 黑火药：最原始的烟火剂

我们必须认识到一个重要的事实，同一种材料的反应性可能因其制备方法和使用条件的不同而发生巨大的变化。黑火药就是这种变化性的一个很好的例子，并且由于它的历史意义，它作为含能材料的第一个例子是非常合适的（Kelly，2004；Buchanan，1996）。黑火药是硝酸钾（质量比为75%）、木炭（15%）和硫（10%）组成的致密混合物，其独特的性质和特性至今仍吸引着研究人员的关注（Brown和Rugunanan，1989；Hussain和Rees，1992；Maltitz，2001）。要制备一种具有反应性的黑火药可不是简单的事，而是烟火制造艺术的一个典型示例。如果仅仅简单地将三种成分按适当比例混合在一起，则只能产生一种难以点燃且燃烧速度很慢的混合物粉末。然而，如果将同样的组分按同样的比例完全地混合、用水浸湿，并用重石

---

① 所有爆轰都是爆炸，但并非所有爆炸都是爆轰。

轮研磨，达到高度均匀混合，就会获得易于点燃和快速燃烧的黑火药。颗粒大小、原料纯度、混合时间以及各种其他因素（包括用于制备木炭的木材类型）都是生产高性能黑火药的关键因素。此外，如果配方偏离 75/15/10 这个比例也将导致火药性能发生很大的变化。现代欧洲文明的早期历史大多与步枪和大炮使用的高质量黑火药有关。尽管制造商得到的认可和赞誉通常远低于那些在战斗中使用其产品的将军们，但不可否认，一个好的黑火药制造商是取得军事成功的关键。

黑火药的燃烧特性说明了一种烟火药剂的性能如何随使用条件的不同而发生变化。一小堆松散的黑火药很容易被火柴的火焰点燃，产生橙色闪光和一小股烟雾，但几乎没有声响。然而，同样的药剂，如果仍然以散药形式被密封在一个坚固的纸筒里，就能够被导火索引燃，发生爆炸，并通过爆破容器发出能被听到的声音。撒布在细长管线中的黑火药会沿着管线快速燃烧，这种特性被用来制造早期的导火索。最后，如果黑火药被压制在管中，其中一端开口，另一端密封，那么黑火药被点燃后产生的热气体会被部分地约束，这样就得到了火箭式装置。在烟火药剂中，随着密闭条件不同而导致的性能变化是很典型的情况，这也说明了为什么在制备和使用本书中讨论的材料时，必须给出非常具体明确的说明。

黑火药也是用来说明水分对烟火药剂具有巨大影响的一个很好的例子。潮湿的火药很难被点燃，而且即使被点燃，燃烧也是非常缓慢的。因此，对于任何制造或使用烟火材料的人来说，"保持粉末干燥"永远是最好的建议之一。烟火工程师通常会尽量避免使用在潮湿环境中容易迅速吸收水分的吸湿性物质，或者将其保存在环境可控的密闭容器中。

为什么在烟火及相关领域工作的人要费心去学习相关的基础化学呢？纵观美国 400 年的现代历史，许多黑火药工厂曾被建成并投入使用。尽管无烟火药（一类可以比黑火药产生更多气体产物和更少固体产物的推进剂的总称，最常见的是基于硝化纤维素体系的无烟火药）和其他新材料，已在许多应用中取代黑火药作为推进剂和延期药，但由于黑火药价格便宜，及其在制备和储存过程中的稳定特性，在军用和民用烟火工业中，黑火药的需求仍然很大。如今美国还有多少黑火药工厂仍在运转？答案是只有一个，路易斯安那州的 GOEX 粉体公司（GOEX, Inc., 2014）。其余的工厂均已被爆炸摧毁或由于以下可能的原因而关闭：保障危险工作相关的经济成本太高，无法与那些不受严格安全要求约束的国家的工厂进行竞争，这是一种潜在的危险贸易。尽管对该产品有需求，但由于在制造过程中曾出现过意外着火的问题，制造商不愿意进行这种材料的生产。为什么黑火药对点火如此敏感？化学家能做些什么才能最大限度地减少危险呢？人们是否可以通过理论途径（而不是反复试验），改变黑火药的成分及其配方比例来调整其性能？

黑火药的特性并不是独一无二的。含能材料，如推进剂和烟火药，都是为了在点火刺激作用下在短时间内释放能量而设计的。人们不断开发新的配方，以及不断研究新材料在新配方中的可能应用。一种主要由镁粉和聚四氟乙烯（PTFE，即杜邦公司的 Teflon® 产品）组成的烟火配方被用于制造诱饵弹，保护军用飞机免受热寻的导弹的威胁。这种材料近年来获得了与"黑火药"相当的声誉。事实上，这种材料的每一个制造商在生产镁——Teflon® 组分时都遭遇过事故，因此需要了解该材料的基本科学常识（Kubota 等，1987；Kahara 等，1997）。我们希望通过本书中对基本概念的阐述，能使人们对这类问题及其分析进行更深入和科学的理解。如果有人通过研究这本书，更好地了解了含能材料的化学性质，从而阻止了一起事故的发生，那么撰写这本书的过程中付出的努力就是值得的。

1.3 烟火发展史及意义

利用化学物质和化学混合物来产生热、光、烟、声音和运动的方法距今已有几千年的历史，最有可能起源于中国或印度。起源于印度的可能性比较高，因为在那里发现了硝石（硝酸钾，KNO_3）的天然矿藏（U.S. Army Material Command，1967）[①]。

早期化学能的使用大部分都涉及军事应用。最早出现在公元 7 世纪的"希腊火"，可能是硫黄、有机燃料和硝石的混合物，点燃时会产生火焰和浓烟。它在海战和陆战中以各种燃烧方式使用，并为军事科学增添了一个新的维度（U.S. Army Material Command，1967）。

早在公元 1000 年以前，一位观察敏锐的科学家发现了硝酸钾（硝石）、硫黄（硫黄石）和木炭混合物的独特性质。黑火药是第一个被研究和开发的"现代"高能配方。一个有趣的猜想是，中国的实验者在寻找一种长生不老药时，将作为"阴"的硝酸钾和作为"阳"的硫混合在一起，制成了火药（McLain，2017）。

中国人很早就涉足烟火技术，在 10 世纪就研制出了火箭（U.S. Army Material Command，1967），并将黑火药填充的竹竿扔进火中用于驱邪（McLain，2017）。此后还生产了烟花爆竹，包括鞭炮。到 19 世纪美中贸易开始时，中国鞭炮在美国已经成为一种流行物品。本书的主要作者 John Conkling 博士的家庭往来书信显示，19 世纪 30 年代，他的曾曾祖父，一位名叫 John Alexander Conkling 的商船船长，在前往中国 Canton（现在的中国广东）的旅行中，把鞭炮列在个人购物清单上。直到自己进入烟火技术领域后，Conkling 博士才发现这一点，但他很高兴 Conkling 家族是最早将中国烟花带到美国的进口商之一。

在今天的美国，中国烟花以及其他各种各样能够产生多种视觉和听觉效果的烟火制品仍然很受欢迎。日本也生产美丽的烟花，但奇怪的是，直到公元 1600 年左右一位英国游客将烟花带到日本之前，他们似乎并没有开发出与烟火相关的必要技术（Shimizu，1981）。在过去几个世纪里，烟花技术的许多进步都来自这

[①] 译者注：中国是世界公认的烟火技术故乡，原作者的理由过于片面。

两个亚洲国家，而今天的中国是世界上消费和燃放烟花的主要供应商。

烟火药剂和推进剂在步枪、火箭弹、照明弹和大炮中的应用，与民用（如烟花）是同步发展的。随着现代化学的进步，新的化合物被分离和合成出来，并在商业化后可供烟火技术人员使用，从而促进了这两个领域的进步。1780年，Berthollet发现了氯酸钾可使烟火药剂产生明亮的火焰颜色，从此在原来使用硝酸钾配方获得的火花、声音和运动的特效中，进一步增加了颜色效果。

19世纪后期，电的利用促进了利用电解方法制造镁和铝金属，因此出现了明亮的白色火花和更亮的白光。从19世纪开始，能够产生鲜艳的红色、绿色和蓝色火焰的锶、钡和铜的化合物也得到了商业应用，现代烟火技术真正开始飞速发展。

同时，意大利的Sobrero在1846年发现了硝酸甘油，随后诺贝尔（Nobel）在炸药方面开展了大量工作，开发了新一代真正的高能炸药，在许多爆破和爆炸应用中远远优于黑火药。这些材料在爆炸过程中释放化学能，其速度比推进剂和烟火药剂点火反应后的爆燃过程要快得多，并伴随着更大的爆炸压力和冲击波。19世纪后期，随着基于硝化纤维素和硝化甘油的现代无烟火药的发展，黑火药不再作为各种类型和尺寸枪支的主要推进剂。

尽管以前大多数应用中的黑火药被更新、更加高能的材料所代替，但人们应该认识到黑火药在现代文明中所起到的重要作用。Tenney Davis在他关于炸药化学的经典著作中谈到这个问题时写道："硝酸钾、木炭和硫黄的混合物能够做功，这一发现是有史以来最重要的化学发现或发明之一……发现火药的巨大能量可以控制，这使得大型工程的开展成为可能。它使人们得以开发蕴藏于地下的煤炭和矿物，并直接带来了钢铁时代，以及随着而来的机械时代和高速运输与通信的时代"（Davis，1941）。黑火药在今天仍然是一种可用的含能材料，易于点火、可靠性高，在保持干燥的条件下可以相当稳定地储存，而且可以获得从细粉到玉米粒大小的各种粒度的商业产品。黑火药的另一个特点：它是化学工业中极少数至今仍使用与500年前基本相同的原材料和制造工艺生产的材料之一。

如今，炸药在世界各地被广泛用于采矿、挖掘、爆破和军事用途。烟火技术在军事中也作为信号弹、遮蔽剂和训练模拟器被广泛使用。军事技术正在不断努力地跟上其他技术领域的进步，如热探测器和夜视设备。民用烟火的用途多种多样，从常见的火柴到公路警示信号弹，到永远受人欢迎的烟花，以及用于增强电影效果或者摇滚音乐会、职业摔跤比赛、体育赛事以及主题公园演出的壮观"特效"。

烟花行业可能仍然是普通大众能接触到的最常见的烟火技术，同时也是传统黑火药的主要用途。这一行业为烟火技术人员提供了一个充分展示他们创造色彩以及其他炫目的视觉效果能力的机会。目前，烟花在美国的使用并未减少。根据美国烟火协会（APA，2017）汇编的数据，烟花的消费量一直稳定增长，从

1976年的3000万英镑增长至2015年的2.85亿英镑以上。

烟花是许多国家文化传统的独特组成部分（Plimpton，1984）。在美国，烟花通常与每年7月4日独立日联系在一起。在英国，大量的烟火为纪念11月5日的盖伊·福克福日（Guy Fawkes Day）而燃放。法国人则在7月14日的巴士底狱日（Bastille Day）前后燃放烟花。许多国家在每年1月1日燃放烟花以庆祝新年。在德国，公众每年使用烟花爆竹的时间被限制在1h：1月1日的午夜至凌晨1：00。据报道，这是一次相当盛大的庆祝活动。在中国文化中，燃放鞭炮与庆祝新年及其他重要的场合联系在一起，这种习俗遍及全世界的华人社区。烟花明亮的色彩和欢快的声音似乎对我们基本的感官有着普遍的吸引力，无论在何处展示烟花，观众都会发出"哇哦"的欢呼声。

为了了解这些美丽的效果是如何产生的，我们将首先回顾一些基本的化学原理，然后在后续章节讨论各种不同的烟火体系。

第 2 章 基本化学原理

黑火药颗粒：第一种商业用含能材料，至今已有1000多年的历史。这种由硝酸钾（硝石）、木炭和硫黄（硫黄石）混合而成的独特混合物，曾被用作炸药、推进剂和烟火装置（如导火索和电点火管）的组成部分。

大多数化学课程不会直接或者按名称讨论含能材料，即炸药，推进剂和烟火剂。这些材料都涉及"反应化学"，通过化学反应输出能量。化学基础知识中的许多原理和逻辑思维过程都可以直接适用于本书将要介绍的内容中。烟火不再是魔法，烟火化学家也不再被当作巫师。当你在这个领域做出的工作似乎总是没有什么进展时，就到了该回归科学基础的时候了。

2.1 原子和分子

要理解烟火和其他含能混合物的化学性质，必须从原子水平开始。二百多年来的精密实验和复杂计算让我们了解到这样一个事实，原子是物质的基本组成部分，原子由一个小而致密的原子核以及围绕在原子核周围的带负电的电子云组成，原子核中包含带正电荷的质子和中性的中子。表2.1总结了这些亚原子粒子的性质。

表2.1 亚原子粒子的性质

粒子	位置	电荷	质量/a.m.u.	质量/g
质子	原子核内	+1	1.007	1.673×10^{-24}
中子	原子核内	0	1.009	1.675×10^{-24}
电子	原子核外	-1	0.00549	9.11×10^{-28}

注：a.m.u.为原子质量单位，$1 \text{a.m.u.} = 1.66 \times 10^{-24} \text{g}$。

一个特定元素的原子序数，是由其原子核中的质子数（这也等于中性原子中围绕原子核的电子数）而定义的。例如，铁是原子序数为26的元素，也就是说，每个铁原子的原子核中有26个质子。为了便于交流，化学家对每种元素用一个或两个字母的符号来表示，例如，铁的符号是Fe，来自古拉丁语中的ferrum一词。原子核中的质子加上中子的总和称为质量数。对于某些元素，在自然界中仅发现有一个质量数，如氟（原子序数9，质量数19，符号"F"）。然而，另外有一些元素在自然界中已发现有不止一个质量数。人们发现铁的质量数有56（自然界中的丰度为91.52%）、54（丰度为5.90%）、57（丰度为2.245%）和58（丰度为0.33%）。同一元素的这些不同质量数称为同位素[①]，它们原子核中的中子数量不同，因此其质量也不同。相对原子质量是指自然界中某一特定元素所有原子的平均质量数，如铁的相对原子质量为55.847。为了便于计算，人们用原子质量代表每种元素的质量。表2.2列出了每种元素的符号，原子序数和相对原子质量。实际上，因为"铋"之后的元素通常具有放射性、价格昂贵、使用不便或不安全等特点，所以通常只有1~83号元素（从氢到铋）可用于"日常"的化学反应。此外，从93号元素（镎）到118号元素的"超铀元素"（除了铀）要么放射性很强，在正常情况下处理起来不安全；要么在极其复杂的设备中合成后，在衰变为较轻元素前，只能存在不到1s。

---

① 术语"同位素"常被错误地用来表示"放射性物质"，因为某些元素的同位素可能具有放射性，发射出伽马射线、中子、α粒子或β粒子。但是，同位素元素不一定具有放射性，只有"放射性同位素"或"放射性核素"的同位素才具有放射性。

表2.2 元素的符号、原子序数和原子质量

元 素	符 号	原子序数	原子质量/a.m.u.①
锕	Ac	89	[227]②
铝	Al	13	26.9815386
镅	Am	95	[243]
锑	Sb	51	121.760
氩	Ar	18	39.948
砷	As	33	74.92160
砹	At	85	[210]
钡	Ba	56	137.327
锫	Bk	97	[247]
铍	Be	4	9.012182
铋	Bi	83	208.98040
𨏽	Bh	107	[272]
硼	B	5	10.811
溴	Br	35	79.904
镉	Cd	48	112.411
铯	Cs	55	132.9054519
钙	Ca	20	40.078
锎	Cf	98	[251]
碳	C	6	12.0107
铈	Ce	58	140.116
氯	Cl	17	35.453
铬	Cr	24	51.9961
钴	Co	27	58.933195
铜	Cu	29	63.546
锔	Cm	96	[247]
𫟼	Ds	110	[281]
𨧀	Db	105	[268]
镝	Dy	66	162.500
锿	Es	99	[252]
铒	Er	68	167.259
铕	Eu	63	151.964
镄	Fm	100	[257]
氟	F	9	18.9984032
钫	Fr	87	[223]
钆	Gd	64	157.25

续表

元　素	符　号	原子序数	原子质量/a.m.u.①
镓	Ga	31	69.723
锗	Ge	32	72.64
金	Au	79	196.966569
铪	Hf	72	178.49
𨭆	Hs	108	[270]
氦	He	2	4.002602
钬	Ho	67	164.93032
氢	H	1	1.00794
铟	In	49	114.818
碘	I	53	126.90447
铱	Ir	77	192.217
铁	Fe	26	55.845
氪	Kr	36	83.798
镧	La	57	138.90547
铹	Lr	103	[262]
铅	Pb	82	207.2
锂	Li	3	6.941
镥	Lu	71	174.9668
镁	Mg	12	24.3050
锰	Mn	25	54.938045
䥑	Mt	109	[276]
钔	Md	101	[258]
汞	Hg	80	200.59
钼	Mo	42	95.96
钕	Nd	60	144.242
氖	Ne	10	20.1797
镎	Np	93	[237]
镍	Ni	28	58.6934
铌	Nb	41	92.90638
氮	N	7	14.0067
锘	No	102	[259]
锇	Os	76	190.23

续表

元　素	符　号	原子序数	原子质量/a.m.u.①
氧	O	8	15.9994
钯	Pd	46	106.42
磷	P	15	30.973762
铂	Pt	78	195.084
钚	Pu	94	[244]
钋	Po	84	[209]
钾	K	19	39.0983
镨	Pr	59	140.90765
钷	Pm	61	[145]
镤	Pa	91	231.03588
镭	Ra	88	[226]
氡	Rn	86	[222]
铼	Re	75	186.207
铑	Rh	45	102.90550
轮	Rg	111	[280]
铷	Rb	37	85.4678
钌	Ru	44	101.07
𬬻	Rf	104	[267]
钐	Sm	62	150.36
钪	Sc	21	44.955912
𬭳	Sg	106	[271]
硒	Se	34	78.96
硅	Si	14	28.0855
银	Ag	47	107.8682
钠	Na	11	22.98976928
锶	Sr	38	87.62
硫	S	16	32.065
钽	Ta	73	180.94788
锝	Tc	43	[98]
碲	Te	52	127.60
铽	Tb	65	158.92535
铊	Tl	81	204.3833

续表

元　素	符　号	原子序数	原子质量/a.m.u.①
钍	Th	90	232.03806
铥	Tm	69	168.93421
锡	Sn	50	118.710
钛	Ti	22	47.867
钨	W	74	183.84
112 号元素③	Uub	112	[285]
116 号元素	Uuh	116	[293]
118 号元素	Uuo	118	[294]
镆	Uup	115	[288]
114 号元素	Uuq	114	[289]
鿭	Uut	113	[284]
铀	U	92	238.02891
钒	V	23	50.9415
氙	Xe	54	131.293
镱	Yb	70	173.054
钇	Y	39	88.90585
锌	Zn	30	65.38
锆	Zr	40	91.224

本表基于 Pure Appl. Chem., 78, 2051–2066（2006）中的 2005 表格

① a.m.u. 为原子质量单位，1 a.m.u. = 1.66×10^{-24} g。
② 括号内的值指寿命最长的同位素的质量数。
③ 学术期刊 Pure Appl. Chem. 发表 112～118 号元素时，这些元素正被审查，它们是在之后被命名的

化学反应性以及由此而来的烟火药剂和炸药的性质主要取决于每种元素在化学反应过程中获得或失去电子的趋势。在实验研究的大力支持下，理论化学家的计算表明，原子中的电子存在于能量最低的轨道或空间区域中，即尽量靠近原子核，又远离其他带负电的电子。当电子置于一个原子中时，最接近带正电的原子核的能级首先被填充，然后，更高的能级被依次填充。超稳定态的出现与能级（称为"壳层"）被填充的水平有关。壳层完全填充的元素包括氦（原子序数2）、氖（原子序数10）、氩（原子序数18）和氪（原子序数36）。这些元素都属于"惰性气体"族，它们几乎不具有任何化学反应性，其原子没有得到、失去或共享电子的趋势，这一结果为壳层填充稳定理论提供了很好的支持。

除惰性气体外，其他元素表现出不同的壳层填充趋势，通过与其他原子共享电子或通过实际得失电子来形成带电物质，称为离子。例如，钠（符号 Na，原子序数11）容易失去一个电子，形成具有 10 个电子的钠离子 Na^+。通过失去一个电子，钠获得了与惰性气体氖相同数量的电子，成了一种非常稳定的化学物

质。氟（符号F，原子序数9）很容易获得一个额外的电子，成为氟离子F^-，这是另一种带有10个电子的物质，非常稳定。其他元素也表现出相似的趋势，即通过获得或失去电子变成负离子或正离子，以获得类似于惰性气体的电子结构。自然界中发现的许多化学物质都是离子化合物。它们通常是由正负离子相互贯穿的晶格组成的晶体，这些带相反电荷的粒子通过相互间的静电吸引力结合在一起。食盐，即氯化钠是一种由钠离子Na^+和氯离子Cl^-组成的离子化合物，人们用化学式NaCl表示1∶1的离子比率。将固体结合在一起的吸引力称为离子键。

因此，如果将一个良好的电子供体（如一个钠原子）和一个良好的电子受体（如一个氟原子）结合在一起，就可能会发生化学反应。电子发生转移，从而形成了离子化合物（氟化钠，NaF）。由此产生了钠离子和氟离子组成的三维晶格，其中每个钠离子都被氟离子包围，每个氟离子又被钠离子所包围。这种反应的另一个重要特点就是在生成产物时会释放出能量。在烟火药剂和炸药的化学研究中，与反应产物形成相关的能量释放是非常重要的。

除了通过电子转移形成离子以外，原子还能与其他原子共享电子，以实现"壳层"的完全填充（及其相关的稳定性）。举个最简单的例子，如两个氢原子（符号H，原子序数1）可结合形成一个氢分子：

$$H + H \rightarrow H-H(H_2 \text{ 氢分子}) \tag{2.1}$$

两个原子之间通过电子对共享形成的化学键称为共价键。共价键的稳定性来自于共享电子与两个带正电的原子核之间的相互作用。这两个原子核会保持一定的距离，即键长。键长将最大限度地使得原子核与电子间的吸引力和两原子核间的排斥力保持平衡。分子是由两个或多个原子通过共价键连接在一起形成的中性物质。

碳元素（原子序数6，符号为C）在自然界中几乎都是通过共价键与其他碳原子或多种其他元素（最常见的是H、O和N）结合在一起。由于所有生物中都存在含碳化合物，因此研究含碳化合物的化学称为有机化学①。大多数炸药都是有机化合物。例如TNT（三硝基甲苯），由C、H、N和O原子组成，分子式为$C_7H_5N_3O_6$。当TNT爆炸时，会生成稳定的小分子混合物，如N_2、CO_2和H_2O，作为反应产物。我们在研究含能化合物中的可燃剂和黏合剂时，还会遇到其他的有机化合物。

共价键也可以在不同元素之间形成，如氢和氯：

$$H + Cl \rightarrow H-Cl(\text{氯化氢}) \tag{2.2}$$

通过这种结合，两个原子都具有了"壳层充满"的电子结构，并形成了氯

---

① 化学术语中的"有机"是指碳基化合物，生物学术语中，有机物是指那些与生物或生物体有关的物质。在农产品、食品中，则表示这些产品符合某些生长和加工标准。商业、法律和哲学中还存在许多其他含义，在此仅举少数几个例子。

化氢分子。但是，此处的电子共用并不是完全相等的，因为氯吸引电子的能力比氢更强，分子的氯端偏富电子，而氢端稍缺电子。这一性质可以使用希腊小写字母 delta，∂ 作为表示"部分"的符号，如：

$$\overset{\partial+}{H}—\overset{\partial-}{Cl}$$

氯化氢中形成的这种键称为极性共价键，这些带有部分电荷的分子称为"极性分子"，因为它具有正负"极"。不同元素的原子吸引电子的相对能力可由电负性表示。诺贝尔奖获得者鲍林（Linus Pauling）提出了对电负性的划分[①]。表2.3中给出了一些可形成共价键的常见元素的电负性值。根据这一数值，可以给各种分子中的原子分配部分电荷。在特定的键中，电负性大的原子将带有部分负电荷，而另一个原子带有部分正电荷。

$$\overset{\partial-}{F}—\overset{\partial+}{H} \quad \overset{\partial-}{N}—\overset{\partial+}{I} \quad \overset{\partial-}{O}—\overset{\partial+}{C}$$

表2.3 常见元素的电负性

元　　素	Pauling 电负性值[①]	元　　素	Pauling 电负性值
氟（F）	4.0	碳（C）	2.5
氧（O）	3.5	硫（S）	2.5
氮（N）	3.0	碘（I）	2.5
氯（Cl）	3.0	磷（P）	2.1
溴（Br）	2.8	氢（H）	2.1

① Pauling, 1960

这些部分偏移电荷或偶极矩可以产生分子间的吸引力，这种吸引力在熔点和沸点等物理性质中起到重要作用，并且也对溶解度产生重要影响。与其他小分子相比，水的沸点高达100℃，如表2.4所列。水的高沸点是由于很强的分子间吸引力（称为"极化作用"）所引起的，如图2.1所示。

表2.4 几种小分子的沸点

化　合　物	化　学　式	沸点（1个大气压下）/℃
甲烷	CH_4	-164
二氧化碳	CO_2	-78.6
硫化氢	H_2S	-60.7
水	H_2O	+100

① 鲍林首先提出了电负性的概念，并指定氟的电负性为4.0，并依次对比而求出其他元素的电负性。——译者注

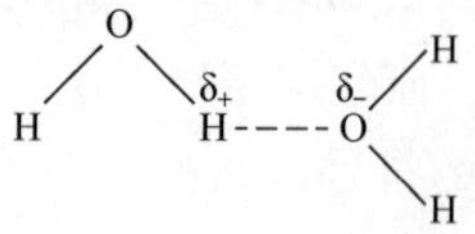

图 2.1 水的分子间吸引力（偶极—偶极相互作用）
(部分带正电的氢原子与部分电负性的氧原子相互吸引（异性相吸))

极性分子和很多离子化合物在水中的溶解度非常大，这可以用溶质与溶剂（水）之间的极化-极化或离子-极化相互作用来解释，如图 2.2 所示。

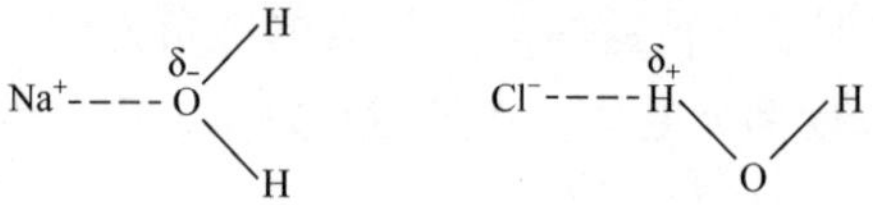

图 2.2 水与氯化钠之间的偶极-偶极相互作用
(带正电的钠离子与带部分负电荷的氧原子相互吸引，而带负电的氯离子与带部分正电荷的氢原子相互吸引)

固体化合物在水中及其他溶剂中的溶解度取决于固态分子或离子之间的吸引力和溶液中的溶质—溶剂间吸引力之间的竞争。如果一个固态物质对自身的吸引力大于其对溶剂分子的吸引力，将不发生溶解。溶解度的一般规则是"相似相溶"，极性溶剂（如水）在溶解极性分子（如糖）和离子化合物时效果很好。非极性溶剂（如汽油）可以更好地溶解其他非极性物质（如机油），但对于离子化合物（如氯化钠或硝酸钾）而言却是较差的溶剂。

2.2 摩尔的概念

自 19 世纪由道尔顿（John Dalton）和其他化学界的先驱提出原子理论后，产生了许多重要的概念。这些概念对于理解化学的所有领域，包括烟火学和炸药，都是必不可少的。原子理论的基本内容如下。

（1）原子是构成所有物质的基础，由带正电、带负电和中性的亚原子粒子组成。已知自然界中存在大约 90 种天然元素（在 20 世纪和 21 世纪，实验室中通过高能核反应合成了其他元素，但自然界中还未发现这些不稳定的物质）。

（2）元素可以相互结合形成更复杂的化合物。分子是化合物的基本单元，由两个或多个原子通过化学键连接在一起组成。

（3）就中性物质中包含的质子和电子数量而言，同一个元素的所有原子都是相同的。相同元素的原子可能含有不同的中子数，因此其质量也可能有所不同。

（4）原子的化学反应性取决于电子的数目。因此，一个特定元素的所有原子的反应性在世界任何地方都应该是相同的，并且是可重现的。

（5）化学反应是由原子以固定的比率结合或重组，以产生新的物质。

(6) 制定了原子质量的相对度量（作为自然界中发现的特定元素的所有形式或所有同位素的加权平均值）。该标度的基准是定义含 6 个质子、6 个中子和 6 个电子的碳同位素的原子质量为 12.0000。原子质量表参见表 2.2。

(7) 当电子放入原子中，它们会依次占据能量由低到高的能级或壳层。就化学反应性而言，处于被全部填充能级的电子并不重要，决定化学性质的是被部分填充能级中的外层电子。因此，最外层电子结构相同的元素也表现出了相似的化学反应性。这种现象称为周期性，人们按周期将性质相似的元素垂直排列，就得到了元素周期表。碱金属（锂、钠、钾、铷、铯）是元素周期表中的一个主族，它们的外层都具有一个反应性电子。卤素（氟、氯、溴、碘）是另一个常见的主族，它们的外层都有 7 个电子，并易于接受第 8 个电子使能级被填满。

任何一种元素的单个原子质量都接近于无穷小，而且不可能在任何现有的天平进行测量。实验室工作需要一个更方便的质量单位，因此就出现了摩尔的概念，其中 1 摩尔（科学符号为"1mol"）元素的质量等于以克为单位的原子质量。例如，1mol 碳为 12.01g，而 1mol 的铁为 55.85g。1mol 元素中的实际原子数已由多种精密的实验方法所确定，这个数值为 6.02×10^{23}。为了纪念原子理论的开拓者之一，该数值称为阿伏伽德罗常数。由此可知，1mol 碳原子（12.01g）与 1mol 铁（55.85g）具有完全相同的原子数目。通过摩尔的概念，化学家可以在实验室称量出不同元素的相等数量的原子。

摩尔的概念也适用于分子。1mol 水（H_2O）含有 6.02×10^{23} 个水分子，质量为 18.0g，包括 1mol 的氧原子和 2mol 的氢原子，它们通过共价键组成水分子。化合物的分子质量是分子中所有原子的原子质量的总和，需要考虑到其中每种元素的原子数，对于离子化合物，也可以用分子质量来表示。例如，硝酸钠 $NaNO_3$ 的分子质量为

$$Na + N + 3O's = 23.0 + 14.0 + 3 \times (16.0) = 85.0 (g/mol) \quad (2.3)$$

化学家通过这些概念可以研究化学反应并确定所涉及的质量关系。例如，下面这个简单的烟火反应：

$$\begin{cases} KClO_4 + 4Mg \rightarrow KCl + 4MgO \\ 1mol \quad 4mol \quad 1mol \quad 4mol \\ 138.6g \quad 97.2g \quad 74.6g \quad 161.2g \end{cases} \quad (2.4)$$

在配平化学方程式时，方程左侧（反应物）每种元素的原子数目将等于右侧（生成物）每种元素的原子数目。式（2.4）表示 1mol 高氯酸钾（$KClO_4$）与 4mol 镁金属（Mg）反应生成 1mol 氯化钾（KCl）和 4mol 氧化镁（MgO）。$KClO_4$ 和 Mg 称为反应物，因为它们彼此之间发生了"反应"；KCl 和 MgO 称为生成物，因为它们是反应生成的产物。

如果以质量计，138.6g（或 lb、t 等）的 $KClO_4$ 将与 97.2g（或其他对应质量

单位）的 Mg 反应生成 74.6g KCl 和 161.2g MgO。不管初始反应物的数量是多少，上述反应将始终保持这一质量比。如果将 138.6g（1.00mol）的 $KClO_4$ 和 48.6g（2.00mol）的 Mg 混合并点燃，那么，只有 69.3g（0.50mol）的 $KClO_4$ 会与全部的镁发生反应。剩下的初始物质为 0.50mol（69.3g）的 $KClO_4$，没有镁可与之反应。在这个例子中，反应所形成的产物是 37.3g（0.50mol）的 KCl 和 80.6g（2.00mol）的 MgO，以及 69.3g 的过量 $KClO_4$。

上述示例也证明了质量守恒定律。在任何常规的化学反应（不包括核反应①）中，初始物质的质量都始终等于产物的质量（包括任何过量的反应物质量）。例如，200g 的 $KClO_4$/Mg 混合物将产生 200g 的产物（包括过量的反应物）。

上述示例中涉及的 $KClO_4$ 和 Mg 以 138.6∶97.2 的质量比发生反应，这两种物质达到平衡的混合物（两种物质都不过量）应为 58.8% 的 $KClO_4$ 和 41.2% 的 Mg（按质量计）。研究这种化学重量关系的学科称为化学计量学。当一种混合物中包含有符合平衡化学方程式中相应配比的初始物质时，则称为化学计量混合物。这种平衡的组分通常与含能化学反应可达到的最优性能有关，在后续章节中将进一步讨论。

2.3 电子传递反应

2.3.1 氧化还原理论

有一大类化学反应涉及一个或多个电子从一种物质转移到另一种物质，这个过程称为电子传递或氧化还原反应，其中经历失去电子的物质称为被氧化，而获得电子的物质则称为被还原。烟火药剂、推进剂和炸药都属于此类化学反应范畴。

可以根据以下简单规则，通过为各种反应物和生成物中的原子分配"氧化数"来确定物质在化学反应过程中是否经历了电子的得失。

（1）除极少数情况外，氢的氧化数始终为 +1，氧始终为 -2。最常见的例外是金属氢化物和过氧化物。此规则具有最高优先级，应优先应用，其余的则以递减的优先级应用。

（2）简单离子的带电荷数为其氧化数，如 Na^+ 是 +1、Cl^- 是 -1、Al^{3+} 是 +3 等。在单质中（单原子，如金属铁；或与自身结合形成双原子的分子，如 N_2 或 O_2），元素的氧化数为 0。

---

① 在核反应中，质量被转化为能量。符合爱因斯坦著名的相对论方程 $E=mc^2$，其中能量输出等于所转化的质量乘以光速的平方。

(3) 在极性共价键分子中,成键对中电负性较大的原子将被赋予两原子间所有的共享电子。例如,在 H—Cl 共价键中,氯原子被赋予两个键合电子,使其与 Cl^- 一致,氧化数为 -1。因此,氢原子的氧化数为 $+1$(与规则(1)一致)。

(4) 在中性分子中,各元素氧化数之和为 0。对于一个离子,所有原子的氧化数之和等于离子所带的净电荷。

示例:

NH_3(氨气):按规则(1),三个氢原子的氧化数均为 $+1$,所以按规则(4),氮原子的氧化数为 -3。

CO_3^{2-}(碳酸根离子):按规则(1),三个氧原子的氧化数均为 -2。由于该离子的净电荷为 -2,所以按照规则(4),碳的氧化数 x 满足 $3 \times (-2) + x = -2$,得 $x = +4$。

对于下列反应:

$$KClO_4 + ?Mg \rightarrow KCl + ?MgO$$

各原子的氧化数如下。

$KClO_4$:这是一种离子化合物,由钾离子 K^+ 和高氯酸根离子 ClO_4^- 组成。根据规则(2),K^+ 离子的氧化数为 $+1$。在高氯酸根离子 ClO_4^- 中,四个氧原子的氧化数均为 -2,根据规则(4),氯原子的氧化数为 $+7$。

Mg:镁以元素形式作为反应物,按规则(2)其氧化数为 0。

KCl:这是一种由 K^+ 和 Cl^- 离子组成的离子化合物,根据规则(2),其各自的氧化数分别为 $+1$ 和 -1。

MgO:这是另一种离子化合物。根据规则(1),氧的氧化数为 -2,所以镁离子为 $+2$。

通过研究化学反应过程中氧化数的各种变化,可以发现 K 和 O 在从反应物到生成物的过程中没有变化,但 Mg 的氧化数从 0 变为 $+2$,对应每个镁原子失去了两个电子,即 Mg 被氧化了。Cl 的氧化数从 $+7$ 变为 -1,每个 Cl 原子获得了 8 个电子,即 Cl 被还原了。在平衡的氧化还原反应中,失去的电子数应等于获得的电子数。因此,需要四个 Mg 原子(每个失去两个电子)才能将一个 Cl 原子的氧化数从 $+7$(ClO_4^- 中)还原为 -1(Cl^- 中),这样方程式就平衡了:

$$KClO_4 + 4Mg \rightarrow KCl + 4MgO \tag{2.5}$$

同样,如果假设或已通过实验室分析确定了硝酸钾与硫之间反应的产物为氧化钾、二氧化硫和氮气,则可以配平该方程式:

$$?KNO_3 + ?S \rightarrow ?K_2O + ?N_2 + ?SO_2 \tag{2.6}$$

通过对上式中的氧化数进行分析可知,在方程式两侧,K 和 O 没有变化,氧化数分别保持为 $+1$ 和 -2。N 的氧化数从硝酸根离子(NO_3^-)中的 $+5$ 变为单质 N_2 分子中的 0。S 从元素形式的 0 变为 SO_2 中的 $+4$。所以,在该反应中,S 被氧化而 N 被还原。为了配平方程，需要四个 N 原子和五个 S 原子，每个 N 原子获得五个电子，每个 S 原子失去四个电子。这样 N 原子得到的 20 个电子和 S 原子失去的 20 个电子是相等的。因此，平衡的方程式为

$$4KNO_3 + 5S \rightarrow 2K_2O + 2N_2 + 5SO_2 \tag{2.7}$$

对于硝酸钾和硫的平衡混合物，即化学计量混合物，其质量比应该是 $4 \times (101.1) = 404.4g(4mol)$ 的硝酸钾和 $5 \times (32.1) = 160.5g(5mol)$ 的硫之比，按质量计相当于 72% 的 KNO_3 和 28% 的 S。

2.3.2 热化合价法：简单而有效的方法

平衡氧化-还原方程的能力对于计算理论上能产生最佳燃烧或爆炸性能的药剂质量比是非常有用。充分理解上 2.3.1 节中讨论的氧化数的概念也很有价值，因为这一概念有助于洞察哪些元素与得失电子直接相关。

显然，对于从事烟火技术专业的研究人员来说，需要具有快速平衡氧化还原方程（或氧化剂-可燃剂的比例），以及快速确定给定成分是富含氧化剂，还是富含燃料，还是化学计量比的能力。虽然在高温下发生的一些非常快速的烟火反应很可能会生成复杂的反应产物混合物，但很可能其中某一个反应途径会生成大部分产物，而这种途径的产物通常也是最稳定的。因此，需要对反应产物进行实验分析，以确定氧化剂和可燃剂之间发生的主要反应。

这类问题可以使用 Jain 在 1987 年提出的氧化数（热化合价）法来快速计算。在与炸药、推进剂和烟火剂体系有关的各种定量问题分析中使用热化合价法是非常有价值的。

热化合价法是基于氧化数的概念，但指的是每种元素的最稳定形式产物的氧化数。含能混合物中的每个元素都被赋予一个"化合价"，是该元素作为反应物的最常见的氧化数。化合价法的初始假设是，每个元素都会发生反应以形成最稳定的氧化态作为反应产物。假设反应物中的氮都会形成 N_2，氯都会形成 Cl^-，镁都会形成 Mg^{2+}，碳原子都会形成 CO_2（而不是一氧化碳 CO），氢在反应产物中以 H^+ 的形式存在，形成 H_2O 或 HCl。这些元素中 N 的热化合价是 0（因为 N_2 中 N 的氧化数为 0），Cl 是 -1（因为 Cl^- 中 Cl 的氧化数为 -1），Mg 是 -2，C 是 +4（C 反应生成 CO_2，其氧化数变为 +4）。表 2.5 列出了烟火材料中常用元素的"热化合价"。

表 2.5 烟火材料中常用元素的热化合价

元　　素	热化合价	假设产物
铝（Al）	+3	Al_2O_3
钡（Ba）	+2	BaO

续表

元　素	热化合价	假设产物
硼（B）	+3	B_2O_3
钙（Ca）	+2	CaO
碳（C）	+4	CO_2——二氧化碳（最常见）
碳（C）	+2	CO——一氧化碳
氯（Cl）	−1	HCl、KCl 或其他金属氯化物
铬（Cr）	+3	Cr_2O_3
氟（F）	−1	HF、MgF_2 或其他金属氟化物
氢（H）	+1	H_2O
铁（Fe，作为氧化剂）	0	Fe
铁（Fe，作为可燃剂）	+3	Fe_2O_3
镁（Mg）	+2	MgO
氮（N）	0	N_2
氧（O）	−2	H_2O 或金属氧化物
钾（K）	+1	K_2O、KCl
硅（Si）	+4	SiO_2
硫（S）	+4	SO_2
钛（Ti）	+4	TiO_2
锆（Zr）	+4	ZrO_2

将一个化合物的所有原子的热化合价相加，可以得到分子或化合物的净化合价。$KClO_4$ 的净化合价是 −8，由四个 O 的 −2 价、一个 Cl 的 −1 价、一个 K 的 +1 价（K 在产物中仍为 K^+，如 KCl）相加得到。在热化合价体系中，任何净负价态的物质（如 −8 价的 $KClO_4$）都具有氧化的能力，即这种化合物中具有一个或多个想要获得电子的元素（如 $KClO_4$ 中的 Cl 原子）。表 2.6 列出了一些常见氧化剂的热化合价。

表 2.6　常见氧化剂的热化合价

氧 化 剂	热化合价	产　　物
硝酸钾（KNO_3）	−5	K_2O、N_2 及氧化物
高氯酸钾（$KClO_4$）	−8	KCl 及氧化物
氯酸钾（$KClO_3$）	−6	KCl 及氧化物
高氯酸铵（NH_4ClO_4）	−5	N_2、H_2O、HCl 及氧化物
硝酸钡（$Ba(NO_3)_2$）	−10	BaO、N_2 及氧化物
三氧化二铁（Fe_2O_3）	−6	Fe 及氧化物

续表

氧 化 剂	热化合价	产 物
铬酸钡（$BaCrO_4$）	-3	BaO、Cr_2O_3 及氧化物
四氧化三铅（Pb_3O_4）	-8	Pb（PbO 的热化合价为 -2）
硝酸铵（NH_4NO_3）	-2	N_2、H_2O 及氧化物

任何具有净正价态的物质都有还原的能力，可作为可燃剂。例如，金属可燃剂铝（Al）的热化合价为 +3，易失去三个电子生成 Al^{3+} 产物（通常为 Al_2O_3 形式）。一些有机化合物，如化学式为 $C_6H_{12}O_6$ 的单糖，其分子式中的 C、H 和 O 原子的净价为 $6×(+4)+12×(+1)+6×(-2)$，即净价为 +24。这就表明，即使每个糖分子包含六个氧原子，仍然是可燃剂。表 2.7 列出了一些常用可燃剂和炸药的热化合价。

表 2.7 常用可燃剂和炸药的热化合价

化 合 物	热化合价	反应产物
燃油（—(CH_2-CH_2)—，单位质量 28g/mol）	每个单位 +12	CO_2、H_2O
葡萄糖（$C_6H_{12}O_6$）	+24	CO_2、H_2O
聚氯乙烯（—(CH_2-CHCl)—，单位质量 62.5g/mol）	每个单位 +10	CO_2、HCl、H_2O
TNT（$C_7H_5N_3O_6$）	+21	CO_2、H_2O、N_2
RDX（$C_3H_6N_6O_6$）	+6	CO_2、H_2O、N_2
乙二醇二硝酸酯（EGDN）（$C_2H_4N_2O_6$）	0（化学计量）	CO_2、H_2O、N_2
硝酸甘油（$C_3H_5N_3O_9$）	-1（富氧）	CO_2、H_2O、N_2
叠氮化钠（NaN_3）	0	Na、N_2（若将钠金属产物通过氧化剂氧化为 Na^+，则可获得额外的能量）

注：元素表中存在一些单质燃料

把热化合价分配给所有反应物后，我们可以使用以下概念进行配平：在平衡方程中，氧化化合价的总和将等于还原化合价的总和，净价总和为零。也就是说，失去的电子数量将等于获得的电子数量。在这些化学反应中既不会产生电子也不会破坏电子，电子在反应中只会从一种原子传递到另一种原子。

例如，高氯酸铵：NH_4ClO_4

$$总价 = 0 + 4×(+1) + (-1) + 4×(-2) = -5$$
$$\quad\quad\quad N \quad\quad 4H's \quad\quad Cl \quad\quad 4O's$$

因为总价是净负值（-5），所以高氯酸铵将作为氧化剂。

再看一个简单糖的例子，如葡萄糖：$C_6H_{12}O_6$

$$总价 = 6×(+4) + 12×(+1) + 6×(-2) = +24$$
$$\quad\quad\quad 6C's \quad\quad 12H's \quad\quad 6O's$$

葡萄糖分子的净化合价是正值，所以将作为可燃剂。

假设要用热化合价法配平葡萄糖和高氯酸铵间的反应方程式，关键是要记住氧化价等于还原价，或者总化合价为零。

2.3.3 配平方程式

要配平含能材料的化学方程式，需要确定使热化合价相等的系数（最小整数比）。

对于 -5 价的高氯酸铵和 $+24$ 价的葡萄糖而言，配平方程时需要 24 个高氯酸铵分子和 5 个葡萄糖分子（在数字 24 和 5 之间没有更小的系数了）。将反应物加上这些系数，就可以使方程达到平衡。如果愿意的话，还可以算出每种产物的摩尔数：

$$24NH_4ClO_4 + 5C_6H_{12}O_6 \rightarrow 30CO_2 + 66H_2O + 12N_2 + 24HCl \quad (2.8)$$

注：该方法假设所有 N 最终都生成 N_2，所有 Cl 最终都生成 HCl。

假定可燃剂中的所有 C 原子均转化为 CO_2，所有 H 原子均转化为 H_2O 或 HCl，所有 N 原子均变为 N_2。经检查，方程平衡。

注意：如果希望根据一种成分计算化学计量混合物，假设可燃剂中的碳原子形成的产物是一氧化碳（CO），则同样可以使用热化合价法。在这种情况下，在计算中使用 $+2$ 作为碳的热化合价，则葡萄糖的净化合价为 $+12$。平衡方程将会是

$$12NH_4ClO_4 + 5C_6H_{12}O_6 \rightarrow 30CO + 48H_2O + 6N_2 + 12HCl \quad (2.9)$$

2.3.4 如何判断一个化合物是富燃料型还是富氧型

热化合价法还提供了一种非常简单的方法来计算特定分子或化合物，是富燃料型还是富氧型，或恰好是化学计量平衡。例如，三硝基甲苯的分子式为 $C_7H_5N_3O_6$，通常称为 TNT。TNT 是一种炸药，但其是否达到了氧平衡？热化合价法可以提供一种简单、快速的计算方法，只需要将分子中每个元素的原子数与对应原子的热化合价相乘即可得到：

TNT 的热化合价 $= 7 \times (+4) + 5 \times (+1) + 3 \times (0) + 6 \times (-2) = +21$
                7C's   5H's   3N's   6O's

由于具有很高的净正价，TNT 是一种强富燃料型的炸药。如果将 TNT 与富氧型炸药结合，可以更好地利用 TNT 的能量，理论上将产生更多能量。当 TNT 自身引爆时，由于形成了大量原子碳，而并没有将所有碳都氧化为二氧化碳（CO_2），因此会产生大量的黑烟。从理论上讲，人们希望候选的炸药分子有大的正价数和负价数，并且化合价的总和接近于零。

硝铵炸药 HMX（分子式为 $C_4H_8N_8O_8$），正价合计为 $+24$（四个 C 原子，八个 H 原子），负价合计为 -16（八个 O 原子），分子净价为 $+8$，即富燃料型。但是，如果碳的产物是一氧化碳（CO），则正价和负价为 $+16$ 和 -16，分子净价

为零。这也许和 HMX 的高爆速（超过 9000m/s）有关。

高氯酸甲基铵（$CH_3NH_3ClO_4$，MAP）是怎样的情况呢？

高氯酸铵 NH_4ClO_4 的热化合价为 -5，是一种良好的氧化剂。可以考虑将类似的化合物高氯酸甲基铵也用于含能材料，最初假设也用作氧化剂。但是，MAP 中用 CH_3 基团取代 H 原子很大程度上改变了化合物的性质，热化合价计算如下：

总价 = $1 \times (+4) + 6 \times (+1) + 0 + 1 \times (-1) + 4 \times (-2) = +1$(净燃料型)
　　　　1C　　　　6H's　　　　　1N　1Cl　　　4O's

计算结果表明，该化合物实际上是略偏富燃料型，非常接近化学计量比。如果希望通过 MAP 与可燃剂结合使用并发生剧烈的反应，则有可能会得到失望的结果，因为 MAP 已经是富燃料型，且产物为二氧化碳。

按照这个逻辑，我们提出一个问题：是否存在一种自身符合化学计量的含能化合物，即碳元素都以 CO_2 作为产物，或净化合价为 0。例如，乙二醇二硝酸酯（EGDN），这是一种低温条件下的常用炸药，EGDN 的分子式为 $C_2H_4N_2O_6$，其化合价为

$$2 \times (+4) + 4 \times (+1) + 2 \times (0) + 6 \times (-2) = 0$$

这是一种化学计量比炸药，且生成产物为 CO_2。在实际应用中，EGDN 是一种优良的炸药，但就其性能而言，并没有比其他炸药高出很多，其化学价为 0 也并不特殊。即使其他炸药分子内部偏离了化学计量比，它们也可以非常快速地发生高能反应。然而，如果想要提高炸药的性能，需要添加理想的氧化剂或可燃剂，使整个系统更接近氧平衡。

2.3.5　计算质量比

热化合价方法提供了一种简单的方法，用于计算化学计量比下与给定氧化剂反应所需的任何可燃剂的质量。广泛用作商业炸药的硝酸铵/燃油体系（ANFO）就是一个很好的例子。我们假设燃油可以用 CH_2 表示，CH_2 是构成绝大多数燃油分子的重复单元。

硝酸铵（NH_4NO_3）的热化合价为

$$2 \times (0) + 4 \times (+1) + 3 \times (-2) = -2(氧化剂)$$

烃单元（CH_2）的热化合价为

$$(+4) + 2 \times (+1) = +6(可燃剂，每14g 或一个 CH_2 单元)$$

因此，通过热化合价法，在平衡方程中，每个 CH_2 单元将需要三个 AN（硝酸铵）分子，如下所列。

	$3NH_4NO_3 + CH_2 \rightarrow CO_2 + 7H_2O + 3N_2$	
质量/g	$3 \times (80)$	14

硝酸铵的相对分子质量为 80g，而一个 CH_2 单元的相对分子质量为 14g。因此，上述平衡方程的质量比为

$$3 \times (80) : 14 = 240 : 14，即 94.5 : 5.5$$

这很接近于 ANFO 炸药的实际质量比。这个比例（化学计量比）可充分利用所有可用的氧气和可燃剂，使系统的能量输出最大化。

由于在非常高的反应温度和非常快的反应速率下，可能发生多个反应互相竞争，因此，烟火反应很可能会产生一系列反应产物。热力学上占优势的反应将与其他反应途径竞争，但使用热化合价法预测化学计量比是开发新配方的良好开端。

根据计算结果准备反应物，并微调氧化剂与可燃剂的比例，观察其对反应速率的影响。这将有助于我们了解组分的微小变化对药剂反应性的影响，同时，还可以指示这一组成比例是否接近点火后发生的主要反应的实际化学计量点。

化学家们可以随时对反应产物进行化学分析，以验证正在发生的主要反应是否为所需的反应。这就是化学之美——通常可以通过实验来证明理论。

2.3.6 分析混合物的热化合价

通过热化合价法分析混合物，需要计算给定质量混合物的热化合价（为方便计算，通常假设为 100g）。首先要通过每种组分的相对分子质量或分子式计算出 100g 混合物中每种组分的物质的量。然后将每种组分的物质的量乘以对应的热化合价，计算每种组分的热化合价。将这些组分的分数化合价相加，可得到 100g 混合物的净化合价。如果该总和是负数，则为富氧型混合物；若总和是正数，则为富燃料型混合物；若净化合价为 0，则为化学计量混合物。

例如，将高氯酸钾和钛（$KClO_4$/Ti）以 80 : 20 的比例（按质量计）制备混合物，为了便于计算，假设混合物为 100g，无须配平方程式即可进行如下分析。

参　数	$KClO_4$	+	Ti	→	KCl	+	TiO_2
质量（M）/g	80		20				
分子质量（FW）/(g/mol)	138.6		47.9				
物质的量（M/FW）	0.577		0.418				
热化合价/mol	-8		+4				
分数化合价（物质的量×热化合价）	-4.62		+1.67				

KP（高氯酸钾）的分数化合价 + Ti（钛）的分数化合价 = -2.95

该混合物的热化合价总和为 -2.95，因此属于富氧型，如果在其中添加更多的钛，可以得到反应活性更高的配方。如果调整混合比例使化合价总价为零，则可以得到化学计量混合物。

2.3.7 三组分体系

对于包括两种成分以上的体系，分析方法基本相同。在此介绍一种非常简单的方法，确定更复杂混合物系统中的氧平衡。同样，必须对反应产物做出假设，这将决定每种参与反应元素的热化合价。然后，计算100g混合物中每种组分的物质的量，以及每种成分的分数化合价，最后，查看总和是负数（富氧型）还是正数（富燃料型）。例如，使用聚甲基丙烯酸甲酯（PMMA）作为可燃剂/黏合剂。PMMA是由$C_5H_8O_2$单元组成的聚合物，聚合物的计算可按单体单元进行，因为使用适当的相对分子质量可以消除可能存在的差异，并大大简化聚合物的计算。下面以质量比为60/35/5的$KClO_4$/Ti/PMMA混合物为例进行分析。

参 数	$KClO_4$ +	Ti +	$C_5H_8O_2$ →	KCl +	CO_2 +	H_2O +	TiO_2
质量/g	60	35	5	克（每100g混合物）			
分子质量	138.5	47.9	100	克（每摩尔）			
物质的量	0.433	0.731	0.050	质量/相对分子质量			
热化合价/mol	−8	+4	+24	每种物质的热化合价			
分数化合价	−3.46	+2.92	+1.20	摩尔数×热化合价			

总化合价 = +0.66（混合物为富燃料型）

这是分析、确定复杂混合物是富含氧化剂、富含燃料还是化学计量混合物最简单的方法。尽管有些计算机程序可以对含能混合物进行详细计算，但通过热化合价法可以快速了解含能系统的基本性质，以及添加各种化学成分可能对系统产生的影响。下面是一些热化合价法的练习题。

2.3.8 热化合价法练习题

（1）计算高氯酸钾/铝体系的化学计量比组成：

$$KClO_4 + Al \rightarrow KCl + Al_2O_3$$

（2）确定以下配方是富燃料型还是富氧型（各组分为质量分数%）。

高氯酸钾	葡萄糖	聚氯乙烯（PVC）
$KClO_4$	$C_6H_{12}O_6$	—(C_2H_3Cl)—
65	25	10

（3）计算高氯酸钾/葡萄糖/PVC的化学计量混合物，其中PVC占5%质量比。

（4）需要制备由铬酸钡（$BaCrO_4$）、高氯酸钾（$KClO_4$）和钼（Mo）组成的延期药体系，其中$KClO_4$为10%。应当如何设计化学计量混合物？假设反应产物为 BaO、KCl、Cr_2O_3 和 MoO_3。

(5) 计算高氯酸铵（NH_4ClO_4）/蔗糖（$C_{12}H_{22}O_{11}$）体系的化学计量比。高氯酸铵的相对分子质量为 117.5，蔗糖的相对分子质量为 342。

习题参考答案：

(1) 对于反应方程式：

$$KClO_4 + Al \rightarrow KCl + Al_2O_3 \text{（预期产物）}$$

查找并计算氧化剂和可燃剂的热化合价：

$$KClO_4 \quad V = +1 - 1 + 4 \times (-2) = -8$$
$$Al \quad V = +3$$

平衡氧化剂和可燃剂的热化合价：

$$KClO_4 \quad -8 \times 3 = -24$$

需要三个 $KClO_4$ 来平衡八个 Al 的热化合价：

$$Al \quad +3 \times 8 = +24$$

因此，平衡方程式为

$$3KClO_4 + 8Al \rightarrow 3KCl + 4Al_2O_3$$

注意：4mol Al_2O_3 包含八个铝原子。因此质量关系为

$$\begin{cases} 3KClO_4 & : & 8Al \\ 3 \times (138.5) & : & 8 \times (27)g \\ 415.5 & : & 216g \end{cases}$$

化学计量（平衡）混合物中 $KClO_4$ 的质量占比为

$$\begin{cases} KClO_4\% = 415.5/(415.5 + 216) = 65.8\% \\ Al\% = 216/(415.5 + 216) = 34.2\% \end{cases}$$

检查：氧化剂和还原剂的百分比的总和应为 100%。

(2) 判断配方是富含燃料还是富含氧化剂

参　　数	$KClO_4$	$C_6H_{12}O_6$	—(C_2H_3Cl)—
A. /%(质量分数)	65	25	10
B. 相对分子质量	138.5	180	62.5（单体）
C. 物质的量（A/B）	0.47	0.14	0.16
D. 热化合价	-8	+24	+10
E. 分数价（C×D）	-3.8	+3.3	+1.6

总化合价 = +1.1，所以混合物是富燃料型。

(3) 计算高氯酸钾/葡萄糖/质量比 5% 的 PVC 的化学计量混合物。这个问题可能要用到之前没用过的代数。

设 $x = 100g$ 混合物中的葡萄糖克数。由于 PVC 的质量为 5g（5%），可得高

氯酸钾为 $(95-x)$g，因此计算如表。

参　数	$KClO_4$	$C_6H_{12}O_6$	$—(C_2H_3Cl)—$
克数	$95-x$	x	5
A. 物质的量	$(95-x)/138.5$	$x/180$	$5/62.5$
B. 热化合价	-8	$+24$	$+10$
C. 分数化合价（A×B）	$\dfrac{-8\times(95-x)}{138.5}$	$\dfrac{+24(x)}{180}$	$\dfrac{+10\times(5)}{62.5}$

对于化学计量混合物，总价为0，因此，有

热化合价 $V(KClO_4)+V(C_6H_{12}O_6)+V(PVC)=0$

将 C 中的净价总和设为 0，并求解 x。$x=24.5$，即化学计量混合物中葡萄糖的克数为 24.5g。因此，有 $KClO_4$ 的克数 $=95-x=95-24.5=70.5$。

平衡的混合物：

$KClO_4$	$C_6H_{12}O_6$	PVC
70.5%	24.5%	5%

（4）钼延期药体系，10% $KClO_4$。计算化学计量混合物中的百分比。

首先，设 $x=100$g 混合物中 Mo 的克数。每 100g 混合物中，质量分数：

参　数	$BaCrO_4$	$KClO_4$	Mo
克数/g	$90-x$	10	x
A. 相对分子质量	253.3	138.5	95.9
B. 热化合价	-3	-8	$+6$[①]
C. 物质的量	$(90-x)/253.3$	$10/138.5$	$x/95.9$
D. 分数价（B×C）	$\dfrac{-3\times(90-x)}{253.3}$	$\dfrac{-8\times10}{138.5}$	$\dfrac{+6\times x}{95.9}$

① 由于反应产物 MoO_3 中 Mo 的氧化数为 +6，因此 Mo 金属的热化合价为 +6

对于化学计量混合物，所有分数价总和为0，即 D 行所有条目总和为 0：

$$-3(90-x)/253.3-8\times10/138.5+6x/95.9=0$$

求解该方程式，得 $x=22.1$，这是化学计量混合物中 Mo 的克数。

得到化学计量混合物：

$BaCrO_4$	$KClO_4$	Mo
67.9	10.0	22.1

(5) 高氯酸铵作为氧化剂，热化合价为 -5；蔗糖的热化合价为 (48 + 22 - 22) = +48。因此，平衡方程为

$$48NH_4ClO_4 + 5C_{12}H_{22}O_{11} \rightarrow 60CO_2 + 127H_2O + 24N_2 + 48HCl$$

高氯酸铵和蔗糖的质量比为

$$48 \times (117.5)g \quad : \quad 5 \times (342)g$$
$$5640 \quad : \quad 1710$$
$$76.7\% \quad : \quad 23.3\%$$

2.3.9 附加热化合价练习题

(1) 一种照明剂配方中含质量比 15% 的 $KClO_4$，此外，还包含硝酸锶（第二种氧化剂）和镁（可燃剂）。如何组成化学计量混合物？假设 $Sr(NO_3)_2$ 会生成 SrO、N_2 和氧气，镁将形成 MgO，而 $KClO_4$ 将形成 KCl 和氧（与 Mg 和 Sr 结合）。

答案：15% $KClO_4$，47.3% $Sr(NO_3)_2$，37.7% Mg。

(2) 一种照明剂配方包含质量比 45% 的 $Ba(NO_3)_2$、35% 的 Mg 和 20% 的聚氯乙烯（PVC，C_2H_3Cl 聚合物）。该配方是富燃料型还是富氧型？

答案：100g 混合物中，硝酸钡净价为 -1.72，Mg 为 +2.88，PVC 为 +3.20。所有热化合价之和为 +4.36，所以该配方是富燃料型。

(3) 氧化铁（Fe_2O_3）和硼（B）组成低毒性延期药配方。假设反应产物为 Fe 和 B_2O_3，氧化铁的热化合价为 -6，硼的热化合价为 +3。化学计量混合物将如何组成？

答案：Fe_2O_3 88.1%，B 11.9%。

(4) 铝化硝酸铵/燃油（铝化 ANFO）是一种常用商业炸药。如果混合物中含有质量比为 5% 的 Al，硝酸铵的热化合价为 -2，那么，化学计量混合物中硝酸铵和燃油各占多少质量比？假设每个硝酸铵分子将生成一个 N_2 分子、两个 H_2O 分子和一个 O 原子；燃油可由 $-CH_2-$ 表示，分子量为 14，热化合价为 +6。

答案：

反应物	NH_4NO_3	Al	$-CH_2-$
克数	$95-x$	5	x

化学计量比混合物为硝酸铵 91.0%、铝 5%、燃油 4.0%。

2.4 电化学

如果选择一个自发进行电子转移的反应，并将发生氧化和还原反应的材料进行分离，让电子通过良好的导体（如铜线）进行传递，就可以制造出电池。

通过适当的设计,就可以利用与此类反应相关的电能。电化学(如电池)和烟火(如烟花)领域实际上是两个非常相近的学科,涉及的反应看起来非常相似:

$$Ag_2O + Zn \rightarrow 2Ag + ZnO(电池反应) \quad (2.10)$$
$$Fe_2O_3 + 2Al \rightarrow 2Fe + Al_2O_3(烟火反应) \quad (2.11)$$

在这两个领域的研究中,人们都在寻找廉价、高能的电子供体和电子受体,既能按需产生能量又存储稳定。

有趣的是,在炸药和烟火学中使用的许多含能材料,都是在制造过程中使用电化学方法获得其高能量潜力。通过电解或电化学过程,现代技术驱动电流通过反应器中的熔融物质,可将 Mg^{2+} 转化为 Mg 金属,将氯离子(Cl^-)转化为 ClO_3^-(氯酸根)和 ClO_4^-(高氯酸根)。实际上,这类物质在自然界中并不多见。这些可能由闪电或其他自然界的高能过程产生的物质,通常会与天然化学物质发生电子传递反应,迅速转变为低能形式(如 Mg^{2+}、Cl^-)。例如,金属镁会与水发生反应,生成 $Mg(OH)_2$ 和氢气 H_2;Fe^{3+} 可以通过高炉中的高能过程生成金属铁,当其暴露于空气和湿气中时,很快就会转变为铁锈(Fe_2O_3),若暴露在更强的氧化剂或酸中,氧化速度会更快。

许多含能炸药,如硝酸甘油和三硝基甲苯(TNT),也同样是在电化学过程中获得存储的能量,或是其中所存储的能量来源于太阳能和生化过程。

因此,烟火装置在许多方面都和电池非常类似,都是提供由电子供体和电子受体组合产生的能量。在电池中,我们通过闭合电路让电子流动,从而释放化学物质中的能量并做功。在烟火系统中,我们将电子供体和电子受体紧密混合,并在系统中施加能量输入(如摩擦、撞击或导火索燃烧时产生的火焰或火花)来引发电子传递反应。反应一旦开始,就会产生足够的能量维持自传播反应,而不再需要外部能量输入(如用导火索产生火焰等)。

电化学家把材料得失电子的相对趋势列成了表格,这些表格对于烟火化学家寻找新材料时也很有参考价值。表中按照得电子趋势递减的顺序列出化学物质,并全部表示为还原方向上的半反应,其中半反应:

$$H^+ + e^- \rightarrow \frac{1}{2}H_2 \quad 0.000V \quad (2.12)$$

指定该半反应的电势值为 0.000V,也称为"标准还原电势"。其他物质都以该反应为基准进行计量,其中更容易被还原的物质的标准还原电势为正值,而更难被还原的物质的标准还原电势为负值。从逻辑上讲,电势越负的物质应为更好的电子供体,而电势越正的物质应为更好的电子受体。(注意:这与热化合价相反:氧化剂的热化合价为负,标准还原电势为正,而可燃剂的热化合价为正,标准还原电势为负。)

良好的电子供体与良好的电子受体组合可能会产生高电压的电池。这种组合也可能成为烟火体系的候选材料。但必须注意的是，电化学表格中列出的大多数值都是针对溶液中的反应，而不是固体中的反应，所以不能直接用于烟火体系的计算，但还是可以为候选材料提供一些灵感。

表 2.8 列出了在 25℃下各种烟火体系材料的标准还原电势。值得注意的是，某些富氧负离子，如氯酸根离子（ClO_3^-），其标准还原电势具有较大的正值；某些活性金属可燃剂，如铝（Al），其标准还原电势为较大的负值。

表 2.8 烟火材料的标准还原电势

半 反 应	标准电势（25℃）[①]/V
$F_2 + 2e^- \rightarrow 2F^-$	2.87
$CO_3^+ + e^- \rightarrow CO_2^+$	1.8
$PbO_2 + 4H^+ + SO_4^{2-} + 2e^- \rightarrow PbSO_4(s) + 2H_2O$	1.69
$MnO_4^- + 8H^+ + 5e^- \rightarrow Mn^{2+} + 4H_2O$	1.49
$PbO_2 + 4H^+ + 2e^- \rightarrow Pb^{2+} + 2H_2O$	1.46
$Cl_2 + 2e^- \rightarrow 2Cl^-$	1.36
$Cr_2O_7^{2-} + 14H^+ + 6e^- \rightarrow 2Cr^{3+} + 7H_2O$	1.33
$O_2 + 4H^+ + 4e^- \rightarrow 2H_2O$	1.23
$Br_2 + 2e^- \rightarrow 2Br^-$	1.07
$NO_3^- + 4H^+ + 3e^- \rightarrow NO + 2H_2O$	0.96
$Hg^{2+} + 2e^- \rightarrow Hg$	0.85
$Ag^+ + e^- \rightarrow Ag$	0.8
$Fe^{3+} + e^- \rightarrow Fe^{2+}$	0.77
$I_2 + 2e^- \rightarrow 2I^-$	0.54
$Cu^+ + e^- \rightarrow Cu$	0.52
$Fe(CN)_6^{3-} + e^- \rightarrow Fe(CN)_6^{4-}$	0.36
$Cu^{2+} + 2e^- \rightarrow Cu$	0.34
$Cu^{2+} + e^- \rightarrow Cu^+$	0.15
$Sn^{4+} + 2e^- \rightarrow Sn^{2+}$	0.15
$2H^+ + 2e^- \rightarrow H_2$	0
$Fe^{3+} + 3e^- \rightarrow Fe$	−0.04
$Pb^{2+} + 2e^- \rightarrow Pb$	−0.13
$Sn^{2+} + 2e^- \rightarrow Sn$	−0.14
$Ni^{2+} + 2e^- \rightarrow Ni$	−0.25
$CO^{2+} + 2e^- \rightarrow CO$	−0.29
$PbSO_4 + 2e^- \rightarrow Pb + SO_4^{2-}$	−0.359

续表

半 反 应	标准电势 (25℃)[①]/V
$PbI_2 + 2e^- \to Pb + 2I^-$	-0.365
$Cr^{3+} + e^- \to Cr^{2+}$	-0.4
$Cd^{2+} + 2e^- \to Cd$	-0.4
$Fe^{2+} + 2e^- \to Fe$	-0.41
$Cr^{3+} + 3e^- \to Cr$	-0.74
$Zn^{2+} + 2e^- \to Zn$	-0.76
$2H_2O + 2e^- \to H_2(g) + 2OH^-$	-0.83
$V^{2+} + 2e^- \to V$	-1.18
$Mn^{2+} + 2e^- \to Mn$	-1.18
$Al^{3+} + 3e^- \to Al$	-1.66
$Mg^{2+} + 2e^- \to Mg$	-2.37

① Weast, 1994

2.5 热力学

2.5.1 热力学概论

在炸药和烟火技术领域工作的化学家可以在各种电子供体（可燃剂）和电子受体（氧化剂）之间给出大量可能发生的反应。判断一个特定的反应能否发生并得以应用，取决于两个主要因素。

(1) 如果把氧化剂和可燃剂混合在一起，反应能否自发进行或实际发生。

(2) 反应进行的速率或者完全反应所需的时间。

反应的自发性取决于自由能的变化量 ΔG。"Δ" 是大写希腊字母 "delta" 的符号，用来表示 "变化"。换句话说，ΔG 可以理解为 "自由能的变化"。

自发反应（在恒定的温度和压力下）的热力学要求是产物的自由能低于反应物的自由能，即与化学反应有关的自由能变化 ΔG 为负值。一个系统在给定温度下的自由能包含两个量。第一个是焓，即热焓，用符号 H 表示。第二个是熵，用符号 S 表示，可以视为是系统的随机性或无序性。系统的自由能 $G = H - TS$，其中 T 是系统的热力学温度，单位是 K（如果要将摄氏温度转换为开尔文温度，需要将摄氏温度值加上 273.15）。因此，恒定温度下化学反应的自由能变化为①

---

① 式 (2.13) 只有自由能、焓和熵发生了变化，因此在这些参数前面加上 Δ；考虑到是在恒温下进行计算，温度没有变化，因此温度值前面没有 Δ。

$$\Delta G = G(产物) - G(反应物) = \Delta H - T\Delta S \qquad (2.13)$$

要使一个反应自发进行，或在能量上有利，就希望其焓变 ΔH 为负值，对应于反应过程中释放热量（能量）。任何释放热量的化学过程都称为放热（Exothermic），而吸收热量的过程称为吸热（Endothermic）（希腊语中的"exo"表示"外"，"endo"表示"内"）。许多高能反应的 ΔH 值已通过实验和理论计算确定。反应热 ΔH 的常用单位是 cal/mol 或 cal/g。国际单位制（International System of Units，SI System）要求能量数值应以 J 为单位，其中 1cal = 4.184J。在 20 世纪 80 年代之前获得的大多数热化学数据都是以 cal 为单位，在大多数情况下，本书将继续使用这些数据。表 2.9 给出了一些典型烟火反应的 ΔH 值。

表 2.9 典型烟火药剂反应的 ΔH 值

配 方	质量分数/%	ΔH/(kcal/g)[①]	应 用
$KClO_4$	60	-2.24	摄影照明剂
Mg	40		
$NaNO_3$	60	-2.00	白光剂
Al	40		
Fe_2O_3	75	-0.96	铝热剂
Al	25		
KNO_3	75	-0.66	黑火药
C	15		
S	10		
$KClO_3$	57	-0.61	红光剂
$SrCrO_3$	25		
虫胶	18		
$KClO_3$	35	-0.38	红色发烟剂
乳糖	25		
红色染料	40		

① Shidlovskiy，1964。所有值代表反应释放的热量，因此为负值。
转换公式 1kcal = 1000cal，1cal = 4.184J。

如果熵变 ΔS 为正值，会使式（2.13）中的 $-T\Delta S$ 项为负值，这也有利于反应自发进行。熵变 ΔS 为正值对应于当发生反应时，系统的无规性或无序性的增加。物质在不同状态下的熵遵循以下趋势：

$$S(固态) < S(液态) \ll S(气态)$$

因此，这种"固体→气体"（在许多高能系统中很常见）类型的反应特别容易受到反应过程中熵变的影响。从固态反应物中放热和产生气体的反应在热力学方面是很有利的，属于"自发"反应范畴。这种类型的化学过程将在后续章节中继续讨论。

2.5.2 反应热

通过假设反应产物的种类，并应用生成热的热力学数据表，就可以计算出含能反应系统的反应热。生成热又称为生成焓（以 ΔH 表示），是反应热的一种，是指在某一温度下，由处于标准状态下的单质生成 1mol 化合物时发生的热量变化。例如，对于反应：

$$2Al + 3/2O_2 \rightarrow Al_2O_3 \tag{2.14}$$

其中，Al_2O_3 的生成热 ΔH 为 -400.5kcal/mol，该值是氧化铝 Al_2O_3 的生成热（用符号 ΔH_f 表示）。2.0mol 的铝（54.0g）与 1.5mol 的氧气（48.0g）反应会生成 1.0mol Al_2O_3（102.0g），将释放 400.5kcal 的热量，这个数值相当可观。同样，要将 102.0g 的 Al_2O_3 分解为 54.0g 的铝金属和 48.0g 的氧气，必须给系统提供 400.5kcal 热量，这是与生成热数值相等但热力学符号相反的热量。

在此系统中，任何元素在 25℃和 1 atm 压力下，即标准状态下，定义其最稳定单质的生成热为零。例如，碳形成石墨的生成热为零，因为石墨是碳元素在 25℃和 1atm（标准大气压）压力下自然形成的热力学稳定单质，而碳形成金刚石的生成热是 0.574kcal/mol。

一般认为，一个化学反应分两步进行。
（1）将初始物质分解成组成它们的元素。
（2）这些元素继续反应形成所需的产物。

然后，可用下面的公式计算整个反应的净热量变化：

$$\Delta H = \sum \Delta H_f(\text{产物}) - \sum \Delta H_f(\text{反应物})$$

式中：$\sum$ 表示"总和"。

该公式将反应中所有产物的生成热进行加和，然后减去将所有反应物分解成其组成元素所需的热量。这两个数值的差值就是净热量变化值，即反应热。表 2.10 列出了许多含能材料常用化学物质的生成热，所有数据均对应于在 25℃（298.15K）下发生的反应。

表 2.10 常用烟火材料在 25℃下标准生成热

化 合 物	化 学 式	$\Delta H_f/(\text{kcal/mol})$[①]
氧化剂		
硝酸铵	NH_4NO_3	-87.4
高氯酸铵	NH_4ClO_4	-70.58

续表

化 合 物	化 学 式	ΔH_f/(kcal/mol)①
氧化剂		
氯酸钡（水合物）	$Ba(ClO_3)_2 \cdot H_2O$	-184.4
铬酸钡	$BaCrO_4$	-345.6
硝酸钡	$Ba(NO_3)_2$	-237.1
过氧化钡	BaO_2	-151.6
氧化铁（红）	Fe_2O_3	-197.0
四氧化三铁（黑）	Fe_3O_4	-267.3
铬酸铅	$PbCrO_4$	-217.7②
氧化铅（红铅）	Pb_3O_4	-171.7
二氧化铅	PbO_2	-66.3
氯酸钾	$KClO_3$	-95.1
硝酸钾	KNO_3	-118.2
高氯酸钾	$KClO_4$	-103.4
硝酸钠	$NaNO_3$	-111.8
硝酸锶	$Sr(NO_3)_2$	-233.8
可燃剂		
单质		
铝	Al	0
硼	B	0
铁	Fe	0
镁	Mg	0
红磷	P	-4.2③
白磷	P_4	0
硅	Si	0
钛	Ti	0
有机化合物④		
乳糖（水合物）	$C_{12}H_{22}O_{11} \cdot H_2O$	-651
虫胶	$C_{16}H_{24}O_5$	-227
六氯乙烷	C_2Cl_6	-54
淀粉	$(C_6H_{10}O_5)_n$	-227（单体）
蒽	$C_{14}H_{10}$	+32
聚氯乙烯（PVC）	$-(CH_2CHCl)-_n$	-23（单体）②

续表

化 合 物	化 学 式	$\Delta H_f/(\text{kcal/mol})$[①]
反应产物		
氧化铝	Al_2O_3	−400.5
氧化钡	BaO	−133.4
氧化硼	B_2O_3	−304.2
二氧化碳	CO_2	−94.1
一氧化碳	CO	−26.4
氧化铬	Cr_2O_3	−272.4
一氧化铅	PbO	−51.5
氧化镁	MgO	−143.8
氮气	N_2	0
磷酸	H_3PO_4	−305.7
碳酸钾	K_2CO_3	−275.1
氯化钾	KCl	−104.4
氧化钾	K_2O	−86.4
硫化钾	K_2S	−91.0
二氧化硅	SiO_2	−215.9
氯化钠	$NaCl$	−98.3
氧化钠	Na_2O	−99.0
氧化锶	SrO	−141.5
二氧化钛	TiO_2	−225
水	H_2O	−68.3
氯化锌	$ZnCl_2$	−99.2

① Weast, 1994。
② U.S Army Material Command, 1967。
③ 注意：即使红磷是单质形式，其生成焓也不为零。它的同素异形体白磷为标准状态下的最稳定单质，生成热为零。从白磷到红磷的转化过程中生成焓为负值。
④ Shidlovskiy, 1964

计算以下反应的反应热，使用氧化数或热化合价法进行平衡。

例1：

反应	$KClO_4 + 4Mg \rightarrow KCl + 4MgO$			
克数	138.6	97.2	74.6	161.2
生成热/(kcal/mol×摩尔数)	−103.4	4×(0)	−104.4	4×(−143.8)

$$\Delta H = \sum \Delta H_f(产物) - \sum \Delta H_f(反应物)$$
$$= [-104.4 + 4 \times (-143.8)] - [-103.4 + 4 \times (0)]$$
$$= -576.2 \text{kcal/mol KClO}_4$$
$$= -2.44 \text{kcal/g}(化学计量混合物)$$

通过 -576.2 kcal 除以初始反应物的 $138.6 + 97.2 = 235.8$ (g) 得到该数值。

例2：

反应	4 KNO_3 +5C→2K_2O +2N_2 +5CO_2				
克数	404.4	60	188.4	56	220
生成热/(kcal/mol×摩尔数)	4×(-118.2)	5×(0)	2×(-86.4)	2×(0)	5×(-94.1)

$$\Delta H = \sum \Delta H_f(产物) - \sum \Delta H_f(反应物)$$
$$= [2 \times (-86.4) + 0 + 5 \times (-94.1)] - [4 \times (-118.2) + 5 \times (0)]$$
$$= -643.3 - (-472.8)$$
$$= -170.5 \text{kcal/4mol KNO}_3$$
$$= -42.6 \text{kcal/mol KNO}_3$$
$$= -0.37 \text{kcal/g}(化学计量混合物)(-170.5\text{kcal}/464.4\text{g})$$

2.6 化学反应的速率

2.5节讨论了化学家如何对化学反应的自发性进行热力学的研究。然而，即使这些计算表明反应会自发进行（ΔG 为数值较大的负数），也不能保证将反应物在25℃（298.15 K）下混合时，反应会迅速发生。例如，对于反应：

$$木材 + O_2 \rightarrow CO_2 + H_2O \tag{2.15}$$

在25℃时，ΔG 是一个很大的负值。显然，木材和氧气在25℃（常规室温）下混合时是相当稳定的。这个热力学问题就要涉及活化能概念了。活化能表示把反应物从25℃下相当稳定的状态转变为活跃、高能量的活化态所需的能量。在这种活化态下，将发生反应形成预期产物，同时释放出大量能量，而包括达到活化态所需的能量以及反应释放的热量在内的所有能量之和，也就是净反应热。图2.3对这一过程进行了说明。

活化能对化学反应速率的影响非常大，同时，反应速率是与温度有关的函数。随着系统温度的升高，系统拥有了更多能量，具有必要活化能的分子数量将呈指数倍增加。因此，反应速率会随着温度的升高而呈指数性增长，如图2.4所示。

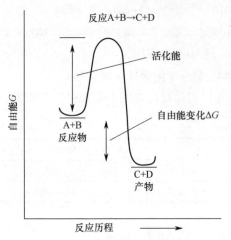

图 2.3 化学反应体系的自由能

(反应物为 A 和 B，转化为产物 C 和 D。A 和 B 必须先获得足够的能量（活化能），才能处于活化状态。随着产物 C 和 D 的生成，能量被释放，并达到最终的能量水平。净能量变化值，ΔG，相当于产物和反应物的能量差。反应进行的速率取决于必须克服的能垒，即活化能)

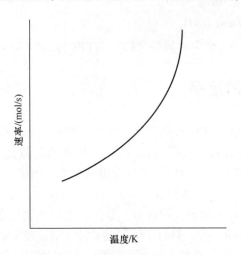

图 2.4 温度对反应速率的影响

(随着化学系统温度的升高，该体系发生反应形成产物的速率呈指数增长)

瑞典化学家 Svante Arrhenius 在反应速率领域完成了大量开创性的工作，描述速率-温度关系的方程称为 Arrhenius 方程：

$$k = Ae^{-E_a/RT} \qquad (2.16)$$

式中：k 为该反应在温度 T 下的速率常数（由实验测定）；A 为特定反应中一个与温度无关的常数，称为"指前因子"；e 为欧拉数，数学常数，自然对数的底数，约等于 2.71828；E_a 为反应的活化能；R 为通用常数，称为"理想气体常数"; T 为热力学温度, 单位为 K。

对式 (2.16) 两边取自然对数 (ln), 得到

$$\ln k = \ln A - E_a/RT \tag{2.17}$$

因此, 如果在不同的温度下测量速率常数 k, 并绘制 $\ln k$ 与 $1/T$ 的关系图, 就可以得到一条直线, 斜率为 $-E_a/R$。通过这一实验可以得到化学反应的活化能。Arrhenius 方程描述了速率-温度的关系, 在含能材料的点火过程中具有相当重要的意义, 在以后的章节中还会继续讨论。

从速率-温度关系中还能得出一个重要观点, 与低温的含能材料相比, 较热的含能材料 (尤其是推进剂和烟火剂) 在点火时需要达到的活化能较低。因此, 热的药剂更容易被点燃, 且点火后燃烧速率会更快。多年来的大量研究已经证实了这一现象。从火箭推进剂到公路照明弹等材料, 环境温度都会影响其性能, 在比较不同温度条件下的性能测试时必须要考虑到这一点。

2.7 富能键

在含能领域中有一些常见的共价化学键 (如 N—O 和 Cl—O)。两个高电负性原子之间的价键往往不如两个电负性不同的原子间形成的价键更加稳定。人们认为在诸如 Cl—O 之类的键中, 对电子密度的激烈竞争至少在一定程度上导致了这种不稳定性。现代化学键理论 (称为"分子轨道理论") 可以预测某些常见含能物质内在的不稳定性。例如, 叠氮离子 N_3^- 和氰酸根离子 CNO^- (Pytlewski, 1981) 的不稳定行为就可以用这一理论进行解释。

在硝酸根离子 NO_3^-、高氯酸根离子 ClO_4^- 这种结构中, 电负性强的原子具有较大的正氧化数 (NO_3^- 中的 N 为 +5, ClO_4^- 中的 Cl 为 +7)。如此大的正值表明其缺电子, 因此这类价键结构作为电子受体 (氧化剂) 时是相当活泼的。同理, 很多硝化的含碳 (有机) 化合物, 如硝酸甘油和 TNT, 也是不稳定的 (图 2.5)。这些分子中的氮原子希望接受电子来释放成键压力, 而同一分子中的碳原子则是很好的电子供体。

此外, 如果根据鲍林的电负性概念给这些分子中的原子分配部分电荷, 则会遇到很多相邻碳原子带有部分正电荷的情况。这样就会削弱键合力, 破坏分子结构的稳定, 从而导致分子会在较低温度下分解或对撞击更加敏感。硝酸甘油 (图 2.5) 就是一个典型的例子, 由于每个碳上都各有一个电负性很强的硝酸根基团, 因此三个碳原子均带有部分正电荷。相邻的碳原子由于都带正电荷而相互排斥, 这至少部分解释了硝酸甘油对撞击和冲击极度敏感的原因。

大多数硝化的含碳化合物分解后会生成两种非常稳定 (高熵) 的气体, 即 N_2 和 CO_2, 有助于使反应过程的 ΔG 达到一个较大的负值, 促使反应自发进行。使用富氮含碳化合物或硝酸根、高氯酸根以及类似的富氧负离子时, 必须非常小

心地处理这些材料，在实验室充分检验它们的性能。因为反应速率与温度呈指数关系，当使用可能不稳定的材料时，要尽量避免温度升高。当系统温度急剧升高时，一个微小的处理甚至不操作都可能会引起爆炸。

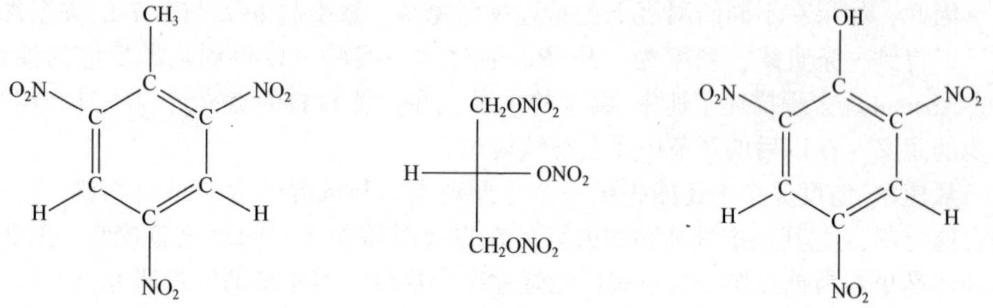

图2.5 部分被用作炸药的有机化合物分子结构

（很多"不稳定"的有机化合物被用作炸药，这些分子内的氧通常与氮结合，通过分子内部的氧化还原反应形成稳定的产物：二氧化碳、氮气和水。这里的氧化剂和可燃剂是在分子水平上"混合"的，可以实现快速的分解速率）

2.8 物态

除了少数例外，大多数情况下，含能化学家研究的物质在常温下都处于固态。这在材料制备成为产品时保证了尺寸稳定性，可以让含能设备具有相对较长的储存寿命。固体之间的混合非常缓慢，而气体间可以很快均匀混合，因此固体混合物的反应性往往比气体混合物要差。另外，如果液体是"可混溶"的，也可以快速达到均质状态（油和水之间就是不可混溶液体）。因此，固体体系的快速反应通常需要系统在较高温度下形成液态或气态产物。这些状态下的物质可以更快地扩散，从而加快反应速率。

在烟火学的很多系统中，从固态到液态的转变对于引发一个自传播反应非常重要。氧化剂通常是这类药剂中的关键成分，按照熔点升高的趋势对常见氧化剂进行排序，这一排序与这些材料的反应性是一致的（表2.11）。其中一个重要原因是烟火学中使用的很多常见氧化剂在接近熔点时会开始分解，并释放氧气，从而促进点火过程，这部分将在第6章中进行详细讨论。

表2.11 一些常见氧化剂的熔点

氧化剂	化学式	熔点/℃[①]
硝酸钾	KNO_3	334
氯酸钾	$KClO_3$	356

续表

氧化剂	化学式	熔点/℃[①]
硝酸钡	$Ba(NO_3)_2$	592
高氯酸钾	$KClO_4$	610
硝酸锶	$Sr(NO_3)_2$	570
铬酸铅	$PbCrO_4$	844
氧化铁（红）	Fe_2O_3	1565

① Weast, 1994

物态的变化还涉及能量变化。从固态变为液态，或从液态变为气态，通常都需要向系统中输入能量。液态和固态材料都是通过原子、分子或离子间吸引力保持在一起。要让固态变为液态，必须破坏或减弱这些吸引力；要让液态变为气态，必须完全克服这些吸引力。与上述相反的相变过程（如水蒸气冷凝成液态水）是放热过程，随着吸引力的相互作用会释放能量。

当相变发生时，系统将保持一个恒定温度（例如，冰在0℃和1atm（1atm≈101kPa）下融化，水在100℃和1atm下沸腾）。这是含能材料在点火过程中一个非常重要的因素，因为在相变过程中温度不会升高。因此，在所有水分都被蒸干之前，含有水分的烟火药剂（或壁炉中的湿木头）的温度都不会高于100℃（212℉）。如果材料的点火温度超过该温度，那么直到全部的水分都蒸发掉，并且材料的温度上升至点火温度时才会发生点火。对于壁炉中的木头来说，其着火点接近451℉，这一温度即纤维素纸的点火温度，因雷·布拉德伯里（Ray Bradbury）的同名著作（Fahrenheit 451）而广为人知。

2.8.1 气态

在持续加热情况下，物质会不断吸收热量，从固态转变为液态，再变成气态。气态物质所占据的体积要比固态和液态大得多。1mol(18g)固态或液态形式的水所占体积约为18mL（0.018L），但在正常大气压下，1mol水蒸气在100℃（373.15K）时体积约为30.6L。气体所占的体积可以用理想气体方程估算：

$$V = nRT/P \tag{2.18}$$

式中：V为气体所占的体积，单位为L；n为气体的摩尔数；R为气体常数，$R = 0.0821L \cdot atm/(mol \cdot K) = 8.314J/(mol \cdot K)$；$T$为热力学温度，单位为K；$P$为压力，单位为atm。

惰性气体（如氮气、氖气等）以及小的双原子分子（如H_2、N_2等）能够很好地遵循理想气体方程。然而，极性共价键分子往往具有很强的分子间作用力，通常会偏离"理想"行为，在指定温度下产生的压力低于预期值。不过，即使对于这些极性分子，式（2.18）仍可对体积和压力进行较好的估算。利用理想气体方程,可以很容易地估算一些含能材料在约束条件下点火时所产生的压力。

例如,假设将200mg(0.200g)黑火药密封在0.1mL的体积内,黑火药燃烧会产生约50%的气态产物和50%的固态产物,每燃烧100g黑火药粉末将产生约1.2mol的稳定气体(主要为N_2、CO_2和CO)(Military Pyrotechnic Series-Part Three:"Properties of Materials Used in Pyrotechnic Compositions",1963)。因此,0.200g黑火药应产生0.0024mol气体,在接近2000K的温度下,预计压力为

$$P = \frac{(0.0024\text{mol}) \times (0.0821\text{L} \cdot \text{atm}/(\text{mol} \cdot \text{K})) \times (2000\text{K})}{0.0001\text{L}} = 3941\text{atm}$$

毫无疑问,密封容器的外壳将破裂,并可以观察到爆炸。如果在开放环境中燃烧同等数量的优质黑火药粉末,将产生较慢且不那么猛烈的反应(但仍然非常剧烈),而且不会发生爆炸。燃烧行为对约束程度的显著依赖性是烟火药剂的重要特征之一,也是其与炸药的区别所在。对于真正的炸药,约束条件对爆速的影响相对较小。

2.8.2 液态

气体分子在容器中分布的间距较大,通常会与其他气体分子及容器壁碰撞的同时以高速运动。这种碰撞会产生压力,压力的大小取决于气体分子的数量及其动能。气体分子的动能及速度会随着温度的升高而增加。

随着气体系统的温度降低,分子的速度会降低。当这些低速分子相互碰撞时,分子间的吸引力就会起到更重要的作用。当温度降低到某一温度时,气态就会冷凝,转化为液态。在引起冷凝的过程中,偶极间的吸引力会起到重要的作用。带有极性共价键的分子由于带有大量偏电荷,通常具有较高的冷凝温度(冷凝温度与液体的沸点相同,但达到这一温度点的方向相反)。

液态物质的有序性较低,分子具有很大的运动自由度。如果将一滴食用色素滴在水中,可以观察到液态物质的迅速扩散。固态物质则不会发生明显的扩散现象,如果使用铁这类材料进行实验,液态食用色素只会在金属表面形成一个液滴。

在液体的表面处,分子可以从相邻的分子中获得较高的振动和平动能量,部分分子有时会挣脱束缚转变为气态。这种液体表面上方的气化现象称为蒸气压,除非把容器密封起来,否则它将导致液体的逐渐蒸发。在这种情况下,每分钟进入气态的分子与液体表面上的再冷凝分子之间会建立起一种平衡。在密闭系统中,对于特定材料而言,液体上方气体分子的压力在给定温度下是一个常数,称为平衡蒸气压。它随着温度的升高呈指数增长,当液体的蒸气压等于作用在液体表面上的外部压力时,就会发生沸腾。因此,为了使固体和液体持续燃烧,就需要一部分可燃剂以气体状态存在。

2.8.3 固态

固态的特征在于具有确定的形状和体积。这是使构成该固态的原子、离子或分子之间的相互作用力达到最有可能的有利状态形成的结构。这种优化的堆积排列始于原子或分子水平,并在整个固体中呈周期性重复,产生一种高度对称的三维结构,称为晶体,所产生的网格被称为晶格。

原子排列缺乏有序性和晶体结构的固体称为非晶体(无定形)物质,其结构和性质类似于刚性液体。玻璃(SiO_2)就是一种典型的非晶材料。这类材料在加热时通常会软化,而没有明显的熔点。

在固态晶体结构中,几乎不存在振动或平动自由度,因此向晶格中的扩散是缓慢且困难的。通过热量的输入使固体温度升高时,振动和平动会增加。在一个特定的温度(称为熔点)下,这些运动克服了保持晶格稳定的吸引力,从而产生了液态。冷却时,液态会随着结晶的产生而转变为固态,并通过形成强大的吸引力释放出热量。表 2.11 列出了一些常见的固态烟火氧化剂的熔点(如果氧化剂处于液态,则为转变为固态的"凝固点")。

按照构成晶格的粒子类型对固体进行分类,如表 2.12 所列。

表 2.12 晶体的分类

晶体类型	构成晶格的单元	吸引力	示例
离子型	正、负离子	静电引力(离子键)	KNO_3、NaCl
分子型	中性分子	偶极-偶极作用力,以及较弱的非极性力	CO_2(干冰)、糖
共价型	原子	共价键	金刚石(碳)
金属型	金属原子	金属原子核与自由价电子间的"金属键"	Fe、Al、Mg

固态材料的晶格类型取决于晶格单元的大小和形状,以及吸引力的性质。目前可能存在 6 种基本晶格体系(Military Pyrotechnic Series Part One, "Theory and Application", 1967)。

(1)立方晶系。三个轴等长,并以直角相交。

(2)四方晶系。三个轴以直角相交,但只有两个轴的长度相等。

(3)六方晶系。在一个平面上有三个等长轴以 60°角相交,长度不同的第四个轴垂直于其他三个轴所在的平面。

(4)正交晶系。三个不等长的轴以直角相交。

(5)单斜晶系。三个不等长的轴,其中两个相交成直角。

(6)三斜晶系。三个不等长的轴,都不以直角相交。

在这里,我们的固态模型假设每个晶格都处于理想的位置,以创建出"完美"的三维晶体。但实际固体结构的研究表明,晶体并非完美无缺,其中包含各种类型的缺陷。即使是现代化学所能制造出的最纯净的晶体,晶格中也存在大量杂质和"位错"的离子、原子或分子。这些固有的缺陷通过提供一种在晶格中传输电子和热的机制，对固体的活性起到重要的作用。它们还可以大大增强另一种物质扩散到晶格中的能力，从而也会对活性产生影响（McLain，1980）。

通常与晶格中存在杂质有关的一个常见现象是固体熔点的降低，且固态转变为液态的过程会发生在一个较宽的温度范围内，而不像较纯净的材料那样具有一个明确的熔点。因此，熔融过程提供了一种检测固体纯度的简便方法。这一特性有助于保证实验室检验所购置的用于制造含能混合物的化学原料的质量。

烟火药剂的点燃和燃烧传播的一个重要因素是沿着药柱的热传导。热蒸汽虽然是良好的热载体，并且在多孔组分中是重要的燃烧速率因子，但通常热量在反应区之前必须通过固体传导。热量可以通过分子运动以及自由移动的电子来传递（Military Pyrotechnic Series Part One，"Theory and Application"，1967）。表2.13给出了一些常用材料的热导率。从该表中可以很容易地发现，烟火药剂中少量金属粉末的存在可以大大提高药剂的热导率，从而可以通过在反应区之前对药柱进行预热来提高燃烧速率。

表2.13 固体的热导率[①]

材　　料	热导率/$\times 10^3 cal/(s \cdot cm \cdot ℃)$[②]
铜	910
铝	500
铁	150
玻璃	2.3
橡木	0.4
纸	0.3
木炭	0.2

① Tuye，1976。
② 1cal＝4.1855J

2.8.4 物质的其他相态

正常情况下，地球上自然存在的三种最常见的物质相态是固体、液体和气体。但除此之外，还存在一些已知的物质状态，不完全符合这三相的定义。

等离子体是第四种常见的物相，几乎每天都能看到霓虹灯、闪电、荧光灯等都是等离子体态的例子。等离子体是中性气态原子被电离后（电子获得足够的能量，脱离其轨道），与自由电子混合在一起的一种离子化气态物质。等离子体的高能量还导致其中的粒子不断碰撞和光的发射，这就是等离子体发光的原因。当物质被加热到足够高的温度，受到足够高的电压，或遇到其他足以将电子拉出其壳层的高能释放源（如冲击波或核裂变/核聚变）时，就会转变为这种物态（Rose，1961）。太阳和星星也是等离子体的另一种例子。大多数烟火反应产生的火焰中也可能包含一定量的等离子体，尽管量有所不同（Von Engel、Cozens，1964）。

此外，还有一些不太常见的物相，如温度非常低的玻色-爱因斯坦凝聚态（仅存在于 0 K，即 -273.15℃附近）和极高能量的夸克-胶子等离子体（存在于数万亿以上热力学的温度下）。这些物相和其他一些非常少见的理论状态，虽然值得探索，但与日常的烟火没有太大关系。

2.9 酸和碱

酸碱反应有几种概念和理论，但在烟火学中最有用的一种是 Brønsted – Lowry 酸碱理论，以建立该模型的两位化学家命名。在这个理论中，酸通常被描述为可以作为氢离子（H^+）供体的分子或离子。氢离子与质子相同，它的原子核里有一个质子，原子核周围没有电子，是一种轻质、活泼的反应性物质。碱是充当氢离子受体的物质，如氢氧根离子 OH^-。氢离子（质子）从一个良好的供体到一个良好的受体的转移称为酸碱反应。本质上既不是酸性也不是碱性的物质称为中性物质，而既能作为酸性又能作为碱性的物质（如水）称为两性物质。

氯化氢（HCl）是一种易溶于水的气体。在水中，HCl 称为盐酸，盐酸分子是一个很好的质子供体，很容易发生反应：

$$HCl \rightarrow H^+ + Cl^-$$

在溶液中产生氢离子和氯离子。溶液中的氢离子浓度可通过多种方法测量，这是衡量溶液酸度的度量。酸度最常用的量度是 pH 值，它表示氢离子浓度的常用对数的负值：

$$pH = -\lg[H^+] \tag{2.19}$$

如果溶液中还含有良好的质子受体氢氧根离子（OH^-），则会发生如下反应：

$$H^+ + OH^- = H_2O$$

生成中性物质——水。整体的反应可用方程式表示：

$$HCl + NaOH = H_2O + NaCl$$

酸通常含有一个氢和电负性元素（如 F、O 或 Cl）结合的键。电负性元素将吸引电子云远离氢原子，使其具有部分正电性，以 H^+ 形式存在。分子中额外的 F、O 和 Cl 等原子会进一步增强物质的酸性。例如，硫酸（H_2SO_4）、盐酸（HCl）、高氯酸（$HClO_4$）和硝酸（HNO_3）等都是强酸。

大多数常见的碱是由带正电的金属离子和带负电的氢氧根离子 OH^- 组成的离子化合物，如氢氧化钠（NaOH）、氢氧化钾（KOH）和氢氧化钙（$Ca(OH)_2$）。氨氨（NH_3）是一种弱碱，能够与 H^+ 反应生成铵离子 NH_4^+。

酸能够催化很多化学反应，即使是很少的量也是如此。在许多含能化合物和药剂中，只要有微量酸性物质的存在，就会导致体系的不稳定。众所周知，氯酸根离子 ClO_3^- 在强酸条件下非常不稳定。如果在含氯酸盐的烟火药剂中添加一滴浓硫酸，通常就会起火。

许多金属还容易受到酸的腐蚀，通过氧化还原反应生成金属离子和氢气（易燃）。镁与 HCl 反应的平衡方程为

$$Mg + 2HCl \rightarrow Mg^{2+} + H_2 + 2Cl^- + 热量$$

因此，大多数含金属的药剂不能含有酸性杂质，否则可能会强烈分解（甚至可能着火）。

为了防止酸性杂质作用，含能混合物通常会含有少量的中定剂，比较常用的两种为碳酸氢钠（$NaHCO_3$）和碳酸镁（$MgCO_3$）。碳酸根离子 CO_3^{2-} 可与 H^+ 发生反应：

$$2H^+ + CO_3^{2-} \rightarrow H_2O + CO_2$$

并生成两种中性物质：水和二氧化碳。

硼酸（H_3BO_3）是一种固体物质，也是一种弱 H^+ 供体，有时会用作碱敏感药剂的中和剂。含有金属铝和硝酸盐的药剂对过量的氢氧根离子特别敏感，而少量的硼酸可以使这类药剂变得更加稳定。

2.10 光的产生

烟火反应常会伴随热量、烟雾、声音、运动等现象，这些现象其实很容易理解。热来自于在化学反应过程中形成稳定化学键时迅速释放的能量。烟产生于化学反应过程中许多小颗粒的分散。在高温下气体的快速生成就会产生声音，在空气中形成以声速（340m/s）传播的压缩波。如果引导烟火反应产生的热气体通过一个出口或喷管，则可以产生运动。如果使用足够多的推进剂，产生的推力就可以移动质量相当大的物体。

基于现代化学理论，颜色和光的产生理论涉及原子和分子中电子的可用能级。在原子和分子中，有许多电子可能占据的轨道或能级。每一个能级对应一个离散的能量值，并且仅存在这些大小的能量值。这些能级是量子化的，或被限制为某些数值，取决于特定的原子或分子的性质。钠原子（含有 11 个电子）中可能存在的电子能级如图 2.6 所示。

从逻辑上来说，原子或分子中的电子将优先占据最低的可用能级，当多个电子被加入到原子或分子中时，它们将连续依次填充这些能级。根据量子力学理论，每个轨道最多容纳两个电子（这两个电子具有相反的"自旋"方向，不会彼此强烈排斥）。因此，填充在同一轨道的两个电子不会完全相同，即占据相同

的轨道并具有相同的自旋方向。钠原子的电子填充模式（钠的原子序数为11，其原子核外有11个电子）如图2.6所示。

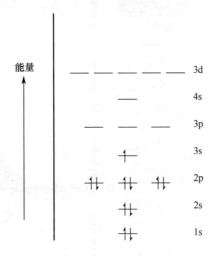

图 2.6 钠原子能级图

（钠原子包含11个电子，这些电子将依次填满原子中最低的可用能级，在每个特定轨道中最多能容纳两个电子。通过实验确定的能级填充顺序如本图所示，第11个电子（能量最高）位于3s轨道，最低的空能级为3p轨道。要使一个电子从3s能级上升到3p能级，需要 3.38 10^{-19}J 的能量。这个能量对应于波长589nm的光，即可见光谱的黄光部分。钠原子被加热到高温就会发出黄光，因为电子受热被激发到3p能级，然后返回到3s能级，多余的能量会以黄光的形式释放出来）

当能量以热或光的形式注入钠原子时，电子接收一定的能量就会跃迁到更高的能级。处于这种激发态的电子是不稳定的，它会迅速返回到基态，并释放能量，能量大小为基态与激发态间的能级差。对于钠原子，其最高已占据能级和最低未占据能级之差为 3.38 10^{-19}J。当电子返回基态时，该能量可能会以热的形式损耗到环境中，或者可能作为一个光的单元，即"光子"的形式释放出来。

光，即电磁波，具有波粒二象性。波长的范围可从很短的伽马射线（伴随放射性衰变产生，约 10^{-12}m）到很长的无线电波（10m）。

在真空中，光以相同的速度传播，其近似值为 3×10^8 m/s，即"光速"。为了方便起见，该值也可用来表示空气中的光速[①]。

光的频率即每秒通过某点的波数，波长、频率与波速的关系为

$$频率 v = \frac{波速 c}{波长 \lambda}$$

构成"光"的整个波长范围称为电磁光谱，如图2.7所示。

---

① 在非真空介质中，光子会与遇到的原子和粒子发生相互作用，因此光速会减慢。但是，光在空气中的速度与真空中接近，因此为了方便起见，可使用相同的数值。

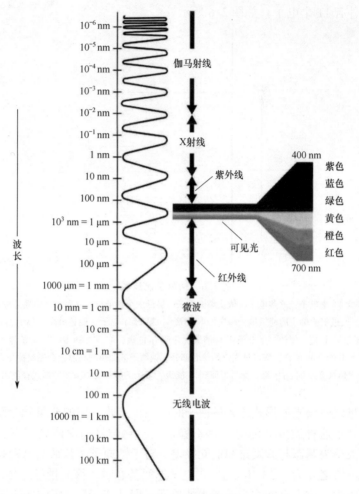

图 2.7 电磁波谱

(电磁频谱的各个不同区域对应于一个较宽的波长、频率和能量范围。随着波长的减小，能量增大，反之亦然。无线电波处于长波、低能量端，伽马射线处于短波、高频、高能量端。可见光区域（被人类视觉系统感知为颜色的光谱部分）位于 380~780nm（1nm = 10^{-9}m）的狭窄区域）

如果在太阳下停留一段时间，我们可以很容易感受到光是一种能量形式。爱因斯坦等人的精密实验表明，光的能量与辐射频率成正比：

$$E = h\nu = h(c/\lambda) \tag{2.20}$$

式中：E 为每个光粒子（光子）的能量；h 为普朗克常数，6.63×10^{-34} J·s；ν 为光的频率，单位为 s^{-1}；c 为光速，约为 3×10^8 m/s；λ 为光的波长，单位为 m。

这一方程式可以建立光的波长与特定辐射的光子相关能量的关系。对于钠原

子，其已占据的最高能级和未占据最低能级的能量差为 3.38×10^{-19} J，对应的波长应为

$$\lambda = h(c/E)$$
$$= \frac{(6.63\ 10^{-34}\ J \cdot s) \times (3\ 10^8 m/s)}{(3.38\ 10^{-19}\ J)}$$
$$= 5.89\ 10^{-17} m$$
$$= 589 nm\ (1nm = 10^{-9}m)$$

波长为 589 nm 的光位于电磁波谱可见区域的黄橙色部分。用于高速公路照明的钠蒸气灯特有的黄色-橙色光就是来自于这个波段的特定辐射。

为了在烟火系统中产生这种类型的原子辐射，必须产生足够的热量以在火焰中产生原子蒸气，然后将原子从基态激发成各种不同的激发态。随着火焰温度的升高，越来越多的原子被蒸发并处于激发态，辐射强度也会随之增加。当电子返回其原始轨道时，原子返回基态，从而产生光辐射。这种由各种元素产生的一系列波长的光所组成的光谱，称为原子光谱。这种光谱由一系列谱线组成，对应于特定原子可能存在的各种电子跃迁。每种元素都有自己特定的原子光谱特性，可用于定性分析。

2.10.1 分子辐射

当分子被汽化和热激发时，也会观察到类似的现象。电子可以从被占据的基态（轨道）跃迁到空的激发态，当电子返回基态时，可能会发射出一个光子。

分子光谱通常比原子光谱更为复杂。它们的能级更为复杂，振动和转动能级的光谱会叠加在电子光谱上。分子光谱通常呈带状分布，而不是原子光谱中的尖线状。随着火焰温度的升高，辐射强度同样会增强。但是，必须注意到，如果温度太高，分子辐射体可能发生分解。如果发生这种情况，分子的光辐射模式就会改变。这是在制备强烈蓝色火焰时常常遇到的一个特殊问题。一氯化铜（CuCl）是最好的蓝光辐射体之一，但它在高温火焰下会变得不稳定（参见第 10 章）。

2.10.2 黑体辐射

烟火火焰中固体颗粒的存在会导致颜色纯度的损失，这是由于受到一种被称为"黑体辐射"的复杂过程的影响。当固体颗粒被加热到较高温度时，就开始产生红外辐射，如果将这样一个加热后的物体靠近皮肤，会有一种温暖的感觉。随着被加热物体温度的持续升高，辐射开始转移进入可见光区，从而产生连续光谱，其中大部分在可见光区域，辐射强度随温度呈指数增长。如果想要产生白光（可见光区域中所有波长的光的组合），可以利用这种白炽现象。相反，如果要

产生特定的颜色,则过多的黑体辐射会冲淡所需要的颜色。

许多白光配方中都含有金属镁。在氧化火焰中,镁会转化为高熔点的氧化镁MgO,这是一种非常好的白光辐射体。此外,含镁药剂的高热量输出也有助于达到很高的火焰温度。铝金属也常用于发光,还有一些金属,包括钛和锆等,也是良好的白光源。

注意:军方使用的许多白光配方都以硝酸钠作为氧化剂,以镁作为可燃剂,使用碳氢黏合剂将材料制备成均匀的混合物。当药剂在高于3000℃的温度下燃烧时,气相钠原子和固态氧化镁白炽粒子发出的强光辐射组合起来,会产生明亮的白光效果(Dillehay, 2004)。

有关颜色和发光药剂的发展将在第10章进行详细介绍。

2.11 "绿色"化学与烟火技术:导论

随着科学家对现代化学物质的特性有了越来越多的了解,这些物质对环境以及对人类和其他动物健康的影响已经成为一个越来越重要的话题。环境化学与科学的研究至关重要,这让人们理解工业、商业以及日常生活中使用的物质是如何以复杂的方式对我们周围的世界产生巨大的影响(有时是好事,有时是负面的)。由于人们发现了化学品的一些不良影响(如对人的毒性、对植物的损害等),政府和其他机构已经开始管制、减少甚至禁止使用可疑的化学物质。在烟火技术(以及推进剂和炸药)的领域中也不例外,"绿色烟火"处于现代烟火技术研究的前沿(Cumming, 2017)。

人们常用"绿色化学"这一术语描述使用毒性更小、环境更友好的替代化学品来取代更具危害性的物质。相应地,我们使用"绿色烟火"来表示具有同样功能的含能材料:在烟火配方中使用危害较小的化学物质代替危害较大的化学物质,并希望达到相同的效果。例如,在"绿色烟火"中,可以使用三氧化二铋(Bi_2O_3)代替四氧化铅(Pb_3O_4)作为"龙蛋"烟花配方中的氧化剂,从而在不使用铅且不产生任何铅蒸气(铅对动物的毒性比铋要大)的情况下产生所需要的"噼啪"声。另一个例子是使用其他氧化剂代替高氯酸根(ClO_4^-)离子,已有证据表明该物质会通过抑制碘的摄取而影响甲状腺的正常活动,从而影响内分泌系统(Srinivasan 和 Viraraghavan, 2009)。由于高氯酸盐极易溶于水,去除环境中的高氯酸盐是非常困难的任务,因此,在烟火药剂配方中使用另一种毒性较低的氧化剂取而代之,已成为烟火学界的共同目标。

烟火学界面临的挑战是寻找高毒性化学物质的替代品,同时不损失整体药剂的性能:相近的燃烧速率、相似的颜色输出、相近的能量输出、相近的储存要求、相近的点火感度、相似的整体物理性能、相近的(甚至降低)成本。这一领域已经在烟火学研究的边缘进行了数十年的工作,最近对绿色烟火研究的推动已经开始产生许多有趣的结果,可用于代替原来的烟火配方。瑞典皇家理工学院的 Tore Brinck 最近出版了《绿色含能材料》一书,书中介绍了绿色烟火,以及该领域的最新研究(Brinck,2014)。

我们将在后续章节讨论各种相关的概念时考虑绿色烟火的最新进展,但目前此领域进行的研究还不十分详尽。

第3章　含能药剂的组分

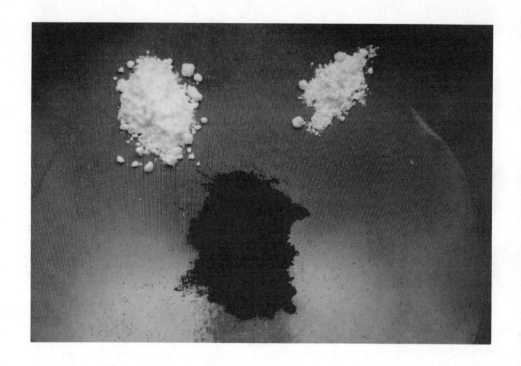

黑火药的产生可能始于很早之前亚洲某地的一位厨师用火进行烹饪的过程中。他发现用来调味的硝石（硝酸钾）在遇到火焰时会使火势更加猛烈。在好奇心的驱使下，他把硝石和木炭混合，得到了一种燃烧混合物，但是这种燃烧混合物很难被点燃，向混合物中添加少量硫黄石（硫黄）后，这种燃烧混合物的可燃性得到了改善。经过大量的反复实验和失败，人们最终得到了一种改变世界的材料——黑火药。这种由硝酸钾、木炭和硫黄组成的独特混合物很好地说明了化学品的选择对于成功开发烟火配方的重要性。

3.1 引言

在同一个分子化合物（如三硝基甲苯或TNT，分子式为$C_7H_5N_3O_6$）或离子化合物（如硝酸铵，分子式为NH_4NO_3）中，一般不会同时含有易氧化和易还原的组分，因为这样的物质往往具有爆炸性。从本质上说，分子结构内部含有氧化-还原对的分子或离子化合物是可以制得最紧密混合的含能材料。在分子（或离子）水平上实现混合，不需要迁移或扩散即可将电子供体和电子受体结合。可以预见，在这种物质中，只需对药剂的一小部分施加必需的活化能，就会发生快速（甚至是剧烈的）的电子传递反应。

表3.1列举了一系列具有这种分子间反应能力的化合物。这些化合物热分解的产物通常包括热量、气体和冲击波。其中的许多材料会发生爆炸，这种特性在物理混合物中相当罕见，因为混合物的均匀度相对较低，反应时间往往要长得多。许多具有爆炸性的分子都具有通式$C_aH_bN_cO_d$。电负性的氮原子和氧原子的数目和位置可使电子云远离碳原子，如果带部分正价态的碳原子彼此相邻，则C—C键会弱化，分子可能会变得对冲击敏感，从而发生爆炸。硝酸甘油（$C_3H_5N_3O_9$）的分子结构能够很好地说明这一概念，其分子链中含有三个相邻的碳原子，每个碳原子与一个氧原子键合，与氧原子键合的氮原子又与另外两个氧原子相连。高电负性的氧原子和氮原子（见第2章）导致每个碳原子上都存在部分正电荷，由此产生的排斥力使碳原子彼此相斥，从而削弱了C—C键①。

表3.1 某些具有分子间氧化-还原能力的化合物

化合物	分子式
硝酸铵	NH_4NO_3
高氯酸铵	NH_4ClO_4
叠氮化铅	$Pb(N_3)_2$
三硝基甲苯（TNT）	$C_7H_5N_3O_6$
硝酸甘油（NG）	$C_3H_5N_3O_9$
雷酸汞	$Hg(ONC)_2$

注：当施加足够的点火能量刺激时，这些化合物容易发生爆炸性分解；非离子型有机分子（如TNT）则需要冲击刺激来活化；如果外界刺激是火焰，这些化合物通常只会燃烧

高能化学家可以通过将氧化剂与可燃剂材料混合制备出各种药剂，产生满足特定应用所需的热量输出和燃烧速率，从而极大地扩展他们的材料库。虽然这些

---

① 这种情况类似于"3只猫在一个袋子里"的情况。如果您不知道这是什么意思，请随机选择3只成年公猫，然后小心翼翼地将它们放到粗麻布袋中，观察结果。"不稳定"既描述了猫的状况，同时也描述了硝酸甘油分子的状态。

物理混合物发生爆炸的可能性要小得多（尽管也并非完全不可能），但使用这种混合物可以产生推进力、明亮的光、颜色、热效应、热颗粒物和烟雾，从而拓展了含能材料在推进剂和烟火制品中的应用。为了达到上述这些效果，最为关键的是使混合物发生燃烧而不是爆炸（在大多数情况下，也有少数例外）。燃烧行为取决于多种因素，烟火工程师必须严格控制这些变量以获得所需的性能。

烟火药剂能够"燃烧"，但与大多数其他可燃性材料不同，烟火药剂是通过富氧型材料（如氯酸钾）的热分解提供自身燃烧所需的氧气：

$$2KClO_3 + 热量 \rightarrow 2KCl + 3O_2 \tag{3.1}$$

因此，烟火药剂的火焰不会焖燃，因为这些混合物的剧烈燃烧并不需要大气中的氧气。实际上，密闭空间的限制会使压力增加，热量聚集在反应表面，从而加速含能药剂的燃烧，甚至可能导致爆炸。为了防止烟火由燃烧发展成严重的爆炸，适当的泄压条件非常重要。控制烟火的唯一方法是将燃烧材料的温度降低到低于该组分的点火温度，并且必须迅速使用冷却材料（如大量的水）才能中止反应。

对于特定含能配方的组分，应当使用化学逻辑进行选择，并考虑所需的热量输出、燃烧速率、光强度、颜色值、效率、可燃性和反应产物的物理状态（固态与气态）等，还要考虑可用性、毒性、稳定性和环境兼容性等因素，此外，还需要考虑制造成本。因此，最终混合物的组分必须能够产生所需的输出，可以安全制备和使用，具有较长的储存寿命，使用成本适中，而且要满足毒理学和环境要求。

这些要求缩小了可适用于大多数含能应用的材料范围。几乎没有什么特殊的化学物质能够广泛应用于生产含能材料。例如，在接下来的几章中将讨论氧化铁，但出于成本、稳定性和毒性的原因，其他氧化剂，如四氧化钌（RuO_4），将不予介绍。

在一个有效的烟火剂配方中，可以使用多种不同的组分，其中每种成分可以用于一个或多个目的。这些材料在不同的文献中有不同的详细讨论（Shidlovskiy，1964；Shimizu，Fireworks—The Art, Science and Technique, 1981；Military Pyrotechnic Series Part Three："Properties ofMaterials Used in Pyrotechnic Compositions"，1963；Shimizu, Chemical Componentsof Fireworks Compositions, 2004）。

3.2 氧化剂

3.2.1 对氧化剂的需求

氧化剂通常是能够在中高温度下分解，并以某种形式释放出氧原子的富氧离子型固体。这些材料必须易于获得，并具备较高的纯度、适当的粒度和合理的成本。在潮湿环境中它们应该呈中性反应，在较宽的温度范围内（或至少在100℃以下）保持稳定，在较高温度下易于分解，并且释放出氧气。对于烟火学家来说，可以接受的氧化剂包括各种负离子（阴离子）化合物，通常包含高能的 Cl—O 或 N—O 键（表 3.2）。

表 3.2 具有 Cl—O 或 N—O 键的离子团

NO_3^- 硝酸根离子	ClO_3^- 氯酸根离子
ClO_4^- 高氯酸根离子	CrO_4^{2-} 铬酸根离子
O^{2-} 氧离子	$Cr_2O_7^{2-}$ 重铬酸根离子

能够与这些带负电荷的阴离子结合形成稳定的中性化合物的阳离子，必须满足以下条件（Shidlovskiy，1964）。

（1）氧化剂必须具有较低的吸湿性，吸湿性表示从大气中吸收水分的能力。烟火药剂中的水分会导致各种问题，通常应避免使用容易吸湿的材料。吸湿性与构成离子氧化剂的正离子的大小和电荷密切相关。Li^+、Na^+、Mg^{2+} 和 Al^{3+} 是通常与吸湿性化合物相关的小离子，因此，烟火药中一般不使用钠盐（如硝酸钠 $NaNO_3$），同样，锂、镁和铝盐也因高吸湿性的问题而应当避免使用。钾盐往往具有较低的吸湿性，因此经常用于烟火药剂。吸湿性与水中的溶解度的趋势相类似，因此溶解度数据可用于预测可能出现的吸湿性问题，常见氧化剂的水溶性数据见表 3.3。应该注意的是，军方大量使用硝酸钠与金属镁制造白光剂和照明剂。为了使用硝酸钠，在整个生产过程中都需要严格控制湿度，以避免吸收水分，并且成品必须密封，以防止在存储过程中受潮。只有通过严格的生产控制和有效的包装，才能更好地利用硝酸钠/镁体系独特的发光特性（见第 10 章）。

（2）氧化剂的阳离子不得对所需的火焰颜色产生不利影响。例如，钠是橙黄色光的强辐射体，它的存在会破坏红色、绿色和蓝色火焰的产生。

（3）阳离子首选碱金属（Li、Na 和 K）和碱土金属（Ca、Sr 和 Ba）。这些物质是不良的电子受体（相反，金属是良好的电子供体），它们在储存时不会与活性金属可燃剂（如 Mg 和 Al）发生反应。如果氧化剂中存在易被还原的金属离子，例如铅（Pb^{2+}）和铜（Cu^{2+}），随着时间的推移，则很可能发生以下反应：

$$Cu(NO_3)_2 + Mg \rightarrow Cu + Mg(NO_3)_2 \tag{3.2}$$

特别是在潮湿条件下，更容易发生上述反应，用反应性较低的铜取代镁可燃剂。这将导致烟火药剂的性能大大降低，并且随着置换反应持续放热，可能会发生自燃。

（4）化合物的分解热必须适中（化合物分解成元素或中性物质时的总反应热）。过大的放热性可能会产生爆炸性或高感度的混合物，而过高的吸热性则会导致点火困难以及燃烧传播不良。对于具有较大分解吸收热的氧化剂（如氧化铁（Ⅲ），Fe_2O_3），一般不会与中等能量的可燃剂（如硫和糖）发生反应，此时，需要高能可燃剂（如镁、铝或锆）才能从氧化铁中提取氧气，得到的反应产物为熔融的铁。

表 3.3 常见氧化剂及其性质

化合物	分子式	相对分子质量	熔点/℃	水中的溶解度(20℃)[①]/(g/100ml)	分解热[①]/(kcal/mol)	生成热[①]/(kcal/mol)	每克氧化剂释放的氧气/g	释放每克氧气所需的氧化剂质量
硝酸铵	NH_4NO_3	80.0	170	118 (0℃)	—	−87.4	0.60 (total O)	—
高氯酸铵	NH_4ClO_4	117.5	分解	37.2[③]	—	−70.6	~0.28	~3.5
氯酸钡	$Ba(ClO_3)_2 \cdot H_2O$	322.3	414	27 (15℃)	−28[②]	−184.4	0.32	3.12
铬酸钡	$BaCrO_4$	253.3	分解	0.0003 (16℃)	—	−345.6	0.095	10.6
硝酸钡	$Ba(NO_3)_2$	261.4	592	8.7	+104[②]	−237.1	0.31	3.27
过氧化钡	BaO_2	169.3	450	极弱	+17[②]	−151.6	0.09	10.6
氧化铁（红色）	Fe_2O_3	159.7	1,565	不溶	—	−197.0	0.30	3.33
四氧化三铁（黑色）	Fe_3O_4	231.6	1,594	不溶	+266[②]	−267.3	0.28	3.62
铬酸铅	$PbCrO_4$	323.2	844	不溶	—	−218	0.074	13.5
二氧化铅（过氧化铅）	PbO_2	239.2	290 (分解)	0.0017	—	−66.3	0.13	7.48
氧化铅（一氧化铅）	PbO	223.2	886	不溶	—	−51.5	0.072	14.0
四氧化三铅（铅丹）	Pb_3O_4	685.6	500 (分解)	不溶	—	−171.7	0.093	10.7
氯酸钾	$KClO_3$	122.6	356	7.1	−10.6[③]	−95.1	0.39	2.55
硝酸钾	KNO_3	101.1	334	31.6[③]	+75.5[③]	−118.2	0.40	2.53
高氯酸钾	$KClO_4$	138.6	610	1.7[③]	−0.68[③]	−103.4	0.46	2.17
高碘酸钾	KIO_4	230.0	582 (分解)	0.51	+33.29[④]	−111.7	0.28	3.57
硝酸钠	$NaNO_3$	85.0	307	92.1 (25℃)[③]	−111.8	−111.8	0.47	2.13
高碘酸钠（无水）	$NaIO_4$	213.9	300	0.51	+33.8[④]	−102.6	0.30	3.34
硝酸锶	$Sr(NO_3)_2$	211.6	570	70.9 (18℃)	−233.8	−233.8	0.38	2.63

① Weast (1994)。
② Shidlovskiy (1964)。
③ Shimizu (2004)。
④ Brusnaha, et al. (2017)

（5）化合物应具有较高的活性氧含量。一般尽可能使用轻阳离子（Na^+，K^+，NH_4^+），避免使用重金属阳离子（Pb^{2+}，Ba^{2+}），优选富氧阴离子，同时需要权衡吸湿性，轻阳离子容易吸湿，重阳离子会降低活性氧含量。从逻辑上讲，就是寻找中等原子量的元素，将其用作氧化剂中的阳离子。

（6）用于含能配方的所有材料均应具有低毒性，并产生低毒性的反应产物。对于 21 世纪开发的所有配方而言，应当是"绿色"环保的。

除离子固体外，含有卤素原子（主要是 F 和 Cl）的共价分子化合物在烟火药剂中可用作氧化剂，尤其是与活性金属可燃剂混合使用时更是如此。例如，在白色发烟剂配方中使用六氯乙烷（C_2Cl_6）和锌：

$$3Zn + C_2Cl_6 \rightarrow 3ZnCl_2 + 2C \quad (3.3)$$

以及将特氟龙（聚四氟乙烯）与镁金属一起用于制备高热剂和红外辐射诱饵剂（称为"MagTef"）：

$$(C_2F_4)_n + 2nMg \rightarrow 2nC + 2nMgF_2 + 热／红外辐射 \quad (3.4)$$

在反应式（3.3）和式（3.4）的两个例子中，金属被氧化失去电子，而碳原子获得电子并被还原。表 3.3 列出了一些常见的氧化剂及其各种性质。

尽管有大量的特种氧化剂可供军用和民用烟火剂选择使用，但几种常见的氧化剂的应用非常广泛，值得特别关注。

3.2.2 硝酸钾

作为含能混合药剂中最古老的固体氧化剂，硝酸钾（KNO_3，硝石）被一直广泛使用至今。它的优点是纯度高、材料易得、价格低廉、吸湿性低，并且使用该材料制备的许多混合药剂都相对易于点火。这种易燃性与硝石的低熔点（334℃）有关。它具有很高的活性氧含量（39.6%），其在高温下分解的反应式为

$$2KNO_3 \rightarrow K_2O + N_2 + 2.5O_2 \quad (3.5)$$

这是一个强烈的吸热反应，分解热为 +75.5kcal/mol；这意味着，与硝石配合使用的可燃剂应当具有较高的能量输出，以实现较快的燃烧速率。如果与简单的有机可燃剂（如乳糖）混合时，硝酸钾可能不易燃烧，并在分解过程中停留在亚硝酸钾（KNO_2）阶段（Shimizu，Fireworks—The Art，Science and Technique，1981）：

$$KNO_3 \rightarrow KNO_2 + 1/2O_2 \quad (3.6)$$

如果使用优质的可燃剂（如木炭和活泼金属），硝酸钾的反应性良好。硝酸钾还具有一个独特的性质，即使采取非常强的点火方式，它也不会像硝酸铵（NH_4NO_3）那样发生爆轰或爆炸（Shimizu，Fireworks—The Art，Science and Technique，1981）。

3.2.3 氯酸钾

氯酸钾（$KClO_3$）是最活跃、最具争议的常见氧化剂之一，它是一种白色晶体，吸湿性低，含氧量高达 39.2%（以重量计）。氯酸钾可以通过电解氯盐制得，并在制备过程中吸收能量，这为在氧化剂中存储能量提供了一种输入能量的方式，并将在随后与可燃剂的反应过程中释放出来。

19 世纪中期，氯酸钾首次成功地应用于有色火焰剂配方中，并且至今仍在彩色烟雾剂、鞭炮、玩具手枪火帽、火柴和一些彩色烟花中使用。

但是，氯酸钾在烟花制造行业引起了多起严重事故，如果需要使用氯酸钾，必须非常小心地处理。如果可以找到能够产生同样烟火效应的其他氧化剂，则强烈建议使用这种材料替代氯酸钾。

氯酸钾配方非常容易发生意外着火，特别是存在硫、酸性成分或少量酸性杂质时。氯酸盐-磷混合物非常敏感且反应性很强，因此只能在潮湿环境下才可以安全地操作。19 世纪末，人们逐渐认识到 $KClO_3$ 混合物的高度危险性，英国于 1894 年禁止使用所有含氯酸盐-硫的配方。美国也大大减少了氯酸钾的使用，在许多配方中都用感度较低的高氯酸钾（$KClO_4$）代替氯酸钾。然而，由于其独特的性质和活泼的烟火性能，在中国的鞭炮和某些有色配方中仍继续使用氯酸钾。

有许多因素会导致含氯酸钾配方的不稳定性。首先是其作为氧化剂的低熔点（356℃）和低分解温度。熔化后，$KClO_3$ 即可按以下化学式发生分解：

$$2KClO_3 \rightarrow 2KCl + 3O_2 \tag{3.7}$$

该反应非常剧烈，并且在高于 500℃ 的高温下会变得更加激烈（Shimizu, Fireworks—The Art, Science and Technique, 1981）。实际的分解机制可能比式（3.7）更为复杂。据报道，在略高于熔点的温度下会形成中间产物高氯酸钾，然后，高氯酸盐会分解产生氯化钾和氧气（Ellern, 1968）。也有人提出可能存在亚氯酸盐（ClO_2^-）离子和自由基的参与（Stanbridge, 1988）：

$$4KClO_3 \rightarrow 3KClO_4 + KCl$$
$$3KClO_4 \rightarrow 3KCl + 6O_2$$

净反应式：

$$4KClO_3 \rightarrow 4KCl + 6O_2$$

在常见的氧化剂中，氯酸钾的分解较为少见，因为这一反应是放热的，反应热为 -10.6kcal/mol（Shimizu, Fireworks—The Art, Science and Technique, 1981）。尽管大多数其他氧化剂分解都需要净热量的输入，但氯酸钾会在分解成 KCl 和 O_2 的同时放出热量。然后，这种热输出可导致反应速率的加速，使得含氯酸钾的药剂在输入一个最小的外部能量输入（点火刺激）时也能发生点火。此外，氯酸钾能够与低能量可燃剂在低温下或在不利的化学计量条件下维持燃烧的传播，而其他氧化剂（如氧化铁，Fe_2O_3）则不能维持反应。

如上所述，氯酸钾与低熔点可燃剂硫（119℃）混合时特别敏感，当它与低熔点有机化合物结合使用时，敏感度也比较高，并且在大多数这样的药剂中观察到较低的点火温度。研究发现，$KClO_3$/金属混合药剂的点火温度较高，主要是由于这些金属可燃剂的高熔点、表面氧化层和刚性晶格结构。但是，由于这类药剂具有较高的热量输出，对火花或摩擦点火非常敏感（见第7章），因此仍然被认为是非常危险的。表3.4中列出了一些$KClO_3$配方药剂的点火温度。需要注意的是，点火温度在很大程度上取决于实验条件和材料条件，这将在后面进行讨论。根据样品量、加热速率、密闭程度和所使用的实验方法不同，可以观察到±50℃范围的温度变化（Barton，1982）。

表3.4　氯酸钾/可燃剂混合药剂的点火温度

可　燃　剂	与$KClO_3$组成化学计量混合物的点火温度/℃[①]
乳糖，$C_{12}H_{22}O_{11}$	195
硫黄	220
虫胶	250
木炭	335
镁粉	540
铝粉	785
石墨	890

① Shidlovskiy，1964

含有氯酸钾的药剂对相当多的化学物质的存在是相当敏感的。酸能够产生巨大的影响，如果向大多数$KClO_3$/可燃剂混合物中加入一滴浓硫酸（H_2SO_4），可以瞬时引发点火。这种激烈的反应主要归因于二氧化氯（ClO_2）气体的生成（Ellern，1968），这是一种强氧化剂。在$KClO_3$混合药剂中加入碱性中定剂，如碳酸镁和碳酸氢钠等，会降低含氯酸盐配方对痕量酸性杂质的感度。

多年以来，人们已经知道多种金属氧化物，特别是二氧化锰（MnO_2）具有催化氯酸钾分解为氯化钾和氧气的能力。然而，在烟火技术领域，这种方法很少使用，因为$KClO_3$在正常状态下反应性很高，无须通过其他方法增强，相反，需要的是抑制其分解的材料和方法。对许多材料加速$KClO_3$分解能力的研究表明，杂质可能是决定含氯酸盐混合物的反应性和感度的一个非常重要的因素。因此，烟火制备过程中使用的$KClO_3$以及与$KClO_3$混合的所有其他成分必须保证具有尽可能高的纯度，并且在存储和处理过程中，必须采取各种可能的预防措施以防止材料受到污染。

McLain曾报道，在氯酸钾中有意加入2.8mol的氯酸铜杂质（或"掺杂剂"），将导致氯酸钾与硫在室温下发生爆炸反应（McLain，1980）。据报道，氯酸钾与雄黄（硫化砷，As_2S_2）的压制混合物在室温下也能发生点火（Shimizu，Chemical Components of Fireworks Compositions，2004）。

Conkling 和 Halla 研究了有机可燃剂的熔点与该化合物和氯酸钾的化学计量混合物的点火温度之间的关系。结果表明，点火的启动是由可燃剂的热分解而不是熔点所引起的。在有氧存在的情况下，碳基化合物的分解温度越低，则发生氧化的趋势将会增加。人们发现，糖往往在其熔点时分解，与氯酸钾形成混合物，并在糖的熔化/分解温度下发生点火，根据这一性质可以设计出具有特定点火温度的药剂配方。那些具有稳定液相的碳化合物，如苯甲酸，会在与其分解温度相对应的较高温度下点火（Conkling 和 Halla，1984）。

氯酸铵（NH_4ClO_3）是一种极不稳定的化合物，在远低于100℃的温度下会剧烈分解。如果制备的药剂同时含有氯酸钾和铵盐，则很可能发生交换反应，尤其是在潮湿条件或有铜等催化金属存在下，可形成氯酸铵：

$$NH_4X + KClO_3 \xrightarrow{H_2O} NH_4ClO_3 + KX (X = Cl^-, NO_3^-, ClO_4^- \cdots) \quad (3.8)$$

如果发生上述反应，则有可能发生自燃。因此，任何同时含有氯酸盐和铵盐的混合物都是极其危险的。因为其不稳定性，美国交通部的运输法规将这种混合物归类为"违禁爆炸物"（U. S. Department of Transportation n. d.）。尽管如此，据报道，由氯化钾、氯化铵（NH_4Cl）和有机可燃剂组成的配方已经安全地用于产生白色烟幕（Shimizu，Fireworks—The Art，Science and Technique，1981）。

彩色发烟剂是氯酸钾的主要用途，这些药剂的安全记录良好。加入碱性中定剂（如 $MgCO_3$ 或 $NaHCO_3$）可以提高存储稳定性，并通过在火焰中吸热分解来降低总体反应温度：

$$MgCO_3 \xrightarrow{热量} MgO + CO_2 \quad (3.9)$$

该反应有助于吸收反应中过多的热量，否则，这些热量可能会使有色染料分解并降低着色性能（见第11章）。分解过程中形成的二氧化碳气体还有助于分散挥发性的烟雾染料。因此，$MgCO_3$（或 $NaHCO_3$）在烟雾配方的性能和稳定性中同时起到三个重要作用：酸中定剂、冷却剂和烟雾扩散剂。

彩色发烟剂通常含有硫或碳水化合物作为可燃剂，以及挥发性有机染料。有机染料可以从反应混合物中升华出来，形成彩烟。这些配方中含有过量的可燃剂，因此可以大大降低爆炸特性。发烟剂必须在较低的火焰温度（500℃或更低，取决于所用的染料）下反应，否则，合成染料分子将发生上述的分解反应，产生黑烟，而不是颜色鲜艳的彩烟。毫无疑问，氯酸钾是这些配方的最佳氧化剂。

氯酸钾是一种独特的材料。Shimizu 指出，在燃烧速度、易点火性或产生哨音效果方面，没有任何其他氧化剂可以在用量最少的情况下，能与之媲美（Shimizu，Fireworks—The Art，Science and Technique，1981）。氯酸钾也是产生彩色火焰的最佳氧化剂之一，在这方面只有高氯酸铵可以与之相比。通过改变可燃剂以及可燃剂—氧化剂的比例，可以制备在不同反应速率和燃烧温度下点火和传播的含氯酸盐配方，应用于从彩色发烟剂到有色火焰剂以及高温闪光剂的多种效果。$KClO_3$是一种普适的材料，但由于其固有的危险性，只要有可能，就应该使用替代的氧化剂。因为它太不稳定且不可预测，以致烟火工程师无法安全地将其用于除彩色发烟剂以外的其他用途，即使在彩色发烟剂中，也需要冷却剂和相当小心谨慎的操作。

3.2.4 高氯酸钾

在 20 世纪，高氯酸钾（$KClO_4$）逐渐取代氯酸钾（$KClO_3$），成了民用烟火中的主要氧化剂。高氯酸钾的安全性远优于氯酸钾，但在扩大任何含能材料的生产规模之前，仍然必须非常谨慎，并且必须使用感度和输出数据对所有成分和制备工艺进行危险性分析。高氯酸盐混合物，特别是与金属可燃剂（如铝）混合时，具有爆炸性，尤其是当大量储存和处于密闭空间时更是如此。高氯酸根离子的化学结构如图 3.1 所示。

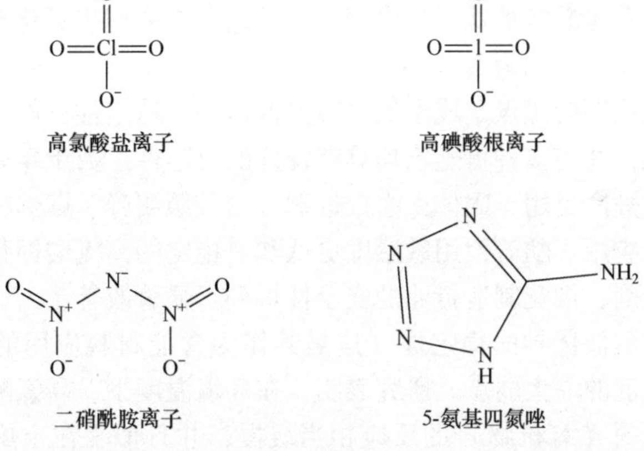

图 3.1 高氯酸盐离子（ClO_4^-）、高碘酸根离子（IO_4^-）、二硝酰胺离子（$N_3O_4^-$）和 5-氨基四氮唑（CH_3N_5）的分子结构。

（高氯酸盐离子能够被人体吸收，并被当成碘离子（I^-），这可能导致甲状腺功能障碍和其他问题。高氯酸盐（如高氯酸钾或高氯酸铵）的三种知名的潜在替代品是用类似的卤素碘替代离子中氯元素的高碘酸盐，用于推进剂的二硝基酰胺以及高含氮量的 5-氨基四氮唑（中性有机分子）。高碘酸盐和 5-氨基四氮唑在有色火焰剂的生产中都已经显示出某些应用，以前生产这类药剂时在氧化剂和氯供体方面都严重依赖于高氯酸盐，见第 10 章）

高氯酸钾是一种非吸湿性的白色晶体，熔点为 610℃，远高于 $KClO_3$ 的熔点（356℃）。在高温下会发生分解：

$$KClO_4 \xrightarrow{热量} KCl + 2O_2 \qquad (3.10)$$

生成氯化钾和氧气。该反应的放热值为 –0.68kcal/mol，并产生大量的氧气（Military Pyrotechnic Series Part Three："Properties of Materials Used in Pyrotechnic Compositions"，1963）。$KClO_4$ 的活性氧含量为 46.2%，是烟火工程师所能获得的具有最高氧含量的物质之一。

由于高氯酸钾具有较高的熔点和较小的分解热，含高氯酸钾的混合物对热、摩擦和冲击的感度通常低于用氯酸盐制成的混合物（Shimizu, Fireworks—The Art, Science and Technique, 1981）。高氯酸钾可用于产生有色火焰（如与硝酸锶混合可产生红色火焰）、啸声（在"声光剂"配方中与铝混合）和光（与镁混合组成摄影照明剂）等效应。当高氯酸钾与锆混合时，还可以制成性能优良的、对火花敏感的"ZPP"点火剂。

3.2.5 绿色烟火：高氯酸盐问题

当这本书的第一版于 1985 年出版时，在烟火工程师中普遍存在一种观点，即高氯酸钾是用于含能烟火配方中的理想氧化剂，而硝酸钾是中等能量含能体系的首选。同样，高氯酸铵被认为是可用于推进剂配方的理想氧化剂，在其热分解过程中产生的所有产物均为气态。

高氯酸盐氧化剂的优点是成本低、吸湿性适中、稳定性良好且毒性低，粒度范围广，纯度高，并与多种可燃剂均具有良好的反应性。数十年来，高氯酸铵和高氯酸钾氧化剂被广泛用于固体火箭推进剂、信号照明弹、爆炸模拟器，以及各种其他烟火相关应用。随着使用敏感度更低和更稳定的高氯酸钾代替了氯酸钾用于制备彩色发烟剂，烟花制造行业的安全性得到了显著改善。

然而，高氯酸盐优异的稳定性（这是其作为含能材料应用的主要优势）也已成为这些氧化剂的一大弱点。研究表明，在环境温度下，高氯酸盐氧化剂与环境中的典型可燃剂（有机物）的反应相当缓慢，并且似乎在土壤和地下水中具有相当长的持久性。人们发现一些微生物可能具有代谢高氯酸根离子的能力，该领域的相关研究正在持续开展。

对高氯酸盐的关注涉及高氯酸盐离子（即使浓度很低）与甲状腺疾病的相关性研究。从尺寸和所带电荷量（–1）来说，高氯酸根离子可能是碘离子（I^-）的理想替代品。摄入含高氯酸根离子的水可能会导致高氯酸盐离子取代具有生物活性的碘离子，被甲状腺的受体所吸收，从而影响孕妇和幼儿的生长发育（Sellers 等，2007）。

幸运的是，这种影响似乎是可以预防和可逆的。摄入含碘的食物和饮料会导致高氯酸盐离子被碘化物替代，如果用不含高氯酸盐的物质取代含有高氯酸盐的水，将有助于消除这种不良影响。对这类问题的研究仍在进行中，但已经促使含有高氯酸盐氧化剂的军事和民用设备制造商积极寻求替代材料。事实证明，在某些体系中不再使用有害的高氯酸盐氧化剂是可行的，而在另一些系统中则是真正的挑战。

我们需要了解的事实是，在引燃含能药剂时，高氯酸盐离子是否会以一种近乎定量的方式转化为更多的环境友好的氯离子，如以下反应：

$$3KClO_4 + 8Al \rightarrow 3KCl + 4Al_2O_3 \qquad (3.11)$$

火焰温度在3000℃范围内就会发生这种情况。如果将含高氯酸盐的配方点燃并正常反应，那么，就环境污染而言，使用高氯酸盐氧化剂就没那么让人担心了。

显然，高氯酸盐对地面的污染主要发生在生产现场。推进剂和烟火生产商已采取妥善措施并制定了最佳管理措施，以防止高氯酸盐物质释放到地下水系统中，同时也正在研究不含高氯酸盐的替代配方，以及更好地测定其对人类危险的暴露水平（Sellers等，2007）。

人们已经开展了很多军事和民用/商业研究项目，以确定可以使用哪些氧化剂来代替高氯酸盐，可以使用相似的成本并达到相似的性能，特别是在推进剂和有色火焰剂配方中。二硝酰胺盐（$N_3O_4^-$）已被建议作为推进剂中高氯酸盐的替代品。Sabatini和Moretti等在2013年至2014年期间开展了几项研究，包括研究高碘酸盐（IO_4^-）代替高氯酸盐用于燃烧剂配方（Moretti, Sabatini and Chen, Periodate Salts as Pyrotechnic Oxidizers: Development of Bariumand Perchlorate-Free Incendiary Formulations, 2012），在红光和绿光配方中使用基于5-氨基四唑的氧化剂代替高氯酸盐（Sabatiniand Moretti, 2013），以及对不使用高氯酸盐的红光锶基配方的进一步研究（Moretti, Sabatini and Poret, "High-Performing Red-Light-Emitting Pyrotechnic Illuminants Through the Use of Perchlorate-Free Materials", 2014）。有趣的是，氯酸盐也正在作为高氯酸盐氧化剂的替代品，甚至关注到了前面讨论的一些安全性问题（Railbeck、Kislowski和Chen，2008）。通常，这些使用氯酸盐替代高氯酸盐的配方中会包含一定量的冷却剂，如碳酸镁，用于减缓热量输出。在本章下文和后续章节中将针对几项高氯酸盐替代研究的特定配方进行概述。

3.2.6 高氯酸铵

在烟火中常用的氧化剂，高氯酸铵（NH_4ClO_4），也已经在现代固体燃料火箭推进剂和烟火工业中大量使用。美国宇航局每发射一次航天飞机大约需要消耗200万磅固体燃料，配方中包括70%高氯酸铵、16%金属铝和14%有机聚合物/环氧树脂，以及微量的氧化铁催化剂，用于调整其燃烧速度（NASA—Solid Rocket Boosters，2006）。铝粉在推进剂配方中是一种十分重要的组分，它可以生成固体颗粒，而不是推进剂中通常需要的气态反应产物。然而，铝作为可燃剂的高热量输出以及优良的导热性有助于提高推进剂配方的燃烧速率，使其成为火箭发射的理想燃料。

高氯酸铵在加热时会发生复杂的化学反应，从接近200℃开始，它在一个很宽的温度范围内进行分解。由于分解发生在高氯酸铵的熔化之前，因此不会产生液态，即固态原料直接变成气态分解产物。Shimiz 研究的分解反应为（Shimizu, Fireworks—The Art, Science and Technique, 1981）：

$$2NH_4ClO_4 + 热量 \rightarrow N_2 + 3H_2O + 2HCl + 2.5O_2 \tag{3.12}$$

式（3.12）中对应于每 2mol（235g） NH_4ClO_4 释放 80g（2.5mol）氧气，得到的活性氧含量为34%（$KClO_3$ 和 $KClO_4$ 分别为39.2%和46.2%）。高氯酸铵的反应产物均为气体的这一特性使其成为对推进剂配方或组分极具价值的材料，因为在这些配方中几乎不需要固体产物。据报道，当温度在350℃以上时，高氯酸铵的分解反应会更加复杂（Military Pyrotechnic Series Part One, "Theory and Application", 1967）：

$$10NH_4ClO_4 \rightarrow 2.5Cl_2 + 2N_2O + 2.5NOCl + HClO_4 + 1.5HCl + 18.75H_2O + 1.75N_2 + 6.38O_2 \tag{3.13}$$

高氯酸铵与可燃剂的混合物在点燃时会产生很高的火焰温度，反应过程中释放出的氯化氢（HCl）有助于颜色的产生。上述这两个因素使高氯酸铵成为有色火焰剂的理想氧化剂（见第10章）。

高氯酸铵比硝酸钾和氯酸钾吸湿性更强，必须采取一些预防措施以保持混合物的干燥。如果给定的配方中还包含硝酸钾，或者需要与含硝酸钾的混合物进行接触，则吸湿性问题可能会更加突出。特别是在潮湿条件下，可能发生如下反应：

$$NH_4ClO_4 + KNO_3 \xrightarrow{H_2O} KClO_4 + NH_4NO_3 \tag{3.14}$$

式（3.14）中的产物硝酸铵（NH_4NO_3）吸湿性很强，随着时间的推移很可能会引起点火问题（Shimizu, Fireworks—The Art, Science and Technique, 1981）。同样，高氯酸铵不应与含氯酸盐的化合物混合使用，因为在水分存在下可能会形成不稳定的氯酸铵（自发爆炸）。

高氯酸铵配方中还应避免使用金属镁。由于高氯酸铵的弱酸性，在潮湿环境下，可能会发生以下反应：

$$2NH_4ClO_4 + Mg \rightarrow 2NH_3 + Mg(ClO_4)_2 + H_2 + 热量 \tag{3.15}$$

如果该反应释放和积累的热量较大，则可能会发生自燃。

在特别苛刻的点火条件下，高氯酸铵可能发生爆炸（Price、Clairmont 和 Jaffee, 1967）。高氯酸铵的引爆有一定难度，因为可能需要冲击（而非加热）刺激才能引发纯高氯酸铵的爆炸。据报道，高氯酸铵与硫和硫化锑的混合物比类似的氯酸钾配方对冲击更为敏感（Shimizu, Fireworks—The Art, Science and Technique, 1981）。细的高氯酸铵（粒度为 1～5μm）与细的铝粉（粒度为 3～25μm）混合时可以发生爆炸，而较粗的高氯酸铵制备的药剂在同样的引发条件下会发生爆燃（Tulis 等, 1986）。由火焰点燃的高氯酸铵配方可用于产生极好的火焰颜色，并且几乎没有固体残渣，但是在使用这一氧化剂时必须始终非常小心谨慎。这种材料的爆炸性质表明，应当每次制备最少量的散装药剂，并且不应在生产现场大量储存。

3.2.7 新闻里的高氯酸铵

在高氯酸盐相关的环境问题成为新闻之前，高氯酸铵（AP）被卷入了另一个新闻事件（Sellers 等, 2007）。1988 年，美国内华达州亨德森（Henderson）附近的高氯酸铵制造厂起火引发爆炸，造成了大范围的财产损失，再次向人们展示了高氯酸铵的含能性质（Reed, 1992; Seltzer, 1998）。这称为"PEPCON 事故"，是以内华达州的太平洋工程和生产公司（Pacific Engineering and Production Company of Nevada，PEPCON）命名。

现场有大约 800 万 lb 的 AP 被存储在 500lb（1lb≈0.453kg）和 5000lb 的容器中①。在例行维护操作期间，制造区域起火，并由此迅速蔓延到整个工厂。在事故发生期间的某个时刻，工厂下方的一条天然气管道也发生了破裂，导致"火上浇油"，并使事件分析变得更加复杂。在几次较小的爆炸之后，又发生了大爆炸，这次爆炸在美国西部的地震仪上都有所记录。

事件发生后进行的调查结果显示，工厂中储存了大量高氯酸铵，等待进行固体推进剂生产。幸运的是，应急反应系统运行异常良好，这次事件仅造成一人死亡。经过进一步的研究，最终形成了现代标准，即细颗粒尺寸（15μm 及以下）的 AP 应视为高爆炸性物质（1.1 类材料）进行运输，而较大颗粒尺寸的 AP 则可以作为五类氧化剂进行运输（U. S. Department of Transportation n. d.）。

3.2.8 二硝酰胺：高氯酸盐的"绿色"替代品

人们对基于阴离子 $N_3O_4^-$ 的"二硝酰胺"分子产生了兴趣，最常见的盐类是二硝酰胺铵（ADN）或二硝酰胺钾（KDN）。据报道，ADN 是高氯酸铵基固体火箭燃料的良好替代品，配方中不含环境有害的含氯产物（未反应的高氯酸盐以及氯化氢气体产物）（Venkatachalam、Santhosh 和 Ninan, 2004）。在理想情况下，二硝酰胺铵的反应产物只有水和氮气。

从安全角度考虑，二硝酰胺盐的熔融温度要低于高氯酸盐：二硝酰胺钾的熔

---

① 在这一地点的大批量储存是由于航天飞机计划需要大量基于 AP 的固体火箭推进剂，而这都是由 PEPCON 公司提供的。

融温度为128℃，二硝酰胺铵的熔融温度为93℃（低于水的沸点），而高氯酸钾的熔融温度为356℃，并且在200℃左右就开始分解（而非熔化）。这对快速燃烧（推进剂）有利，但对储存和操作处理是安全隐患，且不说储存过程中分解的经济性考虑。该领域的研究仍在进行中，但瑞典国防研究局的Larsson和Wingborg研究发现，ADN有希望成为取代AP以及剧毒且不稳定的肼N_2H_4（在军事和航空航天应用中很受欢迎）的"绿色"替代品（Larsson和Wingborg，2011）。

虽然这些盐的可获得性和高成本可能仍然无法使得烟火工程师日常用二硝基酰胺盐代替高氯酸盐，但对于大量的推进剂、商业和军事应用，还是会考虑这些材料，因为其对环境更为有益。二硝酰胺离子的结构如图3.1所示。

3.2.9 高碘酸盐：高氯酸盐的"绿色"替代品

最近的一些研究探讨了高碘酸盐（IO_4^-）在烟火剂中的性能，以取代含氯的高氯酸盐。碘（I），是另一种卤素，在元素周期表中位于氯元素的下一行。与高氯酸盐不同，高碘酸盐不存在与甲状腺相互作用的问题。已有研究将高碘酸钾（KIO_4）和高碘酸钠（$NaIO_4$）作为高氯酸盐氧化剂的替代品，主要用于照明用的有色火焰剂，这将在第10章继续讨论。高碘酸钾和高碘酸钠的性能数据列于表3.3。

由于某些明显的差异，高碘酸盐并不一定会取代高氯酸盐。高氯酸钾的整体分解反应是放热的，即分解为氯化钾（KCl）和氧气时释放热量，而高碘酸钠和高碘酸钾的整体分解反应是吸热的，分别分解为碘化钠、碘化钾以及氧气。高氯酸钾通过在反应时释放更多热量，从而促进了点火和传播，维持燃烧速率，而高碘酸盐在反应时会消耗热量，这可能会阻碍点火或降低总体燃烧速率。高碘酸盐可能需要更强的可燃剂或其他添加剂作为氧化剂来缓解这种差异。然而，高碘酸盐的熔点/分解温度要低于高氯酸钾的熔点，因此在用高碘酸盐代替高氯酸盐的配方中，总的点火温度可能会降低。在开发新的配方时，应当同时考虑这两种效应，即高碘酸盐分解反应吸热，但熔点更低。

高碘酸盐的缺点包括高碘酸钾在水分存在的情况下与金属钨不相容，会生成钨酸钾（K_2WO_4）并释放碘I_2（Brusnahan等，2017）。在撰写本文时，对价格进行比较时还发现，高碘酸钾的零售价格是高氯酸钾的3倍，一般的烟火化学品供应商通常不会出售这种产品。由于高碘酸盐是常见的有机合成反应物，较大的工业化学品供应商会将其上架销售，通常是实验室级的高纯度产品。高碘酸盐的成本过高可能是由于其生产过程比较复杂，该过程需要从碘到碘酸盐IO_3^-的两步电化学合成，最终进一步氧化成为高碘酸盐。

对高碘酸盐毒性的相关研究还没有达到与高氯酸盐相同的程度，而后者已知会影响甲状腺。有学者正在开展一些关于高碘酸盐急性毒性的研究，发现高碘酸盐在口服时的急性毒性可能要比高氯酸盐高一些。然而，口服并不是预期的暴露途径（Brusnahan 等，2017）。

高碘酸盐在烟火中作为高氯酸盐替代品的主要用途是研究新的绿色烟火照明剂和有色火焰剂，这将在第 10 章中详细讨论。高碘酸根离子的结构如图 3.1 所示。

3.2.10 5-氨基四氮唑：高氯酸盐的"绿色"替代品

最近的研究表明，高含氮量的有机分子 5-氨基四氮唑（CH_3N_5）有望作为高氯酸盐的替代品，特别是在有色火焰剂配方中。该化合物的缩写为 5-AT，可以以工业化规模生产，对降低成本较为有利，其具有负的分解热（释放氮气作为分解产物），通常具有一定的热稳定性，毒性极小，并且燃烧时产生大量气体（Han 等，2017）。因此，也有研究将 5-AT 作为可能的气体发生剂组分，用作安全气囊和烟雾产生系统。使用纯燃料替代高氯酸盐氧化剂似乎有些奇怪（5-AT 的热化合价为 +7，而高氯酸钾为 -8），实际上，大多数使用 5-AT 的配方还将使用额外的氧化剂（如硝酸盐），这些氧化剂通常不太适合作为高氯酸盐的简单替代品。

第 10 章和第 11 章讨论了 5-AT 在特定系统中的进一步应用。5-氨基四氮唑的结构如图 3.1 所示。

3.2.11 硝酸锶

在"高氯酸盐事件"曝光之前，硝酸锶［$Sr(NO_3)_2$］很少用作烟火剂配方中的单一氧化剂，通常在红色火焰剂中与高氯酸钾结合使用，以产生所需的反应性和颜色。然而，随着"高氯酸盐事件"的出现，一些以硝酸锶作为红色火焰剂配方中单一氧化剂的研究正在进行，并已经取得了积极的成果（Sabatini 和 Moretti，2013）。

硝酸锶是一种白色晶体，熔点约为 570℃。这种材料具有一定的吸湿性，应避免在潮湿环境中使用。在接近其熔点时，硝酸锶会按下式发生分解：

$$Sr(NO_3)_2 \rightarrow SrO + NO + NO_2 + O_2 \tag{3.16}$$

亚硝酸锶［$Sr(NO_2)_2$］，是该分解反应的中间产物，在低温火焰配方的燃烧残渣中可以发现有大量的亚硝酸盐（Shimizu, Fireworks—The Art, Science and Technique, 1981）。在较高的反应温度下，则完全分解为

$$Sr(NO_3)_2 \rightarrow SrO + N_2 + 2.5O_2 \tag{3.17}$$

这是一个强烈的吸热反应，反应热为 +92kcal，对应于活性氧含量为 37.7%。这个高温燃烧过程中产生的残渣（主要是氧化锶）很少，上述反应通常在含镁或其他"热"可燃剂的药剂中发生。

标准的红色高速公路信号弹，或引信，通常会在配方中用到大量的硝酸锶以

及慢速燃烧的可燃剂（如硫和普通木屑），以获得这些装置所需的较长的燃烧时间（最长可达30min）。生产这种装置的难点在于同时满足三个条件：获得良好的烛光度或光强度，深红色的火焰颜色，以及缓慢的燃烧速率。这其中的任何两个都很容易实现，但要同时达到这三个属性则需要正确的化学物质组成、合适的材料特性和装药/约束条件，满足全部三个属性的发光剂产品配方通常是保密的。

3.2.12 硝酸钡

硝酸钡 [$Ba(NO_3)_2$] 是一种不吸湿的白色晶体，熔点约为592℃。它通常在绿色火焰剂、金色闪光剂，以及摄影闪光剂中作为主要氧化剂，与高氯酸钾配合使用。在较高的反应温度下，硝酸钡会按下式发生分解：

$$Ba(NO_3)_2 \rightarrow BaO + 2.5O_2 \tag{3.18}$$

该反应可得到30.6%的活性氧含量。在较低的反应温度下，硝酸钡会和硝酸锶一样，分解产生氮氧化物（NO和NO_2），而不是氮气（Shimizu, Fireworks—The Art, Science and Technique, 1981）。

相对于硝酸钾和氯酸钾配方，以硝酸钡作为单一氧化剂配方的典型特征是点火温度较高。硝酸钡所具有的较高熔点和分解温度是造成这一特点的主要原因。不利的情况是，硝酸钡具有毒性作用，如刺激皮肤、引发呼吸道炎症，并可导致心脏和肌肉紊乱（National Institues of Health, 2018）。在绿色烟火技术中，正在研究用其他毒性较小的氧化剂代替硝酸钡成分。第10章将进一步讨论如何用更"绿色"的化学物质来取代钡。

3.2.13 氧化铁

红色氧化铁（赤铁矿，Fe_2O_3）通常会用于需要得到较高点火温度和产生大量熔融固体产物（而没有气态产物）的药剂配方中。例如，经典的铝热反应就是此类反应的一个典型示例，可用于进行烟火焊接以及需要热熔渣的其他各种应用：

$$Fe_2O_3 + 2Al \rightarrow Al_2O_3 + 2Fe \tag{3.19}$$

Fe_2O_3的熔点为1565℃，而铝热剂混合物的点火温度在800℃以上。每克药剂可产生0.93kcal的热量，反应温度可达约2400℃（Shimizu, Fireworks—The Art, Scienceand Technique, 1981; Weast, 1994）。由于具有较高的分解吸热（分解热为+199kcal/mol），氧化铁只会和活泼的含能可燃剂反应，并且几乎总是与金属（如Al、Si、B或Zr）发生反应。如果试图点燃氧化铁和糖（一种中等能量的有机可燃剂）的混合物，只会产生铁锈色的焦糖。氧气与糖反应所产生的能量不足以维持氧化铁的分解，在氧化铁熔化或处于释放氧原子以开始烟火反应的状态之前，糖就会燃烧或焦糖化。

黑色氧化铁（磁铁矿，Fe_3O_4）同样用于一些需要较高点火温度的配方。黑色氧化铁的熔点与红色氧化铁近似，为1597℃，但其分解时吸收的热量更大，达到+266kcal/mol（Kosanke 和 Kosanke，2012）。黑色氧化铁也可用于铝热反应，达到类似的效果：

$$3Fe_3O_4 + 8Al \rightarrow 4Al_2O_3 + 9Fe \qquad (3.20)$$

黑色铝热剂的反应焓稍低，每克药剂可释放 0.85kcal（Shidlovskiy，1964）。由于黑色氧化铁制备的铝热剂具有更高的分解吸收热和更少的热量释放，红色氧化铁通常是烟火工程师首选的氧化剂。

铝热剂是一类用于产生热量、通常不产生气体的药剂。其中，一种金属可燃剂被氧化；另一种氧化的金属被还原成其金属形式（在热反应过程中熔融）。这将在第 8 章中深入探讨。

3.2.14 其他氧化剂

含能材料中偶尔会使用一些其他的氧化剂，通常是有特定用途的。化学家已经发现有些特殊的氧化剂虽然不太常见但更适用。

例如，氯酸钡［$Ba(ClO_3)_2$］已经用于某些绿色火焰剂配方中。然而，这些配方可能非常敏感，在混合、装药和储存期间必须格外小心。

氯酸钡有一种特性，当它从水溶液中结晶出来时，是以结晶水化合物的形式存在，分子式为 $Ba(ClO_3)_2 \cdot H_2O$。水分子与钡离子以 1:1 的比例存在于晶格中。结晶水化合物的分子量为 322.3（$Ba + 2ClO_3 + H_2O$），因此水的分子量必须包含在化学计量计算中。当加热到 120℃ 时，水分子被蒸发，生成无水 $Ba(ClO_3)_2$，随后在 414℃ 时熔化。氯酸钡的分解是一个强放热过程（-28kcal/mol）。该值远大于氯酸钾的分解放热值，导致氯酸钡混合物对各种点火刺激非常敏感。

其他氧化剂，包括铬酸钡（$BaCrO_4$）、铬酸铅（$PbCrO_4$）、硝酸钠（$NaNO_3$）、二氧化铅（PbO_2）、四氧化三铅（Pb_3O_4）、氧化铋（Bi_2O_3）、氧化铜（CuO）和过氧化钡（BaO_2）等，在后续章节中也会讨论。人们正在研究几种新型或非传统的氧化剂正被作为高氯酸盐和钡基化合物的替代品，用于绿色烟火技术。例如，高铁酸钾（K_2FeO_4）在燃烧时会分解为红色氧化铁（Fe_2O_3），但其对酸性条件非常敏感，并且燃烧温度通常低于它将要取代的高氯酸钾（Wilharm、Chin 和 Pliskin，2014）。

反应性和点火的难易程度通常与氧化剂的熔点有关，而反应产物的挥发性则决定了给定氧化剂 - 可燃剂组分所生成的气体量。表 3.3 包含了一些常见氧化剂的物理和化学性质，也包含其他不太常见的氧化剂，其在各种反应中的用途将在节中的讨论。

3.2.15 非"氧"氧化剂

实际上，任何含氧化合物都有可能在含能混合物中用作氧化剂，只要它与可燃剂混合，可燃剂能够在氧化时提供足够的能量来分解氧化剂并维持反应。然而，在与氧原子类似的情况下，其他电负性元素也可以用作氧化剂，回顾上面的式（3.3）和式（3.4）就分别使用了氯和氟作为氧化剂。

Shidlovskiy 指出，金属-氟化合物也具有良好的氧化能力。例如，以下反应将释放出大量的热（$\Delta H = -70 \text{kcal/mol}$）[①]。然而，由于缺乏具有适当反应性的稳定、经济的金属氟化物，限制了这一方向的应用研究（Shidlovskiy, 1964）：

$$FeF_3 + Al \rightarrow AlF_3 + Fe \qquad (3.21)$$

3.2.16 小结

总之，氧化剂的两个主要性质决定了其反应性。第一个性质是分解热，表示可燃剂氧化所提供的能量，以释放出氧气用于随后与更多的可燃剂进行反应并实现反应的传播。第二个性质是氧化剂的熔点，这是一个很好的指示温度，必须达到这个温度，氧气才能从氧化剂中释放出来。

具有低熔点和低分解吸收热（放热则更好）的氧化剂能够在极端恶劣的条件下与可燃剂发生反应，例如，在非常寒冷的环境中或使用低热量输出的可燃剂。这种氧化剂的典型例子是氯酸钾，它可以在最不利的条件下与劣质燃料（如硫或蔗糖）维持燃烧。活泼的氧化剂与含能可燃剂（如一种活性金属粉末）的结合将产生高反应性的混合物，在制备、处理和使用时需要格外小心。

氧化剂的另一种极端情况是那些具有高分解吸收热和高熔点的材料，如氧化铁（Ⅲ）Fe_2O_3。此类材料需要高放热量的可燃剂（如镁、铝或锆）才能使反应发生（表3.5）。

对比氯酸钾和氧化铁两种氧化剂可知，烟火工程师可以在广泛的性能范围内进行选择。氯酸钾可以点燃多种可燃剂并与之发生反应，而氧化铁则需要非常高能的可燃剂才能引燃和反应。

3.2.17 氧化剂的选择与比较

这里以表3.5氯酸钾与氧化铁的比较，说明氧化剂选择与比较的重要性。

表3.5 氯酸钾（$KClO_3$）和氧化铁（Ⅲ）（Fe_2O_3）的比较

项 目	氯酸钾，$KClO_3$	铁（Ⅲ）氧化物，Fe_2O_3
熔点	336℃	1565℃
分解热	-10.6kcal/mol	+199kcal/mol

[①] 将铁-氟和铝组分与前面提到的"铝热剂"铁-氧和铝的反应进行比较；其反应过程相似，只是氧化原子不同。

3.3 可燃剂

3.3.1 对可燃剂的需求

除氧化剂外，烟火剂还需要含一种或多种可燃剂（或称为电子供体），与氧化剂释放出的氧气反应生成氧化产物和热量。高能化学家利用这些热量来产生各种可能的效果：颜色、运动、光、烟雾或哨声，以及其他方式的"做功"。

当选择一种可燃剂与某种氧化剂组合形成含能混合药剂时，必须仔细研究所需要的烟火效应，燃烧产生的火焰温度和反应产物的性质都是重要的考虑因素。下面将给出对几类主要的烟火剂的要求。

（1）推进剂。这种药剂需要产生高温、大量低分子量气体和相当快的燃烧速率。快速产生的气体在一个方向上迅速膨胀，将推动载体向另一个方向运动[①]。在这些药剂中通常会包括木炭和有机化合物，如聚丁二烯，因为它们燃烧时可以形成气体产物。可以添加含能金属燃料（如铝）提高热量输出，同时增加燃烧材料的热导率，有利于热量传递，从而增加燃速。但是，金属可燃剂不会提高推进剂中的气体产量，因为其燃烧产物主要是固态的金属氧化物，而不是气体。

（2）照明剂。为了获得高发光强度，以及在火焰中产生强烈的光辐射体（通常以流明或烛光度来衡量），必须具有很高的反应温度。在此类配方中通常含镁，主要是由于其良好的热量输出和较高的火焰温度。在火焰中产生灼热的氧化镁颗粒有助于获得良好的光强度。以蒸气形式存在于火焰中的原子钠是一种非常强的光辐射体。目前，广泛使用的硝酸钠-镁配方的光输出则主要是以钠的光辐射为主。镁的一些常见替代品包括铝、镁铝合金以及钨（见第 10 章）。

（3）有色火焰剂。需要较高的反应温度以产生最大的光强，但颜色的质量则取决于火焰中是否存在合适的辐射体，以及只存在极少量的固体和液体颗粒，因为这些颗粒物会在广谱范围内辐射白光，从而冲淡所需的颜色。为了获得较好的光强度，有时会在有色火焰剂中加入镁粉，但是由于 MgO 颗粒具有较宽的发射光谱，可能会使颜色质量受到影响。在烟花工业中使用的大多数有色火焰剂中都使用了有机可燃剂（如红胶和糊精），现在，镁铝合金也被广泛用于这类配方中，以提高火焰温度、颜色亮度和热量输出。

（4）彩色发烟剂。将药剂中的固体有机染料分散到空气中形成彩色烟雾，需要产生气体以利于分散彩色烟雾粒子。不希望产生高温，因为这会导致有机染料分子发生分解，使分子变性从而失去所需的颜色。这些药剂配方中一般没有金

---

① 牛顿第三定律，"每一个运动都会产生一个相等且相反的作用力"。

属，通常使用低热量可燃剂，如硫和糖。

（5）点火药。点火药和引火剂中需要生成热固体或液体颗粒物，以确保可以传递足够的热量来点燃主装药。因此，通常很少使用主要生成产物为气体的可燃剂，而硼和锆等可以产生良好热输出和大量热颗粒反应产物的可燃剂，是常用的组分。

优质的可燃剂可与氧（或氟、氯等卤素）反应形成稳定的化合物，并释放出大量的热。反应产物中金属-氧（或金属-卤素）键的强度和能量都非常高，这也可以解释为何许多金属元素具有极其良好的可燃剂性能。然而，如果不需要高的热量输出，则可以使用能量较低的可燃剂，例如糖或硫。

许多材料都可以用作含能药剂的可燃剂，并且材料的选择将取决于多种因素，主要的考虑因素如下。

（1）所需的热量输出。
（2）预期的易燃性。
（3）所需的热释放速率。
（4）材料成本。
（5）可燃剂和可燃剂-氧化剂组合的稳定性。
（6）所需的气体产物的量。

可燃剂主要分为三大类：金属、非金属元素和有机化合物。

3.3.2　金属可燃剂

优质的金属可燃剂具有一定的耐氧化性和耐湿性，较高的热量输出，并且可以适中的价格获得所需的各种粒度的材料（包括非常细和较粗的颗粒）。铝和镁以及这两种金属组成的镁铝合金都是使用最广泛的材料。钛、锆、铁、锰、铜、锌、钨和其他金属也在各种应用中得到使用。

除了镁以外，碱金属和碱土金属（如钠、钾、钡和钙）本来可以制成性能优良的含能可燃剂，但它们对于大气中的氧气和水分的反应性太强了。例如，金属钠遇水会发生剧烈反应，必须将其存储在二甲苯这样的惰性有机液体中，以最大限度地减少其氧化。在元素周期表中，钾位于钠的下一行，金属钾比钠的反应更为剧烈。

一种金属能否用于烟火药剂，可以通过比较其标准还原电势进行筛选。易于氧化的材料将具有较大的负值，这意味着，它得电子的可能性很小，而具有明显的失电子趋势。良好的金属可燃剂也是相当轻质的，在氧化时会产生很高的燃烧热值。表3.6列出了一些常见的金属可燃剂及其性能。

金属可燃剂（如铝）领域的最新研究进展主要关注的是纳米粉末。传统上，将粒度为 $1\mu m$ 范围（$1\mu m = 1 \times 10^{-6} m$）的粒子视为细粒度，但这些新材料的粒度在 $10^{-9} \sim 10^{-8} m$ 范围内。这些超细粉末展现出预期的增强反应性的效果，但也存在一些稳定性问题，如由于比表面积较大，可能会发生氧化导致的自燃（Brousseau 和 Anderson，2002；Jones 等，2003）。实际上，比表面积大可能意味着在空气中的长期稳定性较差：这些微小颗粒的表面将被氧化成 Al_2O_3，不再是可燃剂，而在氧化层中几乎没有可作为有效可燃剂的金属铝。这些纳米粉末必须密封储存，并在混合成烟火药剂后立即使用，但在某些应用中，这些额外的工作量可能是值得的。

表 3.6 金属可燃剂的性质

元素	符号	相对原子质量	熔点/℃[①]	沸点/℃[①]	燃烧热/(kcal/g[②])	燃烧产物	每克氧消耗的可燃剂的克数
铝	Al	27.0	660	2467	7.4	Al_2O_3	1.12
铜	Cu	63.5	1085	2562	—	Cu_2O/CuO	7.94/3.97
铁	Fe	55.8	1535	2750	1.8	Fe_2O_3	2.32
镁	Mg	24.3	649	1107	5.9	MgO	1.52
镁铝合金	Mg/Al (~50/50 合金)	—	460	—	—	MgO/Al_2O_3	1.32
钛	Ti	47.9	1660	3287	4.7	TiO_2	1.50
钨	W	183.8	3410	5660	1.1	WO_3	3.83
锌	Zn	65.4	420	907	1.3	ZnO	4.09
锆	Zr	91.2	1852	4377	2.9	ZrO_2	2.85

[①] Weast，1994。
[②] Shidlovskiy，1964

金属还具有一定的导电性和导热性，也就是说，这些金属将通过自身吸收电子/电荷和热量并将其传递给与之相连的任何物体。导电性有利于通过火花进行点火，但是对于不想引燃的物质而言则是一个严重的危险因素。导热性可以将来自烟火火焰的多余热量转移到未反应的材料中（有时称为"预热区"），辅助反应传播，从而加速整个过程。这些影响将在第 6 章和第 7 章中进一步探讨。有机可燃剂和非金属无机可燃剂基本上没有此类作用。

让我们探讨一些更常见的金属燃料。

3.3.2.1 铝

铝（Al）可能是使用最广泛的一种金属可燃剂，其次是镁。铝的价格合理，重量轻，储存稳定，能制备成各种颗粒形状和大小的粒子，可用于实现多种效应（Kosanke 和 Kosanke，1993）。

铝的熔点为 660℃，沸点约为 2500℃，燃烧热为 7.4kcal/g。铝有片状或雾化两种形式。雾化铝粉由球状颗粒组成。对于给定的粒径大小，球体具有最小的表面积（因此反应活性也最小），但是这种形状的铝粉在不同批次产品中性能的重现性最好。军事上，通常使用雾化铝粉而不是反应性更强的薄片材料来制备发热剂和发光剂，也主要是基于这个原因。

烟花工业中广泛使用大尺寸铝片（也称为"flitter"铝）用来产生明亮的白色火花。细薄片状的铝可以与多种氧化剂发生反应。一些供应商还提供特殊的"pyro"级（用于烟火剂）铝粉。这是一种粒度非常细（小于 $50\mu m$）的深灰色粉末，具有较大的表面积，故反应性极为活泼。片状铝的粒度越小，其感度和反应性越强。在工业中细薄片铝可以用于生产爆炸类烟花，而这种"pyro"级铝与氧化剂的混合只能由熟练工人进行操作，并且每次只能小批量生产。这种爆炸混合物对火花和火焰点火非常敏感，爆炸威力也相当大。

铝表面非常容易被空气中的氧气氧化，形成致密的氧化铝（Al_2O_3）薄膜。虽然对于作为可燃剂是不利的，但是白色氧化物表层可保护内部金属免于进一步氧化。因此，铝粉可以长时间储存，几乎不会由于空气氧化而使反应性降低（请注意，刚制备的铝粉的反应性可能大于已形成氧化层的铝粉）。一些生产商会在铝粉表面包覆一层碳/石墨烯（German Blackhead）或聚四氟乙烯，以防止形成氧化物涂层，从而保持反应性。

然而，那些暴露在空气中会形成疏松状氧化膜的金属（如镁或铁）是没有这种表面保护作用的，除非采取适当的预防措施，否则在这些金属储存过程中会发生严重的腐蚀。

含铝组分通常十分稳定。但是，如果混合物还包含硝酸盐氧化剂，则必须注意防潮；否则，将发生以下类型的反应：

$$3KNO_3 + 8Al + 12H_2O \rightarrow 3KAlO_2 + 5Al(OH)_3 + 3NH_3 \tag{3.22}$$

反应会生成氨气并释放热量，反应中生成的碱性介质会催化和加速反应过程，在密闭的情况下可能发生自燃。加入少量的固体弱酸，如硼酸（H_3BO_3），可以通过中和碱性产物维持一个弱酸性环境，从而有效地延缓这种分解。在分解过程中，氧化剂的吸湿性也很重要。由于硝酸钠的吸湿性较强，不能将其与铝一起使用，除非在铝粉上涂覆石蜡或类似材料的保护层。可以将产品密封在防潮包装中，在生产过程后避免任何水分侵入（Shidlovskiy，1964）。硝酸钾-铝配方在储存时必须严格保持干燥，以避免分解问题，而对于铝和不吸湿的硝酸钡组成的混合药剂，只要组分没有被弄湿，几乎不需要采取防潮措施。镁金属与硝酸盐的混合物则不存在这种碱催化的分解问题，因为在金属表面生成的氢氧化镁 $Mg(OH)_2$ 可以有效防止其进一步反应。对于铝金属，碱溶性氢氧化铝 $Al(OH)_3$ 则不能为其提供这种保护作用。

3.3.2.2 镁

镁（Mg）是一种非常活泼且广泛可用的金属，在适当的条件下是优良的可燃剂。在潮湿的空气中镁能够被氧化形成氢氧化镁 Mg(OH)$_2$，并且容易与所有的酸，包括醋酸（含5%浓度）和硼酸这样的弱酸发生反应。镁与水或酸（HX）发生如下所示反应：

$$水：Mg + 2H_2O \rightarrow Mg(OH)_2 + H_2 \quad (3.23)$$

$$酸（HX）：Mg + 2HX \rightarrow MgX_2 + H_2 (X = Cl, NO_3, \cdots) \quad (3.24)$$

甚至铵离子（NH_4^+）的酸性也足以与镁金属反应。因此，除非金属表面涂有亚麻子油、石蜡或类似材料，否则，高氯酸铵和其他铵盐不应与镁一同使用。

在潮湿情况下，氯酸盐和高氯酸盐将会使镁金属氧化，从而可能使烟火效应在储存过程受损。硝酸盐与镁的相容性似乎要好得多（Shimizu, Fireworks—The Art, Science and Technique, 1981）。同样，在金属表面涂覆有机材料（如石蜡），将增加药剂的储存寿命。此外，重铬酸钾也曾被建议涂覆在镁表面以提高稳定性（Shimizu, Fireworks—The Art, Science and Technique, 1981），但这种材料具有毒性，是否具有工业应用价值存在一定的争议。

与其他金属相比，镁的燃烧热为5.9kcal/g，熔点为649℃，沸点相对较低，为1107℃。较低的沸点使得混合药剂中过量的镁可以在烟火火焰中蒸发气化，并利用空气中的氧气燃烧，从而为照明剂提供了额外的热量和光强。当过量的镁与大气中的氧气发生反应时，无须额外吸收热量使氧化剂分解，因此，药剂中添加过量的镁所获得的额外热量可能是相当巨大的。

镁金属还能与其他金属离子发生如下电子传递反应：

$$Cu^{2+} + Mg \rightarrow Cu + Mg^{2+} \quad (3.25)$$

如果药剂组分受潮，则发生上述反应的可能性更大。这再一次表明，如果在含镁配方中存在水分可能会导致各种问题。Cu^{2+}/Mg 体系的标准还原电势为+2.72V，表明这是一个自发性很强的过程。因此，含镁配方中不得使用 Cu^{2+}、Pb^{2+} 和其他易还原的金属离子。

3.3.2.3 非军用镁的回收："绿色"烟火回收

镁是一种相对丰富和广泛使用的烟火可燃剂。在某些传统的军用烟火剂中，含有硝酸钠和黏合剂的镁基照明剂或闪光弹已经报废无法使用。人们开发了一种工艺回收镁，以便其在新的配方中再利用（J. Sabatini 等，2013）。首先将弹体中的弹药分离出来，用水提取法除去硝酸钠和黏合剂，剩下粗镁，将其进一步洗涤和纯化，然后重新制备成新的药剂。通过实验测定光输出，与原始配方比较，验证镁的性能要求，这对军事应用至关重要。"再利用和再循环"的现代绿色实践已经与烟火化学领域接轨。

3.3.2.4 镁铝（镁铝合金）

在过去的35年里，一种在烟火技术中非常受欢迎的材料是镁和铝按照50/50

比例制备的合金,称为镁铝合金,分子式为 Al_2Mg_3,熔点为460℃(Shimizu,Fireworks—The Art,Science and Technique,1981)。与硝酸盐配合使用时,该合金比铝要稳定得多,并且与弱酸的反应比镁慢得多。它拥有镁、铝两种金属的突出优点,同时有效避免了每种金属的固有缺陷。

中国人率先在烟花中广泛使用镁铝合金,以产生耀眼的白色火花、爆竹效应和明亮的彩色火焰。Shimizu 还曾报告指出,将镁与黑火药混合使用可产生大规模火花效应(Shimizu,Fireworks—The Art,Science and Technique,1981)。如今,镁铝合金已经在世界各地广泛用于制造娱乐烟火,我们将在随后的章节中看到其在众多药剂中的应用。

3.3.2.5 铁

铁(Fe)以细屑形式存在,能够燃烧并发出白炽光,可用于产生诱人的橙金色火花,例如传统的金属丝制备的手持式火花棒。当金属颗粒在空气中燃烧时,钢铁中含有的少量(少于1%)的碳会形成二氧化碳气体,使燃烧的铁火花像小流星一样喷射出来。

然而,铁屑在储存时非常不稳定。在潮湿的空气中很容易生成氧化铁(Ⅲ)(铁锈,即 Fe_2O_3),而疏松的氧化铁不能像氧化铝那样保护其内部。因此,铁屑在用于烟火剂之前,通常会涂覆石蜡等材料的防护层,以防止腐蚀。

当与强氧化剂(如高氯酸钾)一起使用时,铁会产生相当大的热量输出。在需要温和热源的情况时,由铁和 $KClO_4$ 组成的药剂已经用于包括热电池在内的各种装置中。其中发生的主要反应为

$$3KClO_4 + 8Fe \rightarrow 3KCl + 4Fe_2O_3 \tag{3.26}$$

按质量计,$KClO_4$ 和铁的化学计量比为48:52。

3.3.2.6 其他金属

金属钛(Ti)为高能化学家提供了一些极具吸引力的特性。这种金属在水分和大多数化学物质存在的情况下,都非常稳定,并能与氧化剂产生绚丽的银白色火花和光效应。如果将钛颗粒添加到有色火焰剂中,可以同时获得有色火焰和白色火花的效果。Lancaster 认为,钛是比镁或铝更为安全的材料,并建议使用钛代替烟花喷泉效果中使用的铁屑,因为钛具有更高的稳定性(Lancaster,1972)。目前看来,价格太高是钛不能成为更广泛使用的可燃剂的主要原因。

锆(Zr)是另一种活性金属,极高的火花敏感度(包括普通静电放电)是限制其广泛用于含能配方的主要问题。锆与高氯酸钾("ZPP"配方)配合使用,可用于电点火系统中的点火材料,而锆与红色氧化铁(Ⅲ)可用于制备军用"A1A"点火剂。氧化剂-锆配方的火焰温度通常超过4000℃。如果需要一种非常热的烟火剂,用以非常快速地点燃另一种含能材料,锆是首选的可燃剂。

在不含任何氧化剂的情况下，细锆本身的火花感度通常小于1mJ火花能量。据估计，人体的静电冲击（如脚在地毯上摩擦）的能量约为15mJ，这已经远远超过锆的点火能量，故而有必要将含锆的配方单独归类。无论氧化剂是红色氧化铁（Ⅲ）还是高氯酸钾，含锆的药剂都有很高的火花感度。因此，锆通常以潮湿状态运输，与氧化剂湿混，最后将其少量掺入到用于电点火的桥丝或其他类似系统中时才会进行干燥处理。

总之，锆-氧化剂混合物对火花非常敏感，它们会快速反应生成温度很高的火花，是理想的点火组分。当需要以高可靠性快速点火时，可以选择此类材料。否则，锆的高感度会阻碍该材料的广泛使用。

由于成本的原因，铜（Cu）是一种不太常见的可燃剂，但是当与一些氯供体（如高氯酸盐氧化剂）结合使用时，可在有色火焰剂中发挥作用。铜的熔点为1085℃，沸点为2562℃。铜是电和热的优良导体。在烟火剂中，铜会氧化成氧化亚铜（Cu_2O）中的一价铜还是氧化铜（CuO）的二价铜，取决于火焰温度和其他因素。

钨（W，在国际标准化之前，也常称为"Wolfram"），对于烟火工程师而言，是较重的金属之一，可在某些延期药中使用，但成本高昂，因此无法广泛使用。钨是熔点最高的金属之一（3410℃），并且通常需要更加高能的氧化剂，如高氯酸钾或铬酸钡，以促进反应传递。

锌（Zn）最知名的应用是白色发烟剂。锌的熔点仅为420℃，沸点为907℃，因此激活这种金属进行氧化和燃烧相对容易。未反应的锌容易在空气中闪沸和燃烧。有趣的是，由于硫化锌的形成，锌-硫配方既可用作固体推进剂，也可用于产生白烟，其中硫作为氧化剂而不是可燃剂，反应生成的硫化物与空气中水分的相互作用会生成白烟。锌-硫配方的燃烧会产生非常特别的海蓝宝石色火焰。

最近，人们研究了一种稀有的镧系元素镱（Yb）在烟火方面的应用（Koch等，2012）。镱的熔点（824℃）略高于镁（649℃），但沸点相近。镱燃烧时发出明亮的绿色火焰，有可能替代钡基绿色火焰剂。然而，镱的成本通常对于烟火技师的日常使用和商业烟花是不现实的，但有可能少量使用（如作为军事示踪剂）。

3.3.3 非金属元素可燃剂

在烟火技术领域中，已经发现了几种应用非常广泛的易氧化非金属材料。它们作为可燃剂的要求同样是对空气和潮湿环境的稳定性、良好的热量输出和合理的成本。常用的材料包括硫、硼、硅和磷。这些材料的性质列于表3.7中。

表3.7 含能药剂中非金属可燃剂的性质

元素	符号	相对原子质量	熔点/℃	沸点/℃[①]	燃烧热值/(kcal/g)[②③]	燃烧产物	每克氧消耗的可燃剂的克数
硼	B	10.8	2300	2550	14.0	B_2O_3	0.45
碳（炭）	C	~12	分解	—	7.8	CO_2	0.38
红磷	P	31.0	590	升华	5.9	P_2O_5	0.78
黄磷	P_4	124.0（如P_4）	44	—	5.9	P_2O_5	0.78
硅	Si	28.1	1410	2355	7.4	SiO_2	0.88
硫	S	32.1	119	445	2.2	SO_2	1.00

① Weast, 1994。
② Shidlovskiy, 1964。
③ Shimizu, 2004。

3.3.3.1 硫

硫（S）在烟火剂中作为可燃剂的应用可以追溯到1000多年前，直至今天，这种材料仍然是黑火药、彩色发烟剂和各种烟花中广泛使用的成分。在烟火应用中，优选从熔融状态的硫中结晶出来，被称为"硫粉"的材料，因为其纯度较高。通过升华提纯的硫（称为"硫花"）通常包含大量氧化的酸性杂质，在含能药剂中具有一定的危险性，尤其是在同时含有氯酸盐氧化剂时，会非常危险（Lancaster, 1972）。

硫的熔点特别低（119℃）。就热量输出而言，硫是一种劣质可燃剂，但它常常在烟火剂中起到非常重要的作用。硫可以用作"火绒"或点火剂。硫与各种氧化剂混合时，在低温下就可以发生放热反应，这部分热量可用于触发含有更好可燃剂的其他更高能反应。硫的低熔点有助于在低温下提供液相，以促进点火过程。因此，硫的存在，即使含量很少，也会对含能混合物的点火能力和点火温度产生极大的影响。硫在燃烧时会转化为二氧化硫气体和硫酸盐（如硫酸钾K_2SO_4）。人们还发现硫在某些药剂中可以起到氧化剂的作用，例如，在黑火药的燃烧残渣中，可以检测出以硫离子（S^{2-}）形式存在的硫化钾（K_2S），以及在锌-硫配方中存在的硫化锌（ZnS）。

当药剂中的硫组分过量时，硫可以从燃烧的混合物中以黄白色烟幕的形式挥发出来。利用这一性能，将硝酸钾和硫按照1∶1的比例混合时，可以制备能够产生大规模烟幕的发烟剂配方。

3.3.3.2 硼

硼（B）是一种相当稳定的类金属元素，氧化时不产生气体，并且可以产生良好的热量输出。硼用于绿色火焰剂，可代替钡基氧化剂的配方。硼的相对原子质量较低（10.8），如果以cal/g为单位计算，硼是优良的可燃剂。硼的熔点很高（2300℃），与高熔点氧化剂一起使用时，点火非常困难。当与低熔点氧化剂如硝酸钾混合使用时（在烟火工业中称为"$BKNO_3$"配方），硼就容易点火，并释放出大量热量（如果在密闭条件下，则可能会产生一定能量造成爆燃）。硼的氧化产物（B_2O_3）熔点较低，将使反应无法达到较高的温度，因为氧化硼会吸收多余的热量用于熔融，而非用于体系温度的升高（Shidlovskiy，1964）。

硼是一种相对昂贵的可燃剂，但从成本的角度来看，硼是可以接受的，因为通常需要的用量很少（因为其相对原子质量很低）。例如，反应

$$BaCrO_4 + B \rightarrow 多种产物\ (B_2O_3, BaO, Cr_2O_3)$$

配方中的硼含量仅为5%（按重量计）时，燃烧效果已经非常令人满意（Ellern，1968）。硼在烟花工业中所用甚少（法律一般禁止在消费性烟花中使用硼），但在军事和航空工业上被广泛用作点火药和延期药中的可燃剂，硼还有希望替代钡基配方用于产生绿色的光和火焰。硼与铬酸钡或红色氧化铁配合使用，可用于制备延期药。

钛–硼配方基本上是无气体产生的固相反应，尽管需要高温来点火，但这一反应高度放热，是一种有用的产热剂，生成的产物为 TiB_2（Burke 等，1988）。反应物在正常环境条件下通常也很稳定，与其他体系相比点火感度较低，并且不需要特殊处理，这使其成为一个很有应用价值的体系。

硼的主要缺点是容易在空气中氧化，特别是在水分存在的情况下。当硼被氧化时，重量会大幅增加，从而使该问题变得更加严重：

$$2B + 3/2O_2 \rightarrow B_2O_3 \tag{3.27}$$

在反应中可以计算出 21.6g(2mol) 的硼将转化为 69.6g 的氧化硼，是初始重量的3倍。因此，当硼在容器中等待称量和混合期间，少量硼的氧化将导致添加到配方中硼的实际重量明显低于预期数值。在硼样品中，如果5%发生氧化，10g 材料中剩余的单质硼的实际重量已减少至 8.55g，其余则为氧化硼。这将导致由氧化硼所制备的烟火药剂性能发生重大变化。解决的办法是在使用前用水洗涤硼（氧化硼是水溶性的），在低湿度的环境中将其干燥，然后存放在密闭的容器中，直至称量。

硼也可以两种固体形式存在：无定形硼（即组成固体的原子是无序排列的）和结晶态硼（组成固体的原子有序排列）。无定形硼是烟火中最常使用的形式，因为其易于获取和相对于结晶硼的成本更低。尽管一些工作表明，结晶硼除了具有式3.27中所示的部分耐长期氧化的化学性能外，还可以延长绿色火焰剂的燃烧时间（Sabatini, Poret, and Broad, Use of Crystalline Boron as a Burn Rate Retardanttoward the Development of Green-Colored Handheld Signal Formulations, 2011）。

3.3.3.3 硅

硅（Si）在许多方面和硼具有相似性，它在用于点火药和延期药的配方组分

时，是一种安全、相对廉价的可燃剂。硅是一种类金属或半金属元素，这意味着它既具有金属性又具有非金属性。它具有较高的熔点（1410℃），当其与高熔点氧化剂结合使用时，可能很难点燃。硅的氧化物二氧化硅（SiO_2）的熔点较高，而且还具有环境友好的特点。多年来，人们将硅与作为氧化剂的红色氧化铅（Pb_3O_4）一起使用，可生产用于爆破雷管的快速燃烧延期药。延期药柱被制备成可产生一定范围的延迟时间，每个延期药柱在点火信号和雷管引爆之间提供一小段短暂的时间延迟（以 ms 为单位）。这便于炸药工程师能够设计一种爆破模式，使得所有系统放置在采石场或矿井中的炸药不会被同时引爆。与所有炸药同时引爆的模式相比，这种短暂延迟所产生的爆炸模式将大大有助于减少飞石和地面振动。

硅与氧化铁的反应是探索中等反应性和低产气体产物配方应用的一个例子。白灼的反应区在药剂中传播，几乎没有火焰。按照目前的标准，反应产物（铁和二氧化硅）是环境友好的。反应方程式如下：

$$2Fe_2O_3 + 3Si \rightarrow 4Fe + 3SiO_2 \tag{3.28}$$

配方为化学计量比为83%的氧化铁（Ⅲ）和17%的硅。

3.3.3.4 磷

尽管磷（P）已经在军用白色发烟剂中应用，但是由于其反应性过于活泼，不能作为常规的烟火可燃剂。传统上，磷可用在玩具手枪火帽和魔术爆竹（晚会礼花）中产生声音效果（Koch，2005）。

磷有两种存在形式，即白磷（或黄磷）和红磷。白磷分子式为P_4。它是一种石蜡状固体，熔点为44℃，暴露于空气中会自燃。白磷必须保持冷却，通常被存放在水中。以固体和蒸气形式存在的白磷均有剧毒，与皮肤接触会引起灼伤，因此其在烟火剂中的用途仅限于燃烧剂和白色发烟剂。白色烟幕是由燃烧产物在大气中吸湿所生成的，主要成分是磷酸（H_3PO_4）。

红磷（磷的无定形形式）在某种程度上更为稳定，是一种红棕色粉末，熔点为590℃（在真空条件下）。在有空气的情况下，红磷的点火温度为260℃左右（Shimizu，Fireworks—The Art，Science and Technique，1981）。红磷不溶于水，容易由火花或摩擦点火，并且在任何情况下与氧化剂或易燃材料混合都是非常危险的。另外，红磷的烟雾有剧毒（Military Pyrotechnic Series Part Three："Properties of Materials Usedin Pyrotechnic Compositions"，1963）。

红磷以水悬浮液形式与氯酸钾混合，可以用于玩具火帽和啸声剂中，如晚会礼花。这些药剂对摩擦、撞击和热都非常敏感，切勿将大量此类混合物散装干燥。红磷也可以用于白色发烟剂配方中，第11章中给出了几个示例。

裸露的红磷对湿气和空气敏感，可以转变为具有腐蚀性的磷酸，通过在其表面包覆一层保护性疏水物质即所谓的"微胶囊化"可以降低这种敏感性。研究表明，将红磷颗粒用酚醛树脂（有点像蜡或塑性材料）包覆起来可以提高点火温度（即热感度降低），降低吸湿性（不易受潮），同时降低发烟剂配方的摩擦感度（Liu 和 Guan，2017）。对于那些需要用到红磷，但并不需要其敏感性的配方，这可能是长期存储红磷基混合物的可行方式。

3.3.3.5 硫化物

多种金属硫化物已被用作烟火剂中的可燃剂。三硫化锑（Sb_2S_3），是一种熔点相对较低的材料（548℃），燃烧热约为1kcal/g。它容易点火，可用于辅助点燃更难以点燃的可燃剂，就像单质硫一样起到"火绒"的作用。三硫化锑已经在烟火工业中用作白色火焰剂，并且可以取代硫，与高氯酸钾和铝一起用在声光剂中。

雄黄（二硫化砷，As_2S_2）是一种橙色粉末，熔点为308℃，沸点为565℃（Shimizu，Fireworks—The Art, Science and Technique，1981）。由于沸点低（尽管具有毒性），雄黄已被用于黄色发烟剂中，也用于辅助点燃难以点火的配方。美国消费品安全委员会的法规禁止在普通烟花（个人消费者可购买的类型）中使用所有含砷化合物（包括雄黄），因为砷对人畜都具有毒性（U.S. Consumer Product Safety Commission，2017）。

3.3.4 有机可燃剂

含能混合药剂中也经常采用各种有机（含碳）材料作为可燃剂。除了提供热量外，这些材料还可在反应区中产生二氧化碳（CO_2）和水蒸气，从而产生巨大的气体压力。

如果有足够的氧气，这些分子中的碳原子可以被氧化成二氧化碳。在缺氧的环境中，则可能会生成不等量的一氧化碳（CO）或游离出元素碳。如果产生的碳比较多，则会观察到碳黑火焰。有机化合物中的氢通常以水分子的形式出现。对于每摩尔化学式为$C_xH_yO_z$的可燃剂，燃烧后将产生 x mol 的 CO_2 和 $y/2$ mol 的 H_2O。为了完全燃烧该材料，将需要 $x + y/2$ mol 的氧气（$2x + y$ mol 的氧原子）。在含能药剂中，可燃剂分子中氧原子的存在减少了氧化剂需要提供的氧气量。葡萄糖燃烧的平衡方程如下所示：

$$C_6H_{12}O_6 + 6O_2 \rightarrow 6CO_2 + 6H_2O \tag{3.29}$$

在这个反应中，由于葡萄糖分子本身含有6个氧原子，因此，另外再需要6个氧分子即可氧化1个葡萄糖分子，这样在平衡方程的两边都各有18个氧原子。

仅含碳和氢的可燃剂（碳氢化合物）在完全燃烧时，与同等重量的葡萄糖或其他含氧化合物相比，将需要消耗更多的氧气。因此，当使用这种碳氢类型材料时，每克可燃剂的燃烧需要更多的氧化剂。

对于给定量的可燃剂，实现完全燃烧所需的氧气克数可以从平衡化学方程式

计算得出。使用第 2 章中讨论的热化合价法,确定化学计量组成中氧化剂与可燃剂的适当比例。计算示例如下:

氯酸钾和葡萄糖:
$KClO_3$ 的热化合价 = -6
葡萄糖的热化合价 = $+24$
摩尔比是 1∶4。

平衡方程	$C_6H_{12}O_6$	+	$4KClO_3$	$\to 6CO_2 + 6H_2O + 4KCl$
物质的量	1		4	
相对分子质量	180		490	
质量/g	26.9		73.1	

对于聚合物,使用聚合物链中的重复单元计算热化合价,使用重复单元的分子量进行质量计算。例如,淀粉可以用 $(C_6H_{10}O_5)_n$ 表示,每个重复单元的分子式质量为 162,热化合价为 $+24$($+24+10-10 = +24$)。在前面章节讨论的热化合价计算方法中提供了最简单的方法来平衡氧化剂-有机可燃剂体系,当然也包括聚合物。

例如,假设在新的烟火剂中使用分子式(或聚合物重复单元)为 $C_{10}H_{12}O_2$ 的可燃剂。首先,确定其热化合价:

<u>C</u>   <u>H</u>   <u>O</u>

热化合价 = $10 \times (+4) + 12 \times (+1) + 2 \times (-2) = +48$(**极富燃料型**)

要使该材料与氧化剂平衡,如 $KClO_4$,热化合价为 -8,则每摩尔有机化合物需要 $6KClO_4$($6 \times 8 = 48$),才能达到平衡:

$$6KClO_4 + C_{10}H_{12}O_2 \to 10CO_2 + 6H_2O + 6KCl \tag{3.30}$$

可燃剂的被氧化程度越大,或者含氧量越高,则燃烧时释放的热量输出就越小(整体上来看,该分子已被部分氧化)。相应地,对于使用这种高度氧化可燃剂构成的药剂,燃烧的火焰温度也将更低。同样,以水合物形式存在的可燃剂(包含一个或多个水分子的结晶水)将比无水化合物释放出来的热量更少,这是因为有一部分热量将用于水合物中水分子的蒸发。因此,在计算水合物可燃剂的分子量时,还应包括水的分子量(18g/mol)。此外,许多树胶、树脂、蜡及类似的天然产品可用于含能混合物,其中有很多已经有公开报道的基础配方和生成热相关数据(Meyerriecks, Organic Fuels: Composition and Formation Enthalpy Part Ⅰ—Wood Derivatives, Related Carbohydrates, Exudates, & Resins, 1998; Meyerriecks, Organic Fuels: Compositionand Formation Enthalpy Part Ⅱ—Resins, Charcoal, Pitch, Gilsonite, Waxes, 1999)。

3.3.4.1 天然有机物可燃剂:虫胶和红胶

虫胶和红胶是两种常用的有机可燃剂。虫胶是一种亚洲昆虫(紫胶虫)的分泌物，含有相当高比例的三羟基棕榈酸（$CH_3(CH_2)_{11}(CHOH)_3COOH$）。该分子的氧含量较低，故能够产生较高的热量值（Shimizu, Fireworks—The Art, Science and Technique, 1981）。虫胶可以用作烟火剂中的黏合剂，也可用于制备有色火焰剂，因为它不会像金属可燃剂的燃烧温度那么高，产生连续光谱的白光冲淡颜色。此外，如果使用氧化剂的比例适当，将不会产生过量的灰分和多余的黑体辐射。

红胶是一种复杂的混合物，是由袋鼠岛上收获的澳大利亚草树的分泌物制得。它的近似分子式为 $C_6H_7O_2$，热化合价为 +27/111g（Meyerriecks, Organic Fuels: Compositionand Formation Enthalpy Part Ⅰ—Wood Derivatives, Related Carbohydrates, Exudates, Resins, 1998）。红胶具有优良的可燃剂特性、较低的熔点和分解温度，有助于燃烧，并且与氧化剂结合使用时，往往会产生非常白的火焰，其火焰中的橙黄色最少，产生的烟雾也最少。因此，与虫胶类似，它可用于优质的有色火焰剂，具有最小的干扰效应。

虫胶和红胶都是非常有用的可燃剂，使用安全性较好，对烟花爱好者和商用烟花来说也是相对便宜的有机可燃剂，但其很少在军事或大型工业应用中使用。由于两者的供应都是基于昆虫的活动和特定岛屿上树木的生长，因此大量采购可能会很困难。此外，天气或气候的变化会影响它们的近似分子式，基本上不可能像金属可燃剂或工业用碳水化合物（葡萄糖）或碳氢化合物（蜡）那样对分子量或质量控制进行标准化。

3.3.4.2 木炭

木炭也是一种有机可燃剂，由于其储量丰富且易于生产，已经在含能混合物中使用了1000多年。木炭是通过在缺氧环境中加热木材制备得到的。加热后，木材中的挥发性分解产物和水分被去除，剩余的物质主要是木炭。同一木材来源的木炭在不同批次之间的差异可能会很大。Shimizu 指出，高度碳化的木炭样品中 C、H 和 O 原子的比例为 91∶3∶6（Shimizu, Fireworks—The Art, Science and Technique 1981）。木炭的代表性分子式为 $C_{16}H_{10}O_2$，分子量为 235g/mol，热化合价为 +72（Meyerriecks, Organic Fuels: Composition and Formation Enthalpy Part Ⅱ—Resins, Charcoal, Pitch, Gilsonite, Waxes, 1999）。

不同类型木材制备的木炭烟火性能变化很大。不同的木材之间以及不同批次之间，所制备木炭的表面积、转化为碳的程度等方面可能会有很大区别，为了获得合适的性能，必须对每一批木炭的质量进行检验（Rose July, 1980）。历史上，柳木和桤木一直是美国火药生产商首选的木炭制备原料。葡萄藤、桉树和许多其他含碳物质也已在全世界其他地方使用。

当同时需要高热量、更多的气体输出以及快速的燃烧速率时，通常选择木炭作为可燃剂。向不活泼的组分中添加少量木炭会加快燃烧速度，并有利于点火。

由于成分中的碳含量很高，因此，木炭的可燃剂含量较高。如果木炭的实际含碳量未知，那么，可以使用热化合价+4、相对原子质量12作近似计算。

烟火剂中较大的木炭颗粒会在火焰中产生引人注目的橙色火花，在烟花工业中常常会利用到这种特性。在这种情况下，认为它们是一种附加成分，不参与主要的烟火反应，因此不应包括在氧平衡的计算中。

3.3.4.3 碳水化合物

碳水化合物家族由大量天然的富氧有机化合物组成。最简单的碳水化合物是糖，其分子式符合通式（$C \cdot H_2O$）$_n$，早期化学家称为"水合碳"。对于一些较复杂的碳水化合物，分子式与上述通式略有不同（Meyerriecks, Organic Fuels: Composition and Formation Enthalpy Part II—Resins, Charcoal, Pitch, Gilsonite, Waxes, 1999）。

常见的糖类包括葡萄糖（$C_6H_{12}O_6$）、乳糖（$C_{12}H_{22}O_{11}$）和蔗糖（$C_{12}H_{22}O_{11}$）。淀粉是一种复杂的聚合物，由许多连接在一起的葡萄糖单元组成。它的分子式类似于（$C_6H_{10}O_5$）$_n$，分子量通常在100万以上。淀粉与酸反应将分解成较小的单元。糊精是一种淀粉的部分水解产物，在烟火剂中广泛用于可燃剂和黏合剂，其分子量、溶解度和化学性质可能因供应商与批次不同而存在很大差异。与大多数化学品一样，所有新到货的糊精都要进行检测，以确保烟火剂生产的可重复性和性能。

糖同时也是使用电负性和偏电荷来解释反应性的另一个示例。在各种糖分子中，通常都有氧原子连接到一系列连续的碳原子上。这就产生了一个带有相邻部分正电荷的碳原子链，并导致糖类化合物的分解温度趋于降低。厨师们都熟悉糖在低温下的锅里具有焦糖化的趋势。这种焦糖化就是糖分子中的键断裂和随后聚合的结果，可形成美味的甜点。在烟火剂中，这种键的断裂和活性自由基的产生是许多氧化剂-糖组分配方中出现较低点火温度的主要原因。

在以氯酸钾作为氧化剂时，情况尤其如此。我们已经讨论过，氯酸钾在低于200℃的温度下会开始分解并释放出活性氧。当与同样在低温下分解的糖混合时，可以发现氯酸钾/葡萄糖和氯酸钾/蔗糖配方的点火温度均低于200℃（见第6章）。当对该配方进行差热分析（DTA）时，在接近特定糖的熔点/焦糖化温度点附近，可以观察到点火放热。通过对其他有机可燃剂的研究已经证实，正是糖分子的分解（而不仅仅是固-液相变）导致了点火。如果我们将其与熔点更高的金属可燃剂进行比较，可以发现氧化剂的分解通常是实现点火的基础。

结构较简单的糖可以在各种烟火剂中用作可燃剂。它们燃烧时会产生无色火焰，燃烧时释放的热量要少于含氧量较低的有机可燃剂。在某些彩色发烟剂中，乳糖与氯酸钾一起使用可以产生较低的反应温度，使得有机染料分子在能够挥发出来的同时几乎不发生分解。值得注意的是，由于在理想的燃烧情况下，简单的糖只会生成二氧化碳和水（并且不会像金属可燃剂那样形成固体氧化物产物）。因此，这种可燃剂与不产生固体产物的氧化剂（如硝酸铵）以化学计量比使用时，将仅产生气态产物，而没有固体残渣（理想情况下）：

$$C_6H_{12}O_6 + 12NH_4NO_3 \rightarrow 6CO_2 + 30H_2O + 12N_2 \quad (3.31)$$

简单糖类可以适中的成本获得高纯度产品，燃烧温度的优势使其成为非常有吸引力的可燃剂。这些可燃剂的毒性问题也微乎其微，但糖类需关注的问题包括吸湿性，以及某些糖类以水合物形式存在，其中水是固体物质的组成部分。

烟火药剂中也用到了更为复杂的糖类，如黄原胶。黄原胶是细菌发酵蔗糖或葡萄糖而产生的多糖，其基本化学式为 $C_{35}H_{49}O_{29}$。黄原胶是一种食品添加剂，因此可以大量获得，但有一个众所周知的缺点，就是会产生残渣或固体沉积物，从而阻碍正常燃烧。

3.3.4.4 其他有机可燃剂

可以用作可燃剂的有机种类是相当多的，选择时主要考虑如下因素。

(1) 氧化程度。这将是影响每克可燃剂热量输出的主要因素。

(2) 熔点。较低的熔点，特别是伴随较低的分解温度时，可有助于点火和提高反应性。熔点太低会导致生产和储存问题。一般来说，熔点较为合适的下限值是100℃。

(3) 沸点/挥发性。如果可燃剂容易挥发或升华，则药剂的储存寿命将会很短，除非在包装中采取预防措施以防止材料损失。

(4) 化学稳定性。一种理想的可燃剂应该是高纯度的市售产品，在储存期间能够保持高纯度。像乙醛这种容易被空气氧化的材料，通常不会用作可燃剂。

(5) 溶解度。有机可燃剂通常可以同时用作黏合剂，为了获得良好的黏合性能，要求其在水、丙酮或乙醇中具有一定的溶解度。

(6) 水合物形式。一些有机可燃剂以天然结晶水合物形式存在，这会降低烟火剂的性能。

烟火剂中使用的材料包括硝化纤维素（用于无烟火药）、聚乙烯醇、硬脂酸、环氧树脂和不饱和聚酯树脂（如 Laminac®）。苯甲酸及其衍生物的盐，如苯甲酸钾和水杨酸钠，也可以用作高熔点且非常稳定的含能可燃剂。大多数这些可燃剂的性质可以通过美国军方编写的手册查询（Military Pyrotechnic Series Part Three: Properties of Materials Used in Pyrotechnic Compositions, 1963）。表3.8 中列出了高能化学家感兴趣的各种有机化合物的性质。

另外两种有趣的无氧有机可燃剂是帕隆（Parlon）和六亚甲基四胺，即六胺。帕隆是一种氯化橡胶，化学式为 $C_6H_6Cl_2$，可以作为产生颜色的供氯可燃剂，尤其是在氧化铜存在的情况下产生蓝色火焰。六胺是另一种不含氧的有机可燃剂，分子式为 $(CH_2)_6N_2$，多年来一直用于野营燃料片（它也是合成炸药 RDX

和 HMTD 的原料)。六胺可以溶于水,在湿混药剂中十分有用,主要用于多种彩色星体烟花。

表3.8 常见有机可燃剂的性质

化合物	分子式	相对分子质量	熔点/℃	每克氧消耗的可燃剂克数	燃烧热/(kcal/mol)
葡萄糖	$C_6H_{12}O_6$	180.2	146(无水的)	0.94	670
萘	$C_{10}H_8$	128.2	80.5	0.33	1232[①]
虫胶	$C_{16}H_{32}O_5$	≈304	≈120	≈0.44	—
硬脂酸	$C_{18}H_{38}O_2$	284.5	69.5	0.34	2712
蔗糖	$C_{12}H_{22}O_{11}$	342.3	188(分解)	0.89	1351
聚合物					cal/g[②]
糊精	$(—C_6H_{10}O_5—)_n \cdot H_2O$	—	分解	≈0.94	≈4179
聚酯树脂	聚酯/苯乙烯共聚物	—	≈200(分解)	—	—
硝化纤维素	$(C_6H_{10-x}O_{5-x}(ONO_2)_x)_n$	—	≈200(分解)	—	2409
聚氯乙烯	$(—CH_2CHCl—)_n$	≈250000	≈80(软化)	≈0.78	4375
淀粉	$(C_6H_{10}O_5)_n$	—	分解	≈0.84	4179

① Weast,1994。
② Military Pyrotechnic Series Part Three:"Properties of Materials Used in Pyrotechnic Compositions",1963

3.4 黏合剂

3.4.1 黏合剂概述

许多烟火剂中通常会包含少量(质量比2%~6%)的有机聚合物。有机聚合物主要发挥黏合剂的作用,将所有组分均匀黏结在一起,并且为药剂的压制或造粒提供一定的机械强度。这些黏合剂一般是有机物,也可以作为混合物中的可燃剂,并生成气体以及灰烬等反应产物。作为一种化学品和可燃剂,每种黏合剂的燃烧热、熔融/分解温度、每克产气量、感度以及与其他物质的反应性和药剂中其他的可燃剂有所不同。即使添加很少量的黏合剂也会影响药剂的稳定性、点火能力和整体性能。同样,每种黏合剂的燃烧热、熔融/分解温度、产气量、感度和反应性等性质也不尽相同。因此,在烟火剂中,简单地以同等质量替换不同的黏合剂必然会导致放热量、燃速、点火感度和气体输出的明显差异(Barisin and Batinic-Haberle,1994;Taylor and Jackson,1986;Barton, et al., The Influence of Binders in Pyrotechnic Reactions—Magnesium-Oxidant Systems,1984)。表3.9列出了一些常用黏合剂的可燃剂性质，表3.10列出了一些常见黏合剂的燃烧热。

表3.9 一些常用黏合剂的可燃剂性质

黏 合 剂	单体单元	g/单元	热化合价/单元	热化合价/g
石蜡	C_2H_4	28	+12	+0.429
聚丁二烯橡胶	C_4H_6	54	+22	+0.407
蜡	$\sim C_{36}H_{72}O_2$	536	+212	+0.396
亚麻籽油	$\sim C_{17}H_{36}O_2$	272	+100	+0.368
聚乙烯醇（PVA）	C_2H_4O	44	+10	+0.227
乙酸乙烯酯醇树脂（VAAR）	$C_6H_{10}O_3$	130	+28	+0.215
聚醋酸乙烯酯	$C_4H_6O_2$	86	+18	+0.209
聚酯树脂 Laminac®	$\sim C_{20}H_{16}O_9$	400	+78	+0.195
聚氯乙烯（PVC）	C_2H_3Cl	62.5	+10	+0.160
糊精、淀粉和树胶	$C_6H_{10}O_5$	162	+24	+0.148
氟橡胶 Viton®	$C_2H_2F_2$	64	+8	+0.125
氯化橡胶（Parlon®）	$C_{10}H_{11}Cl_7$	380	+44	+0.116
硝化纤维素	$C_{12}H_{15}N_5O_{10}$	389	+43	+0.111(12.5%N)
聚四氟乙烯 Teflon®	C_2F_4	100	−4(→C)	−0.040

表3.10 各种黏合剂的燃烧热和氧化剂消耗量

黏 合 剂	燃烧热/(kcal/g)[1][2]	1g黏合剂消耗 $KClO_4$ 的质量/g	1g黏合剂消耗 $PbCrO_4$ 的质量/g
石蜡	10.8	7.42	27.7
聚丁二烯橡胶	—	7.04	26.3
蜡	10	6.85	25.5
亚麻籽油	8.3	6.37	23.7
聚乙烯醇（PVA）	≈5	3.93	14.6
乙酸乙烯酯醇树脂（VAAR）	≈5~6	3.72	13.9
聚醋酸乙烯酯	5.5	3.62	13.5
聚酯树脂 Laminac®	—	3.37	12.6
聚氯乙烯（PVC）	4.8	2.77	10.3
糊精、淀粉和树胶	4.2	2.56	9.55
氟橡胶 Viton®	—	2.16	8.06
氯化橡胶（Parlon®）	3.3	2.01	7.48
硝化纤维素	2.6	1.92	7.16(12.5%N)
聚四氟乙烯 Teflon®	—	0.692(→CO_2)	2.58

[1] Weast，1994。
[2] Barton 等，1984

如果没有黏合剂，材料在制备和存储期间不同组分的材料可能会由于密度和粒径的变化而发生分离。造粒过程就是将氧化剂、可燃剂和其他组分与黏合剂（通常溶解在合适的溶剂中）混合，制成组分均匀、不同粒度的颗粒。这通常是特定烟火剂制备过程中的关键步骤。造粒后，蒸发掉溶剂，得到干燥均匀的药剂。有些情况下，某些液体黏合剂在暴露于空气或通过催化作用时会发生固化（增韧或硬化），在这些体系中不一定需要使用溶剂。烟火剂制备过程中的一个注意事项就是，黏合剂的溶剂不能与氧化剂或主可燃剂反应或将其溶解。如果配方中的反应组分之一（氧化剂、主可燃剂或其他组分）在溶剂中的溶解度很大，在溶剂蒸发且材料以固体形式再生时，其粒径很可能会发生改变，这可能会导致烟火性能发生变化。然而，在某些情况下，为了混合更加均匀紧密，希望溶剂能够同时溶解黏合剂和可燃剂或氧化剂，只要后续处理过程中能够调整最终药剂所需的粒度。

除了有助于制备和保持药剂的均质性外，黏合剂还可以减少制备过程中的粉尘，通过造粒来控制堆积密度，同时还有一个极其重要的作用，当需要将药剂进行压制或制成特定形状时，像胶一样将药剂黏合在一起，并提供一定的机械强度。有些药剂需要被压制成特定的形状，如平盘或长圆柱体，如果形状破坏或碎裂，则可能会影响甚至降低整体性能。黏合剂有助于保持药剂的形状。

由玉米淀粉制得的糊精已被广泛用作烟花工业的黏合剂。水被用作糊精的润湿剂（活化剂），以避免有机溶剂的高成本、环境问题以及相关的危害性。只有当水不与配方中的一种或多种组分发生反应或使组分产生粒径变化时，才可以使用水润湿的黏合剂。在制造过程的后期将需要将其彻底干燥，从药剂中完全除去水分。

美国军方使用一种称为 VAAR（乙酸乙烯酯醇树脂）的材料作为烟火剂的主要黏合剂之一。与许多其他普通黏合剂相比，VAAR 在许多药剂中都只需要很低的用量就可以达到良好的黏合效果。它可溶于甲醇-乙酸甲酯混合溶剂中，并在各种药剂中均表现出优良的长期稳定性（Military Pyrotechnic Series Part Three: Properties of Materials Used in Pyrotechnic Compositions, 1963）。

其他常见的黏合剂包括硝化纤维素（氮含量低于 12.6%，溶剂为丙酮）、聚乙烯醇（溶剂为水）和 Laminac®（一种与苯乙烯交联的不饱和聚酯，这种材料是一种液体，除非需要进行催化、加热或二者都有的情况下发生聚合，否则不需要溶剂）。环氧树脂黏合剂的分子中包含非常活泼的环氧基团：两个碳和一个氧组成的三元环，能够打开并与附近任何的合适分子发生键合。这种材料在混合过程中可以作为液态形式使用，然后使其固化留下最终的固体产品。使用时，需要注意的是，许多环氧固化剂是碱性的胺（氮）化合物，必须确保环氧体系与配方中的所有其他组分相容。

在选择黏合剂时，化学家希望可以使用尽可能少量的黏合剂以提供良好的均质性和性能。有机材料会降低含金属可燃剂组分的火焰温度，如果这些黏合剂发生不完全燃烧，在火焰中就有可能会出现游离碳（产生黑体辐射），会使火焰变为橙色。黏合剂应为中性且不吸湿的材料，以避免水分、酸性或碱性环境等引起的问题。例如，含镁药剂需要使用无水黏合剂/溶剂体系，因为镁金属遇水具有很强的反应性。当在药剂中使用铁时，建议使用蜡或其他保护性涂层对金属进行预处理，尤其是在使用水相黏合的情况下，以避免铁被氧化。

3.4.2 大多数的黏合剂也是燃料

黏合剂是含能药剂的关键组分。除了起到黏合作用外，更重要的是，大多数黏合剂同样也具有可燃剂的性能。黏合剂用量为2%～5%（质量分数）时，就会影响药剂的点火温度、燃速、点火感度、产气量、耐水性和吸湿性。对黏合剂的任何调整和变化（使用新材料或在药剂中的用量不同）都需要重新仔细评估含能药剂的性能，包括对点火感度的影响。表3.11 显示了黏合剂用量对硝酸钠/镁体系的影响，就说明了这个问题。药剂的初始组分为60g NaNO$_3$ 和40g Mg 时，表格中显示了黏合剂作为可燃剂消耗的 NaNO$_3$ 克数。计算示例如下：

$NaNO_3$ 热化合价/g = -5P. V. /mol/85g/mol = -0.0588

聚丁二烯（PB）热化合价/g = $+22$P. V. /单位/54g/单位 = $+0.407$(PB)

表 3.11 黏合剂含量对 60/40 硝酸钠/镁系统的影响

额外的黏合剂克数	黏合剂消耗的硝酸钠克数				
	PB	PVA	VAAR	Gum	NC
1	6.9	3.9	3.7	2.5	1.9
2	13.8	7.7	7.3	5.0	3.8
3	20.1	11.6	11.0	7.6	5.7
4	27.7	15.4	14.6	10.1	7.6
5	34.6	19.3	18.3	12.6	9.5
6	41.5	23.2	22.0	15.2	11.3
8	55.4	30.9	29.3	20.2	15.1
10	69.2	38.6	36.6	25.2	18.9

PB，聚丁二烯；PVA，聚乙烯醇；VAAR，乙酸乙烯酯醇树脂；Gum，淀粉或树胶；NC，12.5%硝化纤维素

因此，NaNO$_3$/PB 的质量比为 0.407/0.0588 = 6.9，使其热化合价总和 = 0（氧化剂和可燃剂黏合剂的平衡或化学计量混合物）。点燃该混合物时，1g PB（聚丁二烯）将消耗6.9g 硝酸钠。由此得出的结论是，即使黏合剂（或大多数有机化合物）的含量相对较低，也可以大量消耗烟火剂中原本应当提供给主可燃剂使用的氧气。

3.5 阻燃剂

一般情况下，烟火剂总是能够正常燃烧并产生预期的效果，但某些情况下，燃烧速度对于应用而言可能太快了。在这种情况下，需要通过改变或添加物质来减慢反应速度，但同时不能影响烟火性能、敏感度或储存稳定性。这可以通过改变配方的比例（如减少可燃剂的量）或向配方中添加某种成分来实现，这种物质可以是惰性的，或者通过在燃烧过程中发生反应来延缓燃烧速度。过量的金属可燃剂在用作"冷却剂"时通常效果不好，因为许多可燃剂（如镁），能够与空气中的氧气发生反应并释放热量[①]。此外，金属往往是热的良导体，如果试图通过降低氧化剂的含量而减缓燃速，金属可燃剂的增加反而有可能促进燃烧过程中热量在药剂中的传递，从而实际上加速了反应。

在某些系统中，那些在高温下会吸收热量（吸热分解）的材料可以很好地用作阻燃剂。为此，有时会在配方中加入碳酸钙、碳酸镁和碳酸氢钠。吸热反应如下：

$$CaCO_3(固体) + 热量 \rightarrow CaO(固体) + CO_2(气体) \quad 热量被吸收 \quad (3.32)$$

$$2NaHCO_3(固体) + 热量 \rightarrow Na_2O(固体) + H_2O(气体) + 2CO_2(气体) \quad 热量被吸收 \quad (3.33)$$

反应产生的气体可能会通过预热未反应组分而影响药剂的性能，如果能够通过推进效应将其与未反应的组分分离出来，则不会产生太大的影响；另外，反应生成的固体产物也有可能会产生能够发出橙色或黄色光的灰分，或者形成不需要的残渣，从而影响性能。

尽管上述反应吸热，但在高温下这些反应是热力学自发过程，这是由于从固体原料形成无序的气体产物是有利于熵变的。换句话说，两个或多个随机运动的粒子相比一个粒子是熵增加的，因此，过程的熵变有利于反应的进行。除了通过与烟火产物发生反应而吸收热量的化学物质外，惰性稀释剂，如黏土和硅藻土（主要是二氧化硅，SiO_2）也可以用来降低燃烧速度。这些材料会通过吸热（在加热过程中）和隔离反应性组分等，减缓烟火反应的速度。但是，添加这类阻燃剂可能会影响可燃性和点火感度。例如，硅藻土可以用于包覆金属镁，使其不被电/火花点火引燃，因此感度较低。在这种情况下，将需要更强的电冲击来激活非导电的惰性材料。

阻燃剂的一个典型例子是将碳酸镁或碳酸氢钠添加到氯酸钾和糖的混合物中。如果没有阻燃的冷却剂，氯酸钾和糖的燃烧会非常迅速，特别是在密闭情况

[①] 排除空气中的氧气异常困难。

下，甚至可能会发生爆燃。但是，添加阻燃剂后，混合物将以更可控的方式进行燃烧和冷却。烟火工程师可以通过添加阻燃剂来微调 $KClO_3/C_6H_{12}O_6$ 二元配方，以达到理想的燃烧速率和强度，甚至可能添加高达50%（以质量计）的 $MgCO_3$ 或 $NaHCO_3$。

本章未作深入讨论的一类烟火组分是用于彩色发烟剂的有色染料。有色染料在彩色发烟剂中的用量很大，在理想情况下，它们既不是氧化剂也不是可燃剂，甚至根本不分解或发生反应。有色染料在技术上可以被认为是一种阻燃剂，因为它们会吸收热量并挥发到空气中，然后再重新凝结成所需的烟雾，关于染料和彩色烟雾的产生将在第11章中详细讨论。

3.6 催化剂

多年来，在烟火剂中很少使用催化剂，唯一的例外是人们对使用催化剂来加速推进剂配方中氧化剂的分解。催化剂的工作原理是提供一种比未催化的主要反应途径活化能更低的替代反应途径。我们回顾图2.3中的反应曲线图，想象一条新的曲线，它不需要变得"高"，也不需要消耗太多的活化能，就可以开始向下倾斜。在含能材料中，催化剂的作用通常是加速氧化剂的分解，主要是提供可能发生分解的反应性表面位点。氧化剂的分解可能是许多烟火反应中的起始步骤，分解得越快则反应就越快，因此更具有高能效应。

通常，通过选择适当的组分、改变组分比例以及原料的粒径，就可以获得烟火剂所需的燃烧速率。然而，人们对推进剂的兴趣一直集中在燃烧速度越来越快的燃烧材料上（当然不能产生瞬时爆燃和爆炸），因此催化剂所受的关注日益增加。

高氯酸铵是用于固体火箭推进剂配方的主要氧化剂，很大程度上是因为其具有产生气体的能力。有证据表明，高氯酸铵能够被金属氧化物催化分解，如最常用的是氧化铁（Ⅲ）。将这种催化剂少量添加到推进剂配方中，就会大大提高推进剂的燃烧速率。

最近的研究主要关注的是过渡金属氧化物（包括氧化铁、氧化铜）以及纳米金属颗粒（因为其尺寸在纳米范围内，$1nm = 10^{-9}m$）。纳米金属颗粒具有非常大的表面积，因此，可以通过更好的表面相互作用促进推进剂的分解和燃烧。例如，对二茂铁（二茂铁分子是两个有机环分子之间夹一个铁原子）进行的一些研究已经得到了一些有希望的结果（Gao等，2011）。

3.7 产气量的有关考虑

上述是对各种组分和效应的补充，还需强调的是产气量相关的注意事项。烟火剂和推进剂组分中氧化剂和可燃剂（以及任何添加剂，如黏合剂、阻燃剂和催化剂）的选择及用量决定了药剂的热量输出和效应，也决定了药剂的产气量。通过选择合适的组分，可能几乎不产生气体，也可能产生的全是气体：

$$Fe_2O_3 + 2Al \rightarrow 2Fe + Al_2O_3$$

例如，在铝热剂反应中，氧化铁（Ⅲ）和铝反应，没有气体产生，即

$$2NH_4NO_3 + C \rightarrow 2N_2 + 4H_2O + CO_2$$

在气体发生剂中，硝酸铵和碳反应，生成物全部为气体。

通过类似的方式，根据体系希望实现的目的，我们可以选择合适的氧化剂和可燃剂以及其他组分，使药剂达到所需的热量输出和气体产量。

气体的生成可能对预期效果产生多种有益或者不利的影响。热气体可以穿透未反应的材料，沿途预热，并有助于提高燃烧速率。热气体也可以适当地用于分散反应物或产物。气体对于烟雾的产生是必不可少的，但在有色火焰剂中可能会干扰光输出，因此通常是不希望存在的。有时，热固体产物（即熔渣）正是所需的烟火效果，而气体的产生会阻碍熔渣的冷凝，妨碍或破坏固体物质。在后面的章节中还将讨论在特定体系中气体的产生对于烟火效应的有利或不利影响。

3.8 组分选择的结论和最佳实践

化学家应该使用多少种组分来制备含能混合物呢？假设理想的含能材料可能是单组分体系，那么，需要的工作就是要尽量减少或消除混合、生产等过程中的差异以及有害的相互作用。TNT炸药是此类理想材料的例子：制造纯化合物，然后在其熔点（81℃）熔化，最后倒入容器中以制造爆炸装置。如果化学家只需要把东西炸掉，那就太轻松了。但实际上，烟火剂的需求和可能性远远超出了相对直接的破坏效应。

对于烟火剂和推进剂，往往必须组合一系列的化学物质才能达到人们期待产生的效果、感度和燃烧速率。这些药剂将包含氧化剂、可燃剂，可能还需要黏合剂和其他成分，通过对配方进行微调来产生所需的结果。优秀的烟火工程师会尽量减少配方中组分的数量，以简化操作并避免意外事件。随着时间的积累（每个月、每一天都在制备相同的组分和相同的装置），出现问题的可能性似乎也在随着组分数量的增加呈指数性增长。几乎可以肯定的是，一旦配方中的组分达到三种或三种以上，生产期间一定会出现可重复性的问题。

还必须注意的是，即使是来自同一家制造公司，以同样的化学物质作为可燃剂、氧化剂或其他成分，产品在不同批次之间的差异，都有可能会影响整体的性能。一批密封良好、不暴露在空气中的铝粉与暴露在空气中的铝粉会产生完全不同的氧化作用。在没有良好的质量管理下生产和提纯的高氯酸钾可能会发生部分

分解，其性能与具有 100% 纯度的产品会有差异。天然产品（如红胶或木炭）每年都会因天气、气候、来源以及制造和提纯的实践操作而发生变化。即使是一个简单的双组分配方，在使用新批次的原料或需要大量制备时，也应当对材料性能进行反复检验，以确保无须进行任何调整。

现在，我们已经了解了烟火剂中使用的化学物质，下面可以利用这些知识来理解这些物质在配方中如何相互作用和反应的原理。

第4章　烟火原理

烟火反应的一个关键因素是药剂的"均匀性",或化学物质的均匀分布性。人们所做的每一步都应使混合物更加均匀,从而增大它的反应性。但需要注意的是,这样也可能会提高它的感度。烟火制备中的任何操作或改变,都有可能会导致无法预料的结果,如果你尝试着制备烟火产品,可能会发生让你感到奇怪的结果,涉及的反应似乎违反了所有的逻辑。然而,对于烟火性能的变化,包括燃烧速率、感度、烛光度或其他的反应性数值,总能找到一个合理的解释,但是要确定这些变化的来源却是一个很大的挑战。当事情似乎陷入最糟糕或最无法解释的境地时,就需要回到烟火研究的基础上来寻求答案了。

4.1 引言

对于特定的烟火剂、推进剂或炸药组分,使其达到最大反应速率(以及燃烧速率)的"秘诀"可以用一个词来表示:均匀性。固体混合物中理想的均匀性是指整体混合物中的所有颗粒均以相同的比例分布,也就是说,所有的粒子都均匀地混合在一起,没有哪个部分的浓度更高或者更低。任何增加含能混合物均匀性的操作,都将提高其反应性。反应性,一般是指反应物转化为产物的速率,单位是 g/s 或 cm/s。然而,在给定的情况下,其他的性能因素包括热输出、光输出或产生气体量可能也会具有同样甚至更重要的影响。

早在 1831 年,Samuel Guthrie Jr. 就认识到了均匀混合的重要性。他是一家生产轻武器用雷爆火药的制造商[①]。Guthrie 发现,在含有硝酸钾、碳酸钾和硫的配方中,如果先将硝酸盐和碳酸盐一起熔融,然后再与硫混合,得到的混合物性能会有显著的改善。他在文章中写道:"预先将硝酸盐和碳酸钾熔融在一起,比起用机械方式混合的药剂,各组分的混合更为充分"(Davis,1941)。

然而,他也经历了过于强大的反应性所带来的危险,并指出,"我怀疑,在整个实验科学中,是否还存在比熔化雷爆火药、储存产品和将整个实验过程简化为商业流程,更加可怕、更难以克服的危险。在我的实验中,已经发生了 8~10 次巨大的爆炸,其中有一次,当 0.25lb 的药剂完全熔化时,突然发生了爆炸,火焰喷射到我的脸和眼睛里"(Davis,1941)。我们要感谢这些含能化学领域的先驱们,他们不仅执着地坚持实验探索(尽管实验存在明显的危险性并且缺乏个人防护装备),并且将实验结果记录下来,以便其他人可以汲取他们的知识。

通过改变混合的程度或不同组分的粒度(或两者同时进行,以达到最好的效果),可以得到不同程度的均匀性。正如 Guthrie 在他从事的雷爆火药中所观察到的那样,上述两者中任何一个因素的变化都会导致反应性的惊人差异。

4.2 烟火性能的技术参数

许多与燃烧性能有关的技术参数可以通过实验测量,并能够用来反映一种特定含能混合物的性质或反应性,以及便于和其他混合物进行比较(Military Pyrotechnic Series Part One, "Theory and Application", 1967; Shidlovskiy, 1964)。

(1) 反应热。以 cal(或 kcal)/mol 或 cal(或 J)/g 为单位,通常使用量热计

---

① 在科学上,雷酸根离子是 CNO^-,这个术语也曾被口头用来指任何爆炸性的东西,因为雷酸盐往往非常不稳定,对点火很敏感,而且能量很高。称一种产品为雷爆火药往往是警告消费者注意这种材料的爆炸性,但有时候实际上并不存在雷酸盐化合物。

进行测试。将 1g 水的温度升高 1℃ 的温度需要 1cal 的热量①。因此，由一定量的含能药剂所释放的热量可以使得一定量的水上升一定的温度，根据升温数值可以转化为以 cal 为单位的热量。根据不同的使用目的，可能需要能够释放高、中、低等不同热量值的混合物。表 4.1 给出了一些典型烟火剂的反应热。在第 1 章中已经指出，实验测量的反应热可以与通过计算生成热值得到的理论反应热进行比较，当实验值与计算值相一致时，表明预期的反应产物实际上是在含能药剂点火后的高温反应过程中形成的。

表 4.1 典型烟火剂的反应热

序号	组分	质量分数/%	反应热 ΔH/(kcal/g)	应用
Ⅰ	镁	50	2.0	照明剂
	硝酸钠	44		
	树脂黏合剂	6		
Ⅱ	高氯酸钾	60	1.8	摄影照明剂
	铝	40		
Ⅲ	硼	25	1.6	点火药
	硝酸钾	75		
	VAAR 黏合剂	外加 +1%		
Ⅳ	硝酸钾	71	1.0	点火药
	木炭	29		
Ⅴ	黑火药	91	0.85	军用模拟闪光剂和震爆剂
	铝	9		
Ⅵ	铬酸钡	85	0.5	延期药
	硼	15		
Ⅶ	硅	25	0.28	引火剂
	氧化铅	50		
	钛	25		
Ⅷ	钨	50	0.23	延期药
	铬酸钡	40		
	高氯酸钾	10		

反应热测定实验的实际气氛对于确定产生和测量的热量会起到关键作用。如果环境气体含有氧气，除了烟火剂中原本的氧化剂外，其中的可燃剂也可能会与燃烧室中的大气（作为氧化剂）发生反应。

---

① 食品包装上的卡路里标签实际上是 kcal，即 1000 标准卡路里。

使用惰性气体，如氩气或氦气，可以防止这些可燃剂与大气中的氧气发生反应。实验人员必须始终确保记录用于测定任何热量输出或量热值的大气气氛，包括环境温度和压力。

一般来说，如果一个反应产生的反应热为 1kcal/g 或者更大，即为明显的放热反应，而超过 2kcal/g 的反应热则是一个非常"热"的反应。当一种药剂的反应热远低于 1kcal/g 时，就应当关注反应在不利条件下的传播能力，如较低的环境温度，存在大量水分，或使用最小限制直径的小药柱。

（2）燃烧速率。对于慢速药剂例如延期药，通常以 in/s、cm/s 或 g/s 为单位，对于"快速"药剂，则以 m/s 为单位。对于特定药剂单位时间的质量反应速率，实验结果中也应当描述药剂的物理状态，如松散的粉末状，或被压入管中，或被压成药片等。因为在上述因素的影响下，即使对于相同的材料，其燃烧速率也有所不同。此外，确定单位时间的线燃烧速率（如 cm/s）时，必须阐明其中粉体的装药条件。例如，将同样的药剂压入内径为 0.5cm 的管中，与压入内径为 1cm 的管中相比，肯定会显示出完全不同的线燃烧速率（单位为 cm/s）。

改变燃烧速率的一种方法是改变所用的氧化剂或可燃剂，以及组成的比例，如表 4.2 所列。燃烧"速率"有时也称为"燃烧时间"，单位为 s/cm 或 s/g，这恰好是上述单位的倒数。在查阅燃烧速率数据时，一定要仔细注意对应的单位。当使用长度或质量/s 为单位时，数值越大表示速率越快。当使用燃烧时间（燃烧 1cm 或 1g 材料所用的时间）表示时，数值越小表示燃烧越快。

表 4.2　硝酸氧化剂与金属镁[2]组成的双组分药剂的燃烧速率

氧化剂 （质量分数/%）	镁（质量分数/%）	燃烧速率/(in/min)[1][3]	
		硝酸钡氧化剂	硝酸钾氧化剂
80	20	2.9	2.3
70	30	—	4.7
68	32	5.1	—
60	40	10.7	—
58	42	—	8.5
50	50	16.8	13.3
40	60	38.1	21.8
30	70	40.3	29.3
20	80	"不稳定"	26.4

[1] 以 10000 psi（1psi = 6894.7 × 10^3 Pa）的压制压力装入内径为 1.4in 的管中。
[2] Military Pyrotechnic Series Part One, "Theory and Application", 1967。
[3] 1in = 25.4mm

燃烧速率的数值取决于将第 6 章中讨论的一些变量。这里再次强调，在报告含能材料的燃烧速率时，必须明确实验条件（如环境温度/压力/湿度、燃烧室压力、装药或压药压力）。

(3) 发光强度。这个参数是以坎德拉（candela）或烛光度为单位。光强在很大程度上是由燃烧组分所达到的温度决定的。白炽粒子的光强度会随着火焰温度的升高以指数（4次方）规律增加。我们将在第10章中深入探讨这个问题。

(4) 颜色质量。这个参数是由烟火火焰中的气相物质所发射的位于可见光波段的各种波长的相对强弱来决定。只有那些波长落在电磁波谱可见区域的光才会对颜色有所贡献。如果使用合适的仪器（如发射分光光度计），就可以测试到发射光谱，它可以显示在检测波长范围内每一波长的光的强度，如图4.1所示。我们将在第10章中深入探讨这个问题。

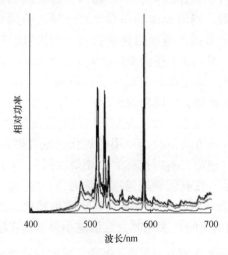

图 4.1 绿色信号剂的光谱

烟火剂燃烧时的辐射输出可以用分光光度计进行分析，将能量输出作为波长的函数进行监测。优良的白光剂将在整个可见区域辐射出相当强烈的光。如果辐射仅仅集中在可见光的某一狭窄部分时，就会产生某种颜色。图4.1中所示信号剂产生的光辐射波长主要为500~540nm，即人眼可见光谱中的"绿色"部分（在大约589nm处的强峰最有可能来自烟火剂中的钠杂质，这将在第10章进一步讨论）。绿光发射通常与混合药剂中含钡的化合物有关，燃烧时产生的气态BaCl分子是绿光的主要辐射源。某些硼和铜的化合物也能发出绿光。

(5) 气体产物的体积。当含能混合物被点燃时，常常需要输出气态产物。气体可用于喷射火花、扩散烟雾或染料粒子，为救生"安全气囊"充气，以及产生推进剂效果。在密闭条件下，气体可以用来产生爆炸。通常认为含能材料中的有机化合物（包括碳、氢，或许还有氮或硫）有可能产生大量的气体产物。如果需要"无气体"或产气量极低的组分，配方中应避免使用有机黏合剂和硫。此外，要使一种特定的药剂具有实践意义，就要求每克混合物必须产生大量的烟火效应。当实际空间受到限制时，单位体积内药剂的效率也是一个重要的考虑因素。当然,气体的体积是温度和压强以及气体摩尔数的函数(第 2 章的理想气体定律)。如果水是某种含能材料的重要产物,当产物冷却到 100℃(水的凝点)以下时,测量到的气体压力(在恒定体积下)将比初始压力显著降低。

(6)压力增长率。在对烟火性能或反应性的各种测试中,比较两个不同批次或者含能材料制备可重复性的最佳方法可能是测量材料点火后产生的压力与时间的关系,有时也称为"联合国时间/压力测试"(United Nations,2015;ET Users Group,2016)。这种方法是在带有压力传感器的密闭爆发器中点燃烟火剂,测试时间和输出的数值,即压力随时间的变化关系。峰值压力和达到峰值压力的时间与含能材料的性能直接相关。图 4.2 给出了硝酸钾/叠氮化钠混合物(已用于汽车安全气囊系统)的时间-压力的关系曲线。

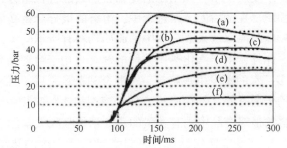

图 4.2 密闭爆发器实验中硝酸钾/叠氮化钠系统的时间-压力(ms - bar)[①]曲线
(该数据来源于 2012 年夏季烟火研讨会。氧化剂/可燃剂的质量比分别为 (a) 25/75,(b) 30/70,(c) 35/65,(d) 40/60,(e) 45/55,(f) 50/50。研究表明,比例为 25/75 的配方在 150ms 左右达到最大压力,而其他配方在 175ms 左右达到较低的峰值压力。研究结果可以用来调控在正确的时间为安全气囊系统充入合适的压力:如果以过快的速度产生过大的压力可能会使气囊破裂,使缓冲作用失效。然而,如果压力的大小合适,但没有迅速地产生则可能意味着安全气囊不能按要求及时充气和发挥效果)

根据实践经验,如果周一制备的一批组分和周四制备的组分的压力上升曲线重叠,那么,这两批组分在生产过程中装配成最终产品时应当具有相近的性能。当然,无气体或低气体的配方可能不适合于这种技术方法。

最为关键的一点是,目前没有测量这些技术参数的标准方法。每次实验的实验装置、分析设备、气氛条件和总体方法都可能不同,使用的化学物质也有可能存在差异。研究人员在查阅实验结果并与自己的工作进行比较时,了解实验条件是至关重要的。

4.3 烟火剂性能的影响因素

为了从给定的混合物中产生所期望的烟火效应,化学家必须认识到有许多因

---

① 1bar = 100kPa。

素可能会影响到烟火剂的性能。为了实现烟火性能的重现性,对于不同批次、不同日期的产品都要保持这些因素的恒定。在下列的影响因素中,任何一项的变化都可能导致烟火效应的重大偏差(Military Pyrotechnic Series Part One, Theory and Application, 1967; Shidlovskiy, 1964)。

(1) 湿度。最好的做法是在烟火剂制备过程中避免水和所有吸湿性组分的使用。如果需要用水帮助黏合和造粒,应该在制备过程中安排有效的干燥工序。如果对于燃烧性能重复性的要求比较严格,则应该分析最终产品的含水量。为什么水的存在会产生如此严重的后果呢?主要原因在于水的一些重要的物理和化学性质。水是许多极性和离子化合物的优良溶剂。如果在药剂中使用的组分是水溶性的,并且在制备中使用了水,如用于活化黏合剂或混合各组分,水会溶解部分或全部的水溶性物质。在随后的干燥过程中,溶解的组分会重新固化,但几乎可以肯定的是,其粒度与原本放入混合器中的原始物料有所不同。这也将改变药剂的性能和敏感度。此外,由于汽化热比其他溶剂(如用于溶解黏合剂或辅助混合的丙酮)要高得多,水的蒸发也很困难。在混合和造粒之后,将需要一个时间更长和可能更温暖的干燥过程(与丙酮或乙醇等溶剂相比)来除去水。

如果含能材料的最终产品中仍有大量的水,水将吸收大量的热量,因为它会在药剂的燃烧过程中蒸发。换句话说,材料点燃后所产生的热量会用于水的蒸发,而不是加热和点燃未反应的材料。这可能会阻碍点火,并降低药剂的燃烧速度。此外,对于镁、硼、锌等可燃剂来说,水是一种活泼的氧化性物质。在储存过程中,药剂中残余的水可能会与这些可燃剂发生缓慢的反应,并降低药剂的燃烧速率。类似的反应如下:

$$Mg + 2H_2O \rightarrow Mg(OH)_2 + H_2 \tag{4.1}$$

从而使性能产生变化。在这种情况下,"最佳可燃剂"金属镁已经转化为"弱氧化剂"氢氧化镁。此外,反应中产生的氢气可能会导致密封的装置在储存过程中膨胀变形,并可能在空气中着火,造成一系列意想不到的后果。

(2) 组分的粒度。随着各组分粒度的减小,均匀性和烟火性能均有所提高。在其他因素不变的情况下,颗粒的尺寸越细,特定组分的反应性就越强[①]。表4.3以硝酸钠-镁照明剂为例说明该原理。不难发现,使用两种最小粒度镁粉的药剂的烟火性能非常相近,这表明对于不同粒度的金属可燃剂,可能存在一个烟火性能的上限。至关重要的是,生产商应当有能力来测量和确认每一批新购入化学材料的粒度。现代仪器分析方法可以快速准确地测定化学样品中的粒度分布。

粒度分布和颗粒形貌分析的科学技术是非常重要的研究。几十年来,粒度分

---

① 对于某些材料,当颗粒粒径减小到一定程度时,性能可能会提高。以铝为例,当颗粒粒径变小时,保护性氧化层在总质量中所占的比例就会增大,而内部铝金属的体积反而减小。需要注意的是,"铝"粉球体是非常小的,以至于在氧化铝外壳内实际上只有很少量的金属铝可燃剂。

布主要是用标准筛的"套筛"来测量的,随着套筛向下移动,筛网上的"孔"的直径会减小(表4.4)。在套筛的顶部筛上放上一份称重过的化学试剂样品,盖好盖子,然后将套筛机械摇动一定的时间。最后,测量在套筛里的每一个筛子上留下材料的质量,就可以得出样品中粒度的质量分数分布。

表4.3 粒度对照明剂性能的影响[①]

药剂	组分	质量分数/%	平均粒度
	金属镁	48	参见下表
	硝酸钠	42	$34(10^{-6}m)$
	聚酯树脂黏合剂	8	—
	PVC	2	27
镁平均粒径/μm	烛光度/(1000 Candles)		燃烧速度/(in/min)
437	130		2.62
322	154		3.01
168	293		5.66
110	285		5.84

① Shidlovskiy,1964

表4.4 美国标准筛网的孔径

筛网类型[①]	网孔尺寸/μm
20目	841
40目	450
100目	150
200目	75
270目	53
325目	44
400目[②]	37

① 筛网目数是筛子中每英寸长度上的网孔的数目。
② 可以通过400目筛的材料是非常细的,但它的尺寸仍然可以达到37μm。粒度在5μm范围内的材料不能用筛子精确分析,需要用到仪器方法

采用新型粒度分析仪器,通过测试样品中颗粒物的物理特性(如光散射或沉降速率),可以获得样品的特征参数。随后,通过计算机程序获取物理数据,并将观察到的样品性能转换成球形粒子的直径分布。这种方法可以用于比较两个样品(如上个月和这个月到货的金属粉)。如果两种样品在分析仪器中产生相似的结果,两种材料可能具有相似的粒度范围和粒度分布,应该表现出相似的烟火性能。如果两种结果相差很大,则用这两种材料制成的含能材料的反应性和敏感度可能也存在很大差异。此外,也可以使用显微镜对颗粒的形状包括球形、薄片、不规则颗粒等进行无损检测。这里需要再次强调,最重要的是检测每批次材料形貌的相似性。

粒径规格参数一般用平均粒径或粒度分布表示。有许多方法可以得到平均粒径。因此，如果来自不同厂家的同一种化学品标有"相同"的平均粒径，则应当事先充分了解表征粒度所采取的方法，或者也可以查看粒径分布图。有些情况下，烟火混合物的其中一种组分会表现出最大的"粒径效应"，通常是在最高温度下熔化或分解的金属或元素可燃剂（其中原因见第6章）。

（3）反应物表面积。反应物的粒度比较容易测量，但对燃烧速率影响最大的是反应物的总表面积。要使含能反应迅速进行，氧化剂必须与可燃剂紧密接触。组分粒度的减小将增加这种接触，因为它将增加粒子的有效表面积。对于给定质量的材料，光滑的球形颗粒的表面积最小，而凹凸不平的多孔颗粒（类似托马斯英式松饼，即充满"角落和缝隙"）则具有较大的表面积，因此，与具有相同粒度的光滑球体相比，多孔颗粒的反应性也更大。粒度的大小固然重要，但表面积对于确定反应性则更为关键。表4.5和表4.6列举了上述现象的几个例子。

表4.5 粒度对钨延期药剂燃烧速率的影响[1]

组 分	混合物A（"M 10"）	混合物B（"ND 3499"）
钨/%（质量分数）	40	38
铬酸钡/%（质量分数）	51.8	52
高氯酸钾/%（质量分数）	4.8	4.8
硅藻土/%（质量分数）	3.4	5.2
钨表面积/（cm^2/g）	1,377	709
钨平均直径/（10^{-6}m）	2.3	4.9
混合物燃烧速率/（in/s）	0.24（较快）	0.046（较慢）

[1] Shidlovskiy, 1964

表4.6 粒度对燃烧速率的影响[2]

药剂 （质量百分比）	金属钛	48%
	硝酸锶[1]	45%
	亚麻籽油	4%
	氯化橡胶	3%

钛粒径范围/μm	相对燃烧速率
<6	1.00（最快）
6~10	0.68
10~14	0.63
14~18	0.50
>18	0.37（最慢）

[1] 奇怪的是，在该体系中出现了一个奇怪的现象，就是硝酸锶粒径对燃速的影响表现出了相反的效果。将氧化剂（硝酸锶）的粒径从10.5μm减小到5.6μm，燃烧速率降低了25%。
[2] Thomson 和 Wild, 1975

(4) 导热性。为了使烟火药柱平稳而迅速地燃烧，反应区必须能够沿着药柱轴向（无论垂直还是水平）传播。热量从一层传递到下一层，逐渐将邻近的材料升高到该药剂的点火温度。材料良好的导热性是燃烧顺利传播的基本条件，这是金属可燃剂在许多混合药剂中发挥的重要作用。金属是最好的导热体，而有机化合物是最差的导热体之一。表 2.13 列出了一些常见材料的热导率。在其他因素不变的情况下，增大组分的热导率，材料的燃烧速率就会增加。

(5) 壳体材料。烟火混合物的性能在很大程度上受到壳体材料的影响。如果使用良好的导热体，如金属管，药剂产生的热量就会被金属吸收，通过壳体的外壁散布到周围的环境中。金属壁的厚度也会产生重要的影响。如果没有足够的热量沿着烟火混合物长度的方向传播，燃烧就不能传播，烟火装置也不会完全燃烧。例如，最坏的情况是在厚金属管里面装有低热量输出组分的细药柱。为了减少这一方面的影响，硬纸板等有机材料被广泛用作低能烟火剂（如高速公路信号弹和商业烟花）的壳体材料（纸板是一种较差的导热体）。

(6) 压药压力。有两个通用的规律可以用来说明压药压力对烟火剂燃烧性能的影响，如何选取正确的规则取决于热气体在反应传播中所起到的重要作用。在第一种情况下，如果在点火后烟火反应主要是通过热气体向前渗透到未反应的材料来进行传播，那么，过高的压药压力将会降低药剂的孔隙度，并阻碍热气体沿着药柱向下运动。这意味着，在较高的压药压力下，可以观察到较低的燃烧速率（以 g/s 为单位）[①]。在第二种情况下，对于低气体或"无气体"药剂来说，颗粒间的接触是热传递的主要途径。这种类型的系统对于压药压力会表现出相反的效果，随着压药压力的增加，燃烧速率（以 g/s 为单位）会增大。表 4.7 显示了压药压力对低气体的钡-铬酸硼体系燃烧速率的影响。注意：速度是以 g/s 为单位，数字越小表明速度越快。

表 4.7 压药压力对延期药燃烧速率的影响

药剂[①]	铬酸钡	90
	硼	10
压药压力/(×1000psi)	燃烧速率/(g/s)	
36	0.272（最快）	
18	0.276	
9	0.280	

[①] 必须注意区分对于燃烧速率数据和装药压力的解释。因为从逻辑上装药压力的增加通常会导致药剂密度的增大。当用 mm/s 作为单位表示时看起来较"慢"的速率，在以 g/s 为单位表示时可能是一个较"快"的速率。

续表

压药压力/(×1000 psi)	燃烧速率/(g/s)
3.6	0.287
1.3	0.297
0.5	0.309（最慢）

① 这是一种"无气体"延期药，燃烧速率随着压药压力的增加而增加，而"有气体"混合物则表现出相反的趋势。

当然，没有一种配方是理想的，许多混合物是同时具有"热气体"和"表面接触"两种传热方式的组合。压药压力既可以促进也可以抑制燃烧速率，主要取决于所涉及的参数。

（7）密闭程度。在第1章中已经讨论了密闭程度对于黑火药燃烧性能变化的影响。密闭程度的增加几乎都会导致燃速的增加。Shimizu 报告称，用黑火药浸渍的麻绳在空气中的燃烧速率为 0.03~0.05m/s；将同样的材料密封在内径为 1cm 的纸管中，燃烧速度为 4.6~16.7m/s，比前者要快 100 多倍（Shimizu，1982）。我们可以推断其中的主要影响作用是：黑火药会产生大量的热气体，这些热气体会分散在未反应的材料中（而不是扩散到热量容易消散的露天环境中），从而将材料预热到点火温度，大大加快了燃烧速率。这是松装药的一种典型性能，从中不难发现，某些在开放环境中缓慢燃烧的含能混合物一旦被施以某种约束后，就可能潜伏着巨大的危险。

当考虑到储存（因为几乎所有的组分和混合物都被储存在密封容器中，以防止环境条件和意外泄漏）以及选择烟火剂生产设备时，这种影响是非常重要的。混合机、制粒机和干燥机等用于处理含能材料的设备应当可以泄压至环境压力。这些设备很有可能在出厂时并没有预先安装泄压孔或阀门作为标准配置，而且如果不是出售给含能材料生产商的常用设备，一般没有这种配置。对于加工食品、药品和其他非含能性材料，纯度和卫生是最重要的考虑因素，因此相关设备通常设计为在操作过程中保持密封，以防止污染物（如小鼠、蟑螂或苍蝇）进入。含能材料的储存容器、工作车间和储存设施必须设计为能在点火导致压力快速累积的情况下迅速排气。这种泄压装置的设计是为了防止燃烧发展成爆炸。密闭程度对燃烧速率的影响表现在几个方面。首先，在第2章中所讨论的，温度的升高会使化学反应速率呈指数级增长。在一个密闭的含能体系中，由于热量不能有效地向环境中散失，点火后未反应物质温度的上升可能会相当迅速。反应速率出现急剧上升，释放出更多的热量，使温度进一步提高，从而又加速了反应，直到发生爆炸或反应物耗尽。换句话说，在密闭系统中，产生的热气体无法溢出，因此会积聚成很高的压力，将热量保持在燃烧表面，并将热气体驱动到含能混合物中，从而导致燃烧速率加快。在特定的条件下，能够发生爆炸所需的最小药量被称为"临界质量"。

总之，一种药剂或体系的燃烧性能主要受到两个因素的影响：均匀性和密闭性。对于大多数的含能混合物来说，这两者中任何一个参数的增加都将导致燃烧速率的增加。需要指出的是，"无气体"的药剂没有显示出在"有气体"药剂中具有的显著的密闭性效应。燃烧速率将在第6章进一步讨论。

4.4 对高性能含能药剂的要求

考虑到前面对各种材料及影响性能因素的讨论，对于工业用含能混合物的要求如下。

(1) 效果。药剂能够产生预期的效果。

(2) 效率。按照每克药剂以及每美元所产生的效果来看，药剂的效率都应该是较高的。

(3) 工艺简单。药剂可以在不需要任何昂贵或特定设备的情况下制备，所需的复杂或技术性程序非常少。

(4) 安全性。在通常的工艺条件下以及所允许的温度范围内，药剂可以安全地制备、处理、运输、储存和使用。

(5) 敏感度。点火性能稳定可靠，点火敏感度满足安全和性能的可接受标准。

(6) 储存。即使在潮湿条件下，药剂也具有一定的储存寿命。

(7) 毒性。药剂和反应产物的毒性和不良环境影响都比较低。

上述要求看起来似乎相当简单，但基于上述某一个或几个因素的要求确实限制或排除了一些潜在可用的原材料。例如，下列化合物必须从可选的材料清单中删除，或者需要采取特殊的预防措施才能在绝对有必要的情况下使用。这些材料包括以下几种。

(1) 重铬酸钾（$K_2Cr_2O_7$）。这是"六价铬"化合物家族中的一种分子，是一种强氧化剂，但按重量计算含氧量仅为16%（低效）。这种物质对于黏膜有腐蚀作用（毒性），并且可能具有致癌性，所以建议使用替代氧化剂。

(2) 高氯酸铵（NH_4ClO_4）。这是一种优良的氧化剂，可用于制造性能良好的推进剂和彩色火焰剂。然而，这种物质类似硝酸铵，是一种自成体系的氧化剂-可燃剂系统（安全性），在大量储存时具有潜在的爆炸性（储存性），同时也是高氯酸盐家族的一员（毒性）。

(3) 高氯酸盐（$X^+ClO_4^-$）。如前所述，在固体推进剂和烟火剂中使用的各种高氯酸盐，如高氯酸钾（$KClO_4$）和高氯酸铵（NH_4ClO_4），作为地下水污染的可能来源，已经受到了严格的审查（毒性）。高氯酸盐曾经被认为是"理想"的氧化剂，但如今在新型含能材料的开发中却尽量避免使用。

（4）金属镁（Mg）。这是一种优秀的可燃剂，可以用来制备明亮的照明剂。然而，这种金属遇水会反应，使其储存寿命很短，如果含镁药剂受潮可能会自发点火（储存性、安全性）。在可能的情况下，使用更稳定的铝或镁铝合金代替镁。如果必须使用镁才能达到最佳效果，则应当在金属镁表面包覆一层有机防水材料。

（5）金属锆粉（Zr）。这种材料与氧化剂混合时具有最高的火花敏感度和爆炸性能（安全性）。因此，只有当需要4000℃及以上范围的火焰温度和反应产物时才会使用。处理锆粉时，特别是在与氧化剂混合时，应采用高级别的防护程序：手部和脸部配备额外的防护装备，每次少量制备，并尽可能远程混合制备。

4.5 含能混合物的制备

含能混合物的制备将在下一章进行深入讨论，但根据本章所述的烟火原理，有必要对烟火剂的制备进行简要介绍。在含能化学领域中，最危险的操作包括将大量的氧化剂和可燃剂混合起来，以及随后对药剂的干燥（如果在混合和造粒过程中使用了水或其他液体）。在这些操作中，大批量的散装药剂集中于同一场所，如果发生意外点火，很有可能达到爆炸的反应速度。

因此，混合和干燥处理过程应当与工厂里所有其他生产过程隔离，并且只要有可能，在任何时候和任何地方都要使用远程控制设备，通过视频技术监控生产。此外，在设计任何制造含能药剂的设备时，都应当考虑到在这个设备使用寿命的某一时刻有可能发生事故的情况。工厂的设计必须考虑到一旦发生事故，尽量减少对生产设施和周围环境的损害，以及最重要的是，使事故发生时对操作人员的损害降低到最小（Department of Defense Explosives Safety Board，2008）。生产过程可以分为几个步骤。

（1）单个组分的制备。在制造过程中使用的材料一定要经过干燥，研磨或粉碎，以达到适当的粒度，并通过过筛以分离出大颗粒或杂质。氧化剂和可燃剂不应使用同一设备进行处理，在使用前也不能将氧化剂和可燃剂储存在同一区域，所有材料都必须带有准确的标识。

（2）组分的制备。这一步骤是保证烟火剂具有适当性能的关键。混合物的均匀度越高，反应性也就越大。然而，在这一领域内含能化学家所经历的过程总是很艰难。通过减小组分粒度和紧密混合可以将反应性最大化，但这同时也将影响到感度，增加制备和储存过程中意外点火的可能。为了既要保障产品足够的安全性，又能产生令人满意的效应，必须兼顾到粒度的规格、原料的纯度以及安全的操作程序等多重考虑。此外，还要遵守所有的标准操作程序。

(3) 混合。药剂的混合有很多种方法。例如,可以用刷子使材料通过金属筛网来混合。在烟花行业中,仍然使用手动筛混,但绝不能用于爆炸性或不稳定混合物。使用刷子为氧化剂和可燃剂的过筛提供了一种更安全的方法。另外,也可以将材料在一个封闭的容器中搅拌混合,以达到均匀性。这种操作可以(也应该)通过远程遥控完成。感度较高的爆炸性药剂,如鞭炮和礼炮中的啸声剂,以及军用闪光剂等,必须远程遥控混合并设置防爆设施。对于其中的一些药剂和装置,可以先分别添加适量氧化剂和可燃剂,然后对最终产品进行远程翻滚混合,在最终产品中实现混合。在可能的情况下,这一程序可以使生产商避免混合大量敏感的爆炸性粉末。对于少量相对安全的组分,可以通过在盘子或杯子中手动搅拌混合,并采取适当的安全措施防止意外点火。

(4) 造粒。在混合之后,通常需要对药剂进行造粒,在这一过程中,一般会使用少量的黏合剂进行辅助。先将组分用水或有机液体(如酒精或丙酮)处理以活化黏合剂,然后通过大网眼筛过筛(注意:通过黏合剂-溶剂溶液混合的药剂在混合后可直接进入造粒阶段)。这样就可得到均匀混合的药剂颗粒,它们比松散的药剂能够更好地保持成分的均匀性。如果没有造粒步骤,轻质和密实的物料将会在运输和储存过程中分离,并可能产生粉尘。造粒后的材料要在较远的隔离区域干燥,然后装填为最终的产品。注意:在这个阶段会产生相当大量的粉末,必须防止材料受到热、摩擦、冲击、撞击和静电火花的影响。作为造粒的一种替代方式,可以使用专门设计用于含能材料成型的设备对许多药剂进行压注制备。这个过程可以将药剂颗粒制备成特定的几何形状。对于这种类型的设备,泄压是特别重要的。

(5) 装药/压药。在这一操作过程中,操作人员应当处理尽可能少量的药剂,将药剂装入管中或其他容器中,或制成药片以供在成品中使用。使用这种药片的一个典型例子就是星体烟花的制备,可以在空中烟花、紧急照明弹和照明信号弹中产生彩色的小片。装药压力、保持时间、设置防爆设施和设备维护都是压药程序中的关键因素(Department of Defense Explosives Safety Board,2008)。

(6) 测试。烟火剂生产过程中的最后一个重要步骤是对每一批成品进行持续的测试,以确保其性能良好。任何原材料的粒度或纯度的轻微变化都有可能导致烟火性能产生显著的差异。作为生产过程的一部分,常规的测试程序是保证烟火剂具有合适性能的唯一方法。

4.6 烟火剂的性能变化

众所周知,烟火剂在制造过程中存在可变性,如星期一制造的烟火剂就可能和星期四制造的产品具有不同的性能。其中的原因可以是本章前面讨论过的众多因素中的任何一个，也可能是多个因素的结合。故障排除（除了过程危险性分析见第 5 章）是每个烟火工作者生活的一部分。

这其中可能质疑的因素包括粒径变化、湿度和化学品纯度，以及制造过程中的每个阶段。因此，应当注意建立和保持所用化学成分的质量控制程序。以下是几年前在马里兰州切斯特"东岸"小镇的华盛顿学院举行的 John Conkling 博士夏季烟火研讨会上的一次讨论中所列出的一份清单。这样做是为了确定在生产过程中，如果有任何偏离标准操作程序的情况发生，可能导致最终产品性能发生怎样的变化。希望这张清单可以作为一份检查表，帮助人们确定烟火剂/推进剂性能变化的可能原因。在制造过程中，烟火剂的性能和感度可能发生变化的环节如下。

(1) 化学品原料的纯度，老化，污染，残留水分，表面涂层。
(2) 粒径/形状（表面积）。
(3) 桶里化学品的粒度变化（由于沉降引起的）。
(4) 单个材料的干燥（称量前）。
(5) 配方（改变组分的百分比）——有意改变性能。
(6) 黏合剂溶液中溶剂的蒸发。
(7) 化学品的称量（称量的精度）。
(8) 加入到混合器的实际重量（溢出物、容器内的残留物等）。
(9) 在整个制造过程中引入的异物/水分。
(10) 混合——使用的混合器和混合方式。
(11) 混合时间、速度和能量（混合过程是否影响粒度）？
(12) 向混合器添加化学物质的顺序。
(13) 溶剂在混合器中的蒸发速率。
(14) 混合器/混合区域的湿度和温度。
(15) 粒度——混合物的最终粒度。
(16) 混合物的干燥——残留溶剂/水分的含量（在这一阶段，通常对混合物进行初始性能测试；如果符合规格，将继续进入装填区；如果不符合，将进行重新加工、交叉混合或销毁）。
(17) 储存（装药前）——暴露在潮湿环境或分解的热量中。
(18) 装药/压药——装药压力，保持时间。
(19) 装药——装药系数。
(20) 装药——装药量（体积和总质量）。
(21) 硬件变化——零件的尺寸，最终产品的密封件。
(22) 密封管/容器的壁厚和排气压力。
(23) 成品储存/处理/操作。
(24) 装置点火时的外部温度和压力。

4.7 烟火剂的老化效应

人们希望了解用于制造烟火剂的组分以及烟火剂本身可能的储存时间或延长储存的时间。同时，也希望了解在储存和老化之后，这些材料是否仍能按照最初的需求发挥作用。不同的化学物质在储存过程中会出现不同的老化现象，这些过程包括氧化（如在金属表面），因加热而分解（如硝化纤维素），或者因为酸的存在而变性（如用于彩色染料的复杂有机化合物）。

通过这项研究可以确定以下事项：
(1) 随着时间增长是否产生了化学变化；
(2) 变化的原因；
(3) 烟火剂性能的变化；
(4) 是否有措施可以减轻这种变化；
(5) 在特定储存条件下的烟火化学品或混合物的使用寿命。

研究人员可以使用分析仪器研究新的药剂和老化药剂，并观察其性能以了解老化效应。在烟火剂的老化过程中，许多因素包括化学组成、反应热、点火温度、燃烧时间、光/颜色输出以及声音输出等都可能随时间发生变化。虽然可以进行一些推断（如新鲜金属会形成氧化层，碳酸盐可能会失去二氧化碳而形成氧化物），但要真正了解特定配方的老化效果，唯一的方法就是直接对其进行研究。

以下是一个实例，分析用于点燃军用弹药主气体发生器的输出装药的老化问题（de Klerk/Berger/van Ekeren，2008）。点火药由硼、硝酸钾、硝化纤维素、环氧树脂（作为黏合剂将材料黏合在一起）和聚酰胺热固性树脂组成。硼、硝酸钾与硝化纤维素一起作为高温点火剂，产生气体并将热粒子分散到下一阶段以点燃材料。虽然 B/KNO_3 是热稳定的，但硝酸钾具有吸湿性，将会缓慢吸收水分（这将延迟燃烧速率，使环氧树脂膨胀，或引入酸），而硼可以吸收酸形成硼酸（消除必需的可燃剂）。此外，硝化纤维素经过热分解，释放出氮氧化物，会影响环氧树脂和外壳中使用的黄铜。通过对老化体系的分析发现，正如预期的那样，烟火剂的性能会随着时间的推移而下降。

如果一种材料要储存一段时间，或者用于制造药剂的化学物质要储存和使用很长一段时间，则了解老化对烟火性能的影响对于烟火研究人员来说是极其重要的。应该注意了解物质是如何老化的，老化将产生什么效应，以及可以采取哪些措施以减缓老化。

4.8 小结

烟火实践也可以被视为一种"烹饪"方法，因为必须保证配料准确，并且厨师的技术也必须足够娴熟。对于烹饪和烟火技术，这些工艺都结合了严格的科学理解（如化学物质如何在分子水平上反应）以及操作者的智慧所表现出的更深奥的见解（如了解处理如何影响最终使用的储存寿命）。一个熟练的烟火技术专家对化学、原理、技术参数、危险性和变化的来源，以及这一行业的最佳实践应当有着广泛且深刻的理解。

引用 Takeo Shimizu 在其开创性著作《从物理角度看烟火》中的语句："烟花之美的本质在于它们在我们头脑中产生的时空割裂效应……为了创造这样一种美，人们必须首先彻底了解燃烧的外观以及化学成分的性质"（Shimizu，1982）。

第 5 章　烟火实验室和分析技术

手工混合：几个世纪以来，甚至今天，许多烟火剂都是手工通过筛子轻柔混合，获得一种均匀的烟火剂。由于担心摩擦和火花导致的意外点火，现代混合设备已将工作人员从混合区域撤离。

可能从最初黑火药的发现和早期制造开始，原始的烟火技术人员就在专门的空间用一套特制的工具来生产和评估其组分，这也就是我们现在所说的"实验室"。事实上，今天的实验室仍然是一个专用的、高度定制的空间，配备有专门用于科学探索的工具和设备。烟火剂制造出来后，烟火技术人员需要评估他们生产的产品，最初只是观察反应是否很好地达到了预期效果。目前，技术的进步不仅给烟火技术人员提供了宝贵的工具，可以基于创造者的需求和喜好来研究烟火剂配方，还提供了许多分析手段来精确研究各种配方组分并测试其效果。

5.1 引言

在含能材料研究中，经常被问到的一个问题是研究人员或生产商在进行研究以及质量控制时，需要配备的设备类型。科学家不仅需要有能力储存和安全处理用于制造烟火混合物的化学物质，还需要安全地开展生产实践（粒度分级、称重、混合、包装等），然后客观地测量它们产生的反应：燃烧速率、光输出、气体/烟雾输出、颜色或声音强度等。此外，如果结果不像预期的那样，研究人员是应该继续猜测问题及其解决办法，还是使用一系列可用的分析工具进行调查研究，分析问题的根本原因和解决方案？

在第 4 章中，我们已经根据烟火原理简要讨论了烟火剂的制备，本章将进一步讨论烟火研究实验室、用于小规模制备含能药剂的一些研究工具、分析方法和能够辅助烟火技术人员的设备，以及与安全和质量控制实践有关的一些注意事项。

必须强调的是，这本书并不是一个有关安全制备、处理或点燃烟火混合物的综合训练课程。正如我们已经看到的那样，含能材料由于其固有性质，可能会非常危险。因此，在从事任何烟火技术相关工作前，都应当开展并完成由认可组织团体和经验丰富的烟火技术专家提供的正式、经过审查和验证的培训，并在专家可以监督的环境中开始初学者的工作。这些培训包括由政府、工业和学术组织提供的关于推进剂、炸药和烟火技术领域的课程，以及国家和国际业余爱好者团体例如国际烟火协会和本地业余爱好者组织所提供的培训。

此外，联邦、州和地方法律可能对个人制备含能混合物进行限制，如要求特殊许可证、储存要求或其他证明。建议任何对烟火领域感兴趣的人士，加入国际烟火技术协会组织等团体，或者由对烟火艺术和科学感兴趣的人员组成的当地团体。

5.2 烟火实验室

"实验室"（Laboratory）一词来自拉丁语"laborare"，意为"工作"。目前，实验室是一个专门用于技术研究和探索特定科学现象的地方。理想情况下，实验室的条件应尽可能可控，包括所有必要的工具、设备和功能，以充分支持科学探索。在烟火研究领域，这也指存放制备烟火剂所需的化学物质的场所，但通常只存放最小的必需用量，而大批材料则存放在专用的容器内。

实验室应该清洁干净、光线充足并且环境条件可控，以便尽可能调节环境的温度和湿度。除湿机在烟火研究实验室中很常见，关键是要"让粉末保持干燥"，以最大限度地减少因化学物质对水/酸敏感或与之反应而对性能造成的不良影响。大型烘箱也很常见，其温度应设置为高于水的沸点，但通常低于任何正在制造的混合物的熔点或点火温度。这样可以使化学品、混合工具和存储设备在使用前达到完全干燥。

现在，许多实验室还会使用导电地板连接到外面的接地线，以消除不必要的静电。正如我们将在第 7 章讨论的，静电放电可能会导致药剂（特别是含有金属粉末的配方）出现意外点火的危险。

实验室应至少有一个洗涤槽，以便工作人员洗手（如果需要的话，也可以洗脸和眼睛），以及清洗各种用于称量、混合或储存其他化学品所需的设备，而且对于哪些化学品可以顺着水槽冲进普通下水道系统有着非常严格的规定，几乎所有的实验室都配备了专门的废弃物箱用来存放固体和液体化学废物。用于风干设备的晾干架通常位于实验室水槽附近。

进入实验室的门应当能够上锁以控制人员进出，门上最好装有窗户，以便应急人员在需要时能查看内部情况。在烟火研究实验室中，必须有两个或两个以上的出口通道，如通往防火通道的门或窗户。我们必须以假定事故可能发生为前提，并且为所有的突发情况做好准备，以防万一。

根据混合药剂的性质，实验室应配备灭火系统。这通常是洒水系统，但在存在含能或对水敏感的化学品的情况下，也可能是更强大的灭火系统。请记住，由于烟火剂中含有氧化剂，它们不需要大气中的氧气就可以燃烧，并且有时候水可能不足以熄灭正在燃烧的烟火。

5.2.1 储存

实验室应有足够的实验台空间来放置设备，以及存放化学品和设备的储藏空间，如橱柜。有些柜子可以是带架子的普通木柜，有些柜子配有玻璃的透明橱窗，以便工作人员查看内部物品，还有一些是金属柜，这取决于其中存放物品的性质。如果储存含能混合物时，还包括导火线和电点火头，则应保存在专门密封的金属柜或容器中，以便能够处理由此引起的火灾或爆炸。有机（易燃）溶剂应存放在专门的金属试剂柜内。

工作人员应当控制和详细记录试剂柜中储存的固体化学品，并始终分类存储。例如，氧化剂应当与其他氧化剂，金属与金属，有机可燃剂与有机可燃剂存放在一起，这样的储存方式最为有效。对每种化学品都应该进行详细记录，并通过材料安全数据表（Material Safety Data Sheet，MSDS）了解其全部性能，其中应详细说明任何危害和化学不相容性。例如，尽管硝酸铵和氯酸钾都是氧化剂，在意外混合和有催化剂存在的情况下可以转化为氯酸铵，这是一种不稳定且有爆炸风险的物质。因此，应当确保将这两种氧化剂分开储存。MSDS 的影印本应始终放在现场以供随时使用。

粉末状化学药品应当存储在合适的容器内，这种容器必须能够进行气密性存储，并且易于将化学药品取出。一种常见的存储容器类型是"Nalgene®"品牌的瓶子和广口瓶，最初是为实验室使用而制造的，但现在在品牌水瓶和液体容器中很常见。这种瓶子一般带有螺口或密封的"易拉盖"，可以进行气密密封，材质是化学惰性或耐化学腐蚀的，并且具有较大的开口，以便于相对容易地取出或倒出固体化学品。图5.1是一个经典的不透明塑料Nalgene型试剂瓶，用于存储散装导火索（可以拉出和裁剪）。如果存储的化学物质能够降解塑料，则应该使用带有密封垫圈的玻璃或陶瓷罐。金属瓶则很少使用，因为金属可以催化反应，甚至与内部的化学物质发生反应。

图 5.1　250ml"Nalgene"牌塑料旋盖瓶
（这种瓶子用于存放烟火化学品及物料。瓶子里装有很长的烟火导火索，可以很容易地拉出和裁剪成所需的长度。当不使用时，应将盖子拧紧，以防止受潮或任何飞溅的热颗粒或火花，这些可能引燃整个导火索。由于导火索是一种高活性的烟火制品，在不使用时，应将瓶子密封并储存在防火容器中）

使用瓶子进行储存的一个安全注意事项是：有些时候，未正确取用的材料会卡在瓶盖区域或盖子中，这可能会导致材料在瓶盖关闭时被相互摩擦。这是一个典型的摩擦刺激的例子（在第7章中将讨论摩擦感度），特别是在瓶中含有混合烟火剂时，有可能导致意外着火。因此，在关闭盖子之前，一定要注意确保盖子和旋盖区域没有附着固体材料。

烟火工程师通常会在试剂上标记化学名称、粒度和类型以及生产日期，以了解各种老化问题以及其他细节。例如，一个标签上写着"铝"的瓶子可以代表任何形状、大小或涂层的材料。然而，一个标签为"铝粉，Conkling-Mocella Pyro Co.，球形，德国blackhead，2010年1月，-325目"的瓶子告诉我们，它是粉末状铝

（相对于片状），由"Conkling-Mocella Pyro 公司①"制造，颗粒为球形，通过德国 blackhead 工艺涂覆加工，生产日期为 2010 年 1 月，粒度为 -325 目。标注的信息非常完整准确。

使用类似于军队运输弹药和弹药的"弹匣"式金属盒，可以实现化学品容量瓶的进一步安全储存。这些可以直接从制造商那里买到，也可以在军事用品商店购买。

废物处置前的储存对任何化学实验室来说都是一个重要的工作内容。每个国家、州甚至城镇都有自己的法律法规，规定哪些化学物质可以或不可以"流入下水道"进行废物处理：硝酸钾（硝石）可能没问题，高氯酸钾则肯定不行。通常，固体废物箱和废液桶都放置在安全的地方，以便进行报废处理。溶解有化学物质的有机溶剂一般存放在一个废液桶中，而含水废物则放在另一个容器中。即使是烟火燃烧产生的灰烬，也要根据原料的不同，置于特定的废物存储区（而不是作为普通垃圾处理）。例如，未反应或未燃烧的高氯酸盐可以长期在环境中残留并造成损害。对任何固体残渣都进行清洗和环保处理是最妥当的做法。

对于工作中的科研人员来说，个人物品的存放也是非常重要的，如工作时放置个人物品的地方，以及工作结束后放置实验室个人防护装备（Personal Protective Equipment，PPE）的地方。这些都应远离工作区域，甚至远离实验室，以免造成任何不良后果。实验室不允许进餐和饮水，这些东西会带来很大的污染风险。即使是封闭的饮用水瓶也应该放置在实验室外面（如果实验室门外的走廊上有一排水瓶，人们一般就能知道实验室正在使用中）。

当然，在科学实验室内一般都装有电话（无论是无线电话还是传统的固定电话）和可联网的计算机。计算机不仅可以记录结果和研究信息，而且通常是控制和记录精密分析设备数据的界面和接口。

配备照相机的显微镜可以用于研究和拍摄颗粒的外形。粒子可能有球体、棒状、板状、薄片以及其他多种几何形状，形状的改变可能会影响它们的反应性，以及所制备混合物的感度。如果两个批次的同种化学品的颗粒大小或形状发生了变化，那么，在投入生产之前需要对其进行仔细评估。

5.2.2 安全性：个人防护装备和通用操作

安全是烟火工程师以及任何在他们工作活动附近的人最关心的问题。如果采取适当的安全预防措施并使用了必要的设备，就可以避免人员伤亡和财产损失。

对所有的烟火研究实验室而言，全面综合的安全计划都是至关重要的。这些计划的起点首先是确定所有的材料、设备和实验室要完成的工作。此外，计划还将确定与化学品、设备和要完成的工作相关的危险性，以及如何降低这些危险。

---

① 这里所指的是一个虚构的公司。

最后，将提出执行工作的具体计划，以及报告任何出现的危险问题，以完善安全计划。得州理工大学（Texas Tech University）和劳伦斯利弗莫尔国家实验室（Lawrence Livermore National Laboratory）的烟火技术工程师在一篇联名发表文章中概述了该领域的一种方法（Pantoya 和 Maienschein, 2014）。

在使用含能材料或在含能材料周围工作时，应始终穿戴个人防护装备（PPE）。这意味着，要穿着耐用、阻燃的非露趾鞋，最好是靴子。上述适用于导电地板的靴子在大型设施中很常见。可以戴上帽子，将长发固定在里面，以保护易燃的头发不受飞溅的火花和热粒子的伤害。另外，请务必穿着长裤。在从事烟火作业中，必须穿着长袖的阻燃实验服（它要比一般的白色混纺实验服更耐燃烧）。这些实验服应该可以通过纽扣或拉链完全封闭。在不妨碍操作的情况下，袖筒也应尽可能封闭。此外，特殊的防爆服，一般是拆弹部队和爆炸物处理小组（Explosive Ordnance Disposal, EOD）使用，也用于高爆炸性行业中，但不在本书的研究范围内。

在烟火实验室内任何时候都必须保护眼睛，即使没有进行任何工作或活动，进入实验室后也应立即佩戴护目镜。在任何实验室，对视力的损害都是可以预防的，但一旦出现往往是不可逆转的危险。与普通眼镜不同，护目镜的周围需要完全封闭。喷射火花和飞溅的热粒子是烟火的主要组成（请记住"墨菲定律"：凡是有可能出错的事情，就一定会出错），燃烧的粒子将有可能进入任何未受保护的空间。

由于手和手指被用来混合化学品、抓握工具和操作设备，对于手的基本保护非常重要。标准的一次性合成手套，如乙烯基手套或丁腈手套，应当供应充足。手套可以保护皮肤免受热粒子的伤害，也可以防止有害化学物质进入皮肤造成表面化学灼伤，甚至通过皮肤的脂质双分子层进入血液。为了防止热材料和火对双手的伤害，还可以使用非常厚的实验室耐热手套为双手提供额外的防护，以抵抗火焰和加热到一定温度（在某些情况下甚至可以达到几千摄氏度）的材料。

5.3 药剂的制备

当准备好合适的实验室和化学药品后，就可以开始制备新的药剂。烟火化学家在对新配方进行初步实验时，总是从非常少量的制备开始。人们可以制备 1~2g 的新配方以评估其性能（如颜色质量、强度、烟雾量等），而无须暴露在过量危险的材料中。

5.3.1 颗粒和粉体的粒度分级

如果粉末还没有加工到所需的尺寸，则可以使用筛网"筛分"系统，如振动筛分机。即使对于同一种化学物质，不同粒径的材料所制备的混合物性能也会有很大差异，因此通常对粒度有特定要求。筛网可以叠放在一个"振动器"中，根据它们是否落入筛网的孔中而分离不同尺寸的颗粒。振动筛如图 5.2 所示。

图 5.2　自动振动筛分机
（该装置将采用不同筛网尺寸的筛网，其中顶部的筛孔较大，下部的筛子筛孔依次减小，通过在三个方向上摇动，让较小的粒子沿着筛网向下运动，而较大的粒子保留在上面的筛子上）
（图片来源：Gilson 公司（https://www.globalgilson.com））

美国测试和材料学会（ASTM）E-11 "编织线测试筛布和测试筛网标准规范"系统中规定筛网的目数是以每英寸筛网有多少孔来确定。例如，一个"270 目"的筛网中每英寸长度上大约有 270 个孔。因此，筛网目数越大，筛孔就越小（每英寸有更多的孔），可以通过的粒子就越小，而较小的网筛目数意味着更大的筛孔（每英寸有更少的孔），大小颗粒都可通过。如果粉末通过这个特定的筛子，则掉落的物料的粒度被认为是 -270，即负 270，而上面没有掉落的物料粒度是 +270，即正 270。在 325 目筛（比 270 目筛更小的孔）上部放置 270 目筛组成的双系统中，那些通过 270 目而没有通过 325 目筛的材料粒度是 -270/+325，或"负 270，正 325"，并且所有的粒子都非常接近相同的粒度。表 5.1 显示了筛网目数和分别以 μm 和 in 为单位的筛孔孔径之间的关系。

表 5.1　网目数与筛孔孔径的比较[②]

筛网目数[①]	孔径/μm	孔径/in
20	841	0.0331
30	595	0.0232
40	400	0.0165
80	177	0.0070
120	125	0.0049
170	88	0.0035
200	74	0.0029
270	53	0.0021
325	44	0.0017
400	37	0.0015

① 为了简单起见，只显示选定的筛网目数。
② ASTM International，2017

如果要求颗粒具有特定的尺寸（如-270目），但散装材料的粒度较大，人们将需要通过研磨或其他方式使颗粒变小。例如，使用传统的研钵和研杵（手工研磨颗粒）或使用更现代的自动研磨机或球磨机来完成。后者通常是一个厚的陶瓷容器，有一个密封的顶部和垫圈，粉末与一些陶瓷珠子或陶瓷球被一起放入里面。研磨机则是将粉末与珠子放在其一侧的滚动托盘上并以一定的速度旋转，使珠子和粉末在里面四处移动，珠子会随着滚动上下翻滚（即不受完全向心力的影响，仅保持围绕着磨机内部旋转）。这就创建了一个系统，在这个封闭的容器中，珠子会不断地落在粉末上面，可以将粉末破碎成更小的尺寸。通常，研磨机需要一段时间（或一整夜）才能完成研磨，完成后，粉末经过振动筛处理，可以进行粒度分级。

5.3.2　化学品称量

粉末加工制备好后，将使用一个称或实验室天平来称量出所需的适量化学品。数字秤的使用已经非常普遍，应当定期校准，以确保称量准确。一旦选择了一种化学品，就可以使用药勺、刮铲或其他装置将粉末从主储存容器转移到碗、杯子或其他容器中进行称量。烟火化学家通常喜欢陶瓷碗（有时也称为蒸发皿）或其他表面光滑的碗，这种容器可以降低化学药品在混合的时候与粗糙表面发生磨削和摩擦的风险。其他方便的一次性容器包括小纸杯（像在饮水机里用到的那种），一定要确定表面没有上蜡，因为蜡可能会被不经意地掉落并混入混合物中。图5.3显示了在纸杯中尽可能充分混合的大颗粒镁（黑色颗粒）和硝酸钠（白色颗粒）。

图 5.3 用于混合大颗粒镁(黑点)和硝酸钠(白点)的普通纸杯
(无蜡纸杯是常见的用于少量烟火剂干混的容器,材料不具有反应性,廉价且可一次性使用。
此外,任何残留在纸杯上的活性烟火成分,都可以通过燃烧纸杯的方式进行安全处理)

为了避免化学品的交叉污染,一个药勺只能用于一种化学品,并且不能用于多个容器。来自不干净的药勺产生的交叉污染,即使用量很少,都有可能导致散装物料的催化或变化。此外,可燃剂和氧化剂的交叉污染会导致意外着火,并有可能发生链式反应,点燃附近的其他烟火产品。另一个称量粉末时的注意事项是使用不同的容器来称量每种化学物质,因为当把一种粉末加入另一种粉末时,存在着加多的可能性,并且几乎很难从一个有两种或两种以上粉末的容器中完全清除其中的一种粉末。

当然,从容器中提取样品也非常重要。由于从容器中提取的样品应完全代表散装材料,在称量化学品之前,一个最佳做法就是在取出样品之前先翻滚摇晃容器,以获得均匀分布的材料进行使用或分析。如果对同一材料进行的多次实验能够得到相似的结果,那么人们会对实验结果更有信心。

5.3.3 组分的混合

所有的粉末都称量完毕后,就可以将它们一起加入到一个合适的搅拌碗中。使用小刷子有助于清除黏附在称量容器上的残留粉末(用完后要记得把刷子清理干净,避免不同混合物的交叉污染)。粉末的干混有许多种方法。首先,可以使用搅拌棒(如 Teflon®或其他光滑塑料制成)将容器内的粉末搅拌混合。研杵也可以用来帮助粉碎没有分散的大块粉末(如果需要特定粒度的粉末,注意不要研磨过度)。此外,如果预计这种药剂的撞击或摩擦感度不高,则可将药剂封闭在容器内,剧烈摇晃以混合固体。对于任何粉末的搅拌,人们都必须了解配方的感度,因为即使在正确的操作条件下也有可能会发生意外的点火。

无论使用哪种技术,都应尽可能将粉末紧密地混合。如果要比较几种不同的组分,则应使用相同的技术,包括相同类型的设备、相同的混合方式、相同的混合时间。虽然不可能消除所有的差异,但在分析两个或更多组分时,在混合过程中保持一致将有助于尽量减少制备工艺引起的差异。

一些烟火工程师会用到一种技术,就是将粉末加入一个粒度筛中,筛网的目数比所用的颗粒稍微大一些,然后用刷子将粉末混合并推过筛子。这样不仅有助于粉碎大块的粉末,而且可以实现很好的混合效果(如果不介意,可能会增加一点额外的工作量)。图 5.4 显示了在筛网上混合黑火药的情况,烟火工程师戴着手套帮助混合并将粉末推过筛网。

图 5.4 烟火工程师戴着手套在筛网上混合黑火药的组分
(烟火工程师用手将粉末混合过筛。这一技术受到一部分人的青睐,
有助于均匀混合粉末,并确保得到所需的粒度)
(由 Tim Wade 和 Dennis King 拍摄,MP 协会提供)

药剂的湿混则可以采用另一种技术,需要使用水或其他介质,如有机溶剂(丙酮、酒精或其他)。使用有机溶剂时必须非常小心,因为有机液体和蒸汽在空气中非常易燃,可以点燃附近的任何烟火成分。在实际制备中,可以先混合成湿浆,待充分干燥后再使用。

湿混工艺中也可以在干燥前将混合烟火剂进行造粒。造粒是一种非常重要的技术,可以避免固体粉末在储存和运输过程中分离,并减少粉尘。在造粒过程中,将湿浆(通常含有黏合剂)通过一个大孔径筛来进行造粒,待干燥后再进行储存、运输和使用。

远程混合和防爆装置始终都是为保障安全采取的重要选择。混合器或滚筒可以远程遥控开启和关闭,以避免近距离接触带来的危险,也可以在混合区域周围放置防护屏障或防护罩。

在某些情况下,需要将药剂压制成特定的形式,如压成小球或管状(用于哨音效应,见第 12 章中"声音的产生")。专用的压药和造粒设备可用于辅助生产。

药剂混合完成后,就可以送去点火区域进行实验。

5.4 实验通风橱"点火区"

5.4.1 设置实验通风橱的点火区域

由于我们使用的材料量很少,所以通常不需要大型军用靶场(适用于大型测试),可以使用一个合适的实验室通风橱或类似设备进行点火。由于火焰和热烟灰是烟火的一部分,通风橱的内部应以适当的方式进行保护和构造,以保障通风橱和操作人员的安全。例如,通风柜的内部应该在不妨碍内部照明的情况下,全部使用金属板做衬里(侧面、底部和顶部),并且可以根据需要进行更换。实验室通风橱窗的前部通常是厚玻璃,但另外增加一层厚塑料布(如 Plexiglass®)是很有必要的,当燃烧痕迹太多时,可以便于更换。

为了保护通风橱,还可以设置一个支架来点燃材料。煤渣砖或其他平石产品都是可以选择的材料,如用煤渣块做一个小"桌子"。图 5.5 为一个正在做实验的烟火通风橱,就是在这种架子的顶部点燃材料。

图 5.5 一个使用中的实验通风橱"点火区"
(通风橱内衬有保护材料(带有防护涂层的木箱),以避免引起内部燃烧,同时,
为了更容易点燃和观察燃烧的烟火,搭建了一个煤渣块支架)

5.4.2 药剂引燃

当药剂制备好后，将一小堆混合药剂放在防火台上，将所选的导火索插入其底部（长度至少为 2～3in），用火柴点燃导火索的末端。实验人员退后，必要时可以关闭通风橱，并观察效果。由于大多数烟火剂会产生烟雾，所以这些测试最好在通风良好的区域进行，如实验室的通风橱。千万不要在测试区域附近放置易燃材料，因为可能会产生火花。对于压制的药剂，如果产生的气体足够多，这些药块有时会飞起来，导致正在燃烧的热固体在通风橱内四处飞散，甚至飞出通风橱。当处理压紧的药剂或较大的烟火产品时，通风橱的橱窗应始终保持关闭。为了以防万一，请务必准备好水或合适的灭火器材。

如果混合了大量的材料，但一次只需要燃烧一小部分，切勿将其直接从大容量瓶中倾倒在点火区域的实验台上。正确的做法是使用药勺转移粉末，或将适量的粉末倒入转移容器中，然后将其倒在燃烧实验台上。这样做的原因是：如果实验台上有残余的热灰，就会点燃与之接触的粉末，导致一系列的链式燃烧反应，直到点燃容量瓶并造成严重伤害。

所有烟火成分的测试必须在一名受过良好实验室标准安全程序训练的成年负责人的监督下进行。使用大量的烟火混合物或使用不当时，可能会导致严重的伤害，因此必须谨慎操作并进行适当的监督。

5.4.3 清理和安全注意事项

测试完成后，应该将残留的灰烬从燃烧台表面清除（因为有些灰烬可能没有完全反应）。在一天的实验结束的时候，应将所有的灰烬冷却下来并清除处理。一种常见的做法是尝试用丙烷点火器或本生灯重新燃烧灰烬堆，以点燃任何剩余的物质。冷却的灰烬可以采取适当方法进行处置：有的可以作为普通的市政垃圾处理，如果使用了汞、铅、铬等有毒化学物质，则要在特定的固体废物容器中处理，当然始终都应遵守联邦、州和地方法律和法规。

关于混合和燃烧，还需要补充的是：烟火工程师之间流传着一个未经验证的定律，即实验人员每执行一百万个动作（如打开瓶子是一个动作，称量粉末是一个动作，混合成分是一个动作，倒在桌子上是一个动作，点燃导火索是一个动作等等，以此类推），将会发生一次事故或意外事件。尽管没有办法证实这一定律，但应当采取一切最佳预防措施，将事故发生的风险降到最低。如果这些事故与含能材料一起发生，将对人和财产造成严重伤害甚至更糟的情况。适当的训练和监督对于烟火研究而言是至关重要的。

下面我们将讨论可用于进一步研究烟火特性的分析技术，这些技术能够帮助科学家了解和改进其产品。

5.5 烟火分析技术

5.5.1 简介

如果烟火工程师尝试了一种新的配方,但没有收到预期效果,可以选择两种改进的方法:继续随机地尝试不同的化学物质和不同的组合,希望能达到预期效果,或者更合乎逻辑的是,分析其成分组成和效果,并提出一个假设进行验证。现代仪器分析方法为科学家提供了大量有关固体性质和反应性的信息。固体结构的知识和研究热行为的能力对于研究含能材料的点火行为是非常重要的。现代技术为含能材料科学家提供了分析以下参数的能力。

(1) 化学组成,包括纯度。
(2) 点火过程。
(3) 点火感度(见第 7 章)。
(4) 固体和混合物的微观结构。
(5) 热(热量)和气压(压力)行为与输出。
(6) 反应产物。
(7) 视觉(亮度和颜色)和听觉(响度)效果的量化。
(8) 外界刺激(环境条件和时间)对化学物质和药剂的影响。

现代科学家可以使用大量的技术和方法,在这里无法对所有可能的分析方法和体系进行讨论。本节将简要讨论含能材料和烟火的常用工具和方法。

仪器分析可以分为几个部分。

(1) 热分析。热随着温度的变化和相互作用(对烟火研究人员来说,这可能是最重要的技术)。
(2) 波谱。光/电磁辐射的分析。
(3) 质谱。荷质比分析。
(4) 色谱。化学物分离。
(5) 显微镜分析。化学物/分析物的可视化。
(6) 晶体学。晶体结构的分析。
(7) 电化学分析。电势/电流测试。

让我们简要地看看烟火实验室最常见的技术和仪器。

5.5.2 热分析

热分析是对一种成分的热(热量)性质的研究,在烟火研究中非常重要。这门学科是研究组分的点火温度(或点火时间)、燃烧温度、燃烧温度随时间的变化、总能量输出(单位为 cal 或 J)、热量输出随时间的变化、热量输出对应的质量变化（热重分析法，简称 TG），甚至对逸出气体的分析（热解）。我们将在这里介绍一些有用的技术，并在后面的章节中介绍它们的应用，M. E. Brown 撰写的《热分析导论》（*Introduction to Thermal Analysis*）将为这一分析体系提供更具广度和深度的介绍（Brown，1988）。

使用差热分析（Differential Thermal Analysis，DTA）或差示扫描量热法（Differential Scanning Calorimetry，DSC）等热分析方法可以提供关于纯固体以及固体混合物热学行为的丰富信息（Gabbott，1998）。尽管这两种方法中获得的信息都很有价值，但在过去的几十年中，DSC 已经成为热分析的主要技术，因为其可以提供 DTA 无法提供的热焓信息。通过这两种方法，可以获得纯物质的熔点、沸点、从一种结晶形式到另一种结晶形式的转变以及分解温度。混合物的反应温度可以通过 DSC 确定，如烟火剂和爆炸性成分的点火温度。

DSC 可以检测样品在以恒定速率从室温加热到上限（通常为 500℃，但可以更高）时吸收或释放的热量。样品中发生的任何吸热变化（如熔化或沸腾）都可以被检测到，产生热量的过程（如放热反应）也可以被检测到。这些变化是通过不断比较待测样品（我们的研究中是指烟火材料）的温度与热惰性参比材料（通常是二氧化硅或氧化铝）的温度来检测的，这些惰性参比材料在所研究的温度范围内不发生相变或反应，当参比物质被加热时，它只是会得到热量而不吸收热量或释放热量。样品和参比物均与热电偶相接触①，并以恒定的速率加热。当电流流过电加热器时，会产生线性的升温（通常为 10~50℃/min）（McLain，1980）。图 5.6 是 DTA 的模型图。

图 5.6　差热分析仪的模型图
(在同一炉子中加热两种材料，待测样品和参比样品都放在装有热电偶的容器中。
当炉子加热时，热电偶将记录待测样品和参比样品的温度。所有的温度
差异（ΔT）都将由 DTA 记录下来并作图，即作为温度的函数的热图)

---

① 热电偶是充当温度传感器的电气连接器件。热电偶可以根据温度改变电压，因此，当热电偶变热时，电压就会发生变化，而另一个读取电压的电子设备可以将其反向转换为用户可读的温度读数。

如果发生吸热（吸收热量）过程，则待测样品的温度将立即变得比参比样品更低，也就是说，将热量施加到参比样品会使其变热，而相同的热量施加到待测样品上，样品会立即吸收热量而不会变热。通过一对热电偶可以检测出微小的温差，并在 ΔT（样品和参比之间的温差）与 T（加热块的温度）的曲线图中产生曲线偏转，称为吸热。样品放出的热量同样会在相反的方向上产生偏转，称为放热。例如，如果加热黑火药，它将会燃烧放热，因此，在相同的温度输入下，会比参比样品热得多。

该仪器产生的输出即热分析图，就是被分析材料的热"指纹"。图 5.7~图 5.9 中显示了一些含能材料的代表性热分析图，更多内容将在后面的章节中介绍。

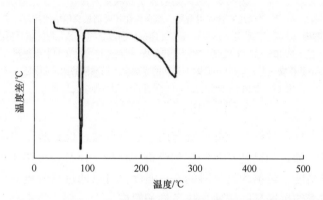

图 5.7　纯 2, 4, 6-三硝基甲苯（TNT）的差示扫描量热图

（图中主要特征是：在 81℃ 时有一个吸热峰，在 280℃ 附近开始有一个放热分解峰（200℃ 后开始的表观吸热现象是由于热电偶探针移出样品并进入空气，使得样品看起来好像比实际温度还低）。x 轴表示加热块的温度，以 ℃ 为单位。y 轴表示样品与同样进行加热的参比固体（通常为玻璃珠或氧化铝）之间的温度差 ΔT。参考固体只有在加热块升温时才会变热，而烟火成分在熔化或经历另一个吸热变化时会比参比物质冷，在燃烧时会比参比物质热）

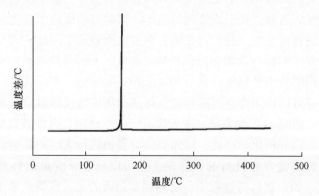

图 5.8　纯硝化纤维素的差示扫描量热图

（图中主要特征是：在 160~170℃ 附近出现放热，对应于熔化和随后的分解和点火）

125

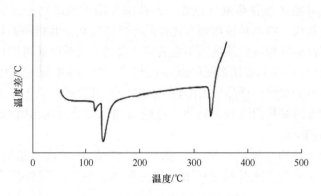

图 5.9 黑火药的差示扫描量热图

(黑火药是第一种"现代"含能混合物,至今仍在各种烟火应用中使用。黑火药是
硝酸钾(75%)、木炭(15%)和硫(10%)的混合物。混合物的热分析图
显示在 105~119℃吸热,对应于硫的固-固相变和熔化(两个吸热峰
重叠成一个),在 130℃附近强烈的吸热表示硝酸钾的固-固转变,
最后一个强吸热峰是在 330℃附近由于硝酸钾熔化导致的,
紧接着是混合物燃烧形成的强烈放热峰)

热分析对于确定材料的纯度非常有用。这可以通过检查熔点的位置和"尖锐程度"来实现。通过与已知材料的热图谱进行比较,DSC 还可用于固体材料的定性鉴定。反应温度,包括含能材料的点火温度,可以通过热分析安全快速地进行测量,温度与受约束样品的快速加热条件相对应。

利用热分析技术来检测含能混合物,可以进一步提升我们对点火现象的认识。对许多烟火混合物的热分析表明,为了实现点火,需要对混合物的一个或多个组分进行热活化。流动性,即一种成分与另一成分密切混合的能力也是非常关键的,此外,氧化剂和可燃剂必须紧密接触,以确保快速反应。

因此,熔化、沸腾和分解温度对点火过程都有重要的影响。熔化可以暴露新鲜且具有反应性的表面,并形成流动的液体。熔融过程促进了紧密混合,而汽化使混合以更快的速度发生。我们将在第 6 章再次回到这个问题,并且讨论与点火时间相关的研究(对混合物加热以保持恒定温度,并记录使材料点火的时间)。

另一种有用的技术是热重分析(Thermal Gravimetry,TG),可以监测加热时样品的质量,并可以检测样品因蒸发或气体逸出而失重或通过空气氧化而增重的温度(Brown,1988)。在此类研究中如果有气体生成时,可将其直接送入质谱仪或红外光谱仪,以分析化学性质,从而提供材料加热行为时的其他信息。

使用热分析研究含能材料的优势是:它可以对非常少量的样品(1mg 或更少)进行研究。如果在运行过程中,材料因加热而着火,仪器几乎不会受到损坏(尽管有时在爆燃后,确实需要更换热电偶)。另外,通常不需要对样品进行预处理,样品可以是粉末、浆液或颗粒。

热分析仪器在含能材料中的一些应用包括以下几方面。

(1) 通过固-固相变温度和熔点对混合物中的材料与成分进行定性鉴别。

(2) 通过 DSC 测定熔点的位置和尖锐程度来测定化学品的纯度（质量控制）。

(3) 含能混合物点火过程的研究，比较点火温度与组分的相变和分解温度。

(4) 将 DSC 与热重法相结合，比较两种方法的数据，并将 DSC 图中的峰与 TG 的增重或失重相关联。TG 研究中的气体输出也可以通过其他分析方法（质谱或红外光谱）来分析，以确定 TG 研究中生成的气体。

5.5.3　热输出测量

弹式量热仪是用于测量含能混合物点火时热量输出的标准装置。通常用少量点火丝点燃称量好的样品，然后测量温度的升高值。如果已知仪器的热容量，就可以把温升转换成热量输出。目前市售的量热仪还提供了一系列功能，包括自动数据处理和数据存储。

量热仪可以用于新配方组分的研究工作，将预期的热量输出与实际的实验值进行比较。该装置也可以用于质量控制，包括对新生产的每批含能材料，或者如果这些材料是从另一家生产商处采购，每克材料产生的热量应与标准材料相同。然而，如果没有实现以上要求，则需要在新材料投入生产之前确定原因。同样，校准后的 DSC 可用于确定含能材料中随着样品温度升高而发生的各种过程的热量。

5.5.4　光谱分析

光谱学（Spectroscopy）一词来源于表示光的术语"spectro"和希腊语中表示"看"的"skopia"，光谱学即对光的观察，是研究光的分布（即电磁辐射）及其与物质的相互作用。光谱学不仅可以测量这些电磁波的强度，还可以测量其能量和波长。正如我们在第 2 章中所提到的，人眼将某些波长感知为颜色，我们将在第 10 章进一步探讨这个概念，因为它与烟火有关。当烟火剂发出光和颜色时，总强度可以用光度计定量，单个波长可以用分光计或分光光度计进行定量分析（图 4.1）。

其他一些常用的光谱技术包括傅里叶变换红外光谱（Fourier Transform Infrared Spectroscopy，FTIR），FTIR 可以分析分子吸收的红外光的波长（基于其分子结构的运动）并输出光谱，从而表征存在的特定或某一类别的化学物质。X 射线荧光光谱是将 X 射线照射材料上，诱导其发射荧光，荧光光谱可以作为化学物质的指纹信息。拉曼光谱着重分析强光与化学分子相互作用后发出的散射光，也可以用于化学物质的指纹识别。紫外可见光谱（UV-Vis）是对紫外和可见光波长的分析，有时是用于质量控制，特别适用于烟火工业中使用的有色染料。

5.5.5 显微镜

显微镜,是指使用特殊的镜片和设备来增强肉眼对不可见的材料和特征的可视化观察。尽管其他先进技术(如扫描电子显微镜、扫描隧道显微镜和原子力显微镜)在其他学科研究中应用较多,但烟火工程师最常使用可见光的光学显微镜。对于固体材料,显微镜有助于分析颗粒的粒度、形态(球形、颗粒、薄片等),以及材料的混合程度。在质量控制方面,显微镜分析对于检测同一化学品不同批次之间的差异至关重要,在接收新批次的化学品时,也应该作为常规质量控制操作的一部分。

5.5.6 水分分析

如果有一个因素可以在含能混合物的生产过程中导致批次间发生显著的差异,那就是水。水是一种强大的吸热源,会减缓大多数含混合物的燃速。它也是一种活性化学物质,可以随着时间的推移与镁、锌以及其他金属可燃剂发生反应,导致含有这些物质的混合物燃烧速率降低。由于材料会经历热循环,它还可以随着时间改变水溶性成分的粒径。一些水溶性颗粒在较高的温度下会溶解,然后在材料冷却后重新结晶,因而颗粒的粒径可能会发生变化,这种变化也会影响燃速。因此,当烟火混合物准备装入最终产品时,需要了解它的含水量。

用于水分分析的仪器很简单,包括烘箱和灵敏的电子天平。在烘箱中加热前和加热后,对样品进行称重,通过设定适当的温度能够除去样品中的水分,但又不能过高,以降低着火的可能性。显然,该研究仅需要少量样品。

5.5.7 其他设备和技术

根据特定工厂所生产含能材料的具体类型,还应当备有其他设备进行质量控制以及研究和开发工作。如前所述,这可能包括对照明剂和闪光剂的光与颜色分析,以及用于遮蔽产品(烟雾)的光学衰减性能测试设备。

实验化学家最常用的两种通用技术是色谱法(分离化合物)和质谱法(测量离子荷质比)。气相色谱/质谱联用技术(GC/MS)是一种非常强大的工具,可以用来确定混合化合物的成分。烟火工程师不仅可以将其用于化合物的质量控制,还可以了解剩余残留物的性质或储存一段时间后材料发生的变化。

X射线晶体学可用于分析固体的晶体类型和晶格尺寸。在这种技术中,高能X射线撞击晶体并发生衍射,呈现对应于特定晶格类型的衍射图样。复杂的数学分析技术可以将衍射图样转换为实际的晶体结构。在过去的几年中,计算机技术的进步使这个领域发生了革命性的变化。以前需要几个月或几年才能确定的复杂结构,现在只需要很短的时间。晶体学家甚至可以解析巨大的蛋白质和核酸链(Moore,1983)。

当烟火剂的主要输出是声音时（如用于执法或军事应用的闪光剂），使用噪声计或分贝计进行声音分析。数字粒度分析仪有助于确定散装粉末的平均粒度，有时甚至比前面讨论的筛分法更为精确。气体体积分析仪或压力测量设备可用于分析推进剂，包括压力上升速率的测量以及随着时间的推移产生的压力数据。

还有许多设备可以用于研究和分析烟火对外部点火刺激的感度，这些刺激除了热量，还包括摩擦、静电火花、撞击和冲击波，这些内容将在第 7 章中进行详细讨论。

5.6 工艺危险性分析

如今，所有含能材料的制造和分析的一个重要特征是：对任何涉及含能材料的操作都必须使用危险性分析方法（Process Hazard Analysis，PHA）。通过一个由在被审查生产过程区工作的人员、经过技术培训的人员和熟悉危险性分析方法的人员组成的团队，对每一个操作进行审查。首先，检查当前的标准操作程序，以及各种信息，包括诸如 MSDS（材料安全数据表）、设备规格、敏感度数据以及过去发生过的相关事故等。然后，团队对这一过程进行审查，寻找可能发生问题并导致事故的因素。如有必要，建议并实施整改措施。如果在给定的过程中发生了任何变化，就要进行新的危险性分析，以确定该变化是否需要对操作的危险性分析方案进行修改，如新的或修订的标准操作规程。

5.7 小结

一个安全、储备充足且具有分析能力的烟火实验室，对于所有致力推进烟火科学进步和认识，并准备探索新配方和组分的科学家来说都是非常重要的。世界上有很多工具和技术可以帮助研究人员理解他们的工作，并为他们提供信息用于改进研究。然而，安全和适用的技术始终是烟火工程师工具箱中最重要的工具。

特别要注意，一定要保持粉末干燥。

第6章 点火与传播

燃烧的硝化纤维素：硝酸与纤维素反应生成的硝化纤维素是自黑火药发明以来的第一种新型推进剂。这种材料问世于19世纪末期,是无烟火药的主要成分,彻底改变了推进剂行业。硝酸甘油是19世纪开发的另一种含能材料,可与硝化纤维素结合制成其他无烟推进剂,并且可以单独用于制造阿尔弗雷德·诺贝尔（Alfred Nobel）炸药,这种炸药的出现彻底改变了爆破行业。

现在,对于烟火中涉及的化学物质和技术原理已经有所了解,我们准备对其进行实际研究。任何烟火反应都以点火作为开始,然后通过燃烧的连续传播,让各类烟火剂实现不同的技术用途。同时,为满足含能材料的实际应用,烟火技术人员不仅需要安全可靠地进行制备,还必须要安全可靠地将其点燃。有些点火方法太过剧烈,如将材料长时间暴露在3000℃的乙炔喷灯下,这是十分危险的。理想情况下,点火与传播过程的最佳类比应该像冬日往壁炉里点柴火一样,潮湿的木头很难点燃,小木条就比大直径木头要更容易燃烧,而一旦木头被点燃,就不需要再添加引燃用的皱报纸了,它能够自行维持燃烧。

第6章 点火与传播

6.1 点火原理

当提供点火刺激时，烟火药剂的引燃必须可靠，但是在运输和储存中还需保持稳定，防止意外着火。这是一个棘手的平衡问题，必须对每种配方的点火行为进行研究，以便指定合适的引燃体系。对容易点火的材料，黑火药导火索燃烧的火星就足以能点燃。推进剂的点火方法通常采用撞击火帽，它喷出的炽热粒子和火焰迅速点燃推进剂。另一个常用的点火器是电点火头，它一端是可以发热的桥丝电路，上面涂覆少量热敏感药剂，当电流通过桥丝电路时产生足够的热量点燃涂覆在桥丝上的药剂，产生火焰，点燃点火序列中的下个药剂。对点火温度高的烟火剂经常使用引火剂或点火药，它是一种容易点燃的药剂，可以用导火索或其他点火器可靠点燃，其产生的火焰和炽热粒子将点燃主装药。

要成功实现高能药剂的优异性能，主要取决于以下因素。

(1) 点火。在外界刺激作用下点燃材料的能力，以及在无外界刺激的情况下材料的稳定性。

(2) 传播。一旦被点燃，通过未燃组分维持和传播燃烧的能力。

点火和传播这两个过程在逻辑上有很多共同点，但在涉及外部能量和内部能量方面也存在一些差异。理想的配方应当在需要时容易点燃，并能够继续保持可靠燃烧，产生预期的效果，而且生产成本在可接受的范围内，并在制造和储存期间保持比较稳定。要同时满足这些条件并不容易，这也是为什么只有少数材料可以用于制备含能材料的主要原因之一。

6.1.1 点火技术

含能材料可以使用多种类型的能量输入来实现点火。传统的方法，如火焰、炽热粒子、火花、撞击和摩擦一直被用于点火装置。火焰和火花会将热量传递给温度较低的烟火材料，从而点燃这类材料。撞击和摩擦[①]的能量也可以转换为热量传递给未反应的材料，从而点燃药剂。回顾一下热力学第一定律，能量既不会凭空产生也不会消失，而是可以传递的。

几十年来，使用电流或电火花点火一直是引燃多种含能材料的最新技术。人们正在进一步研发创造热点的新方法，如使用电磁辐射（光）、光纤和激光技术，用于解决特别关注的由于静电放电和杂散射频信号可能不经意点燃桥丝系统意外引发的电点火问题（De Yong 等，1998）。

---

① 人们只需要在寒冷的日子里双手合十就可以了解摩擦是如何产生热量了。

6.1.2 点火的启动和持续

如果含能材料可以有效吸收外部施加的能量,则施加点火刺激(如火花或火焰)会在药剂中引发一系列的复杂过程。固相成分可能产生晶相转变、熔化、沸腾和分解,也有可能形成液相和气相。如果一部分材料接收了外部能量,温度升高并提供了必要的活化能,则最终将在能量输入的界面发生化学反应。

高能反应所释放的热量会使下一层药剂或药粒的温度升高。如果释放的热量和热传导足以向下一层提供所需的活化能(通过温度的升高),就会发生进一步反应,释放出更多的热量,使得反应得以在药剂中发生传播。在含能材料中,热量传递的速率、热量的产生及损耗都是自持续化学反应实现燃烧传播的关键因素。换句话说,第一部分材料必须接受热量并燃烧,从自身燃烧中释放出足够的热量,然后必须将足够的热量传递给第二部分材料,同时不向周围环境产生不必要的损耗,然后,第二部分材料必须接受热量并发生燃烧,以此类推。

燃烧过程本身非常复杂,涉及高温和各种寿命很短的过渡态高能化学物质。在实际火焰中及其相邻的区域里可能同时存在固态、液态和气态(此外,还有可能存在第四种状态,即等离子体),在反应过程中会不断生成产物,它们有可能以气态形式逸出,也有可能以固体形式在反应区中积累,如图6.1所示。

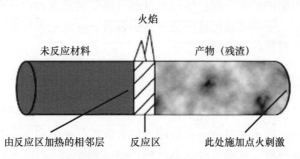

图 6.1　燃烧中的烟火药剂

反应中的烟火药剂可以划分为几个主要区域。反应区中发生的是实际的自传播放热反应过程。该区域的特征是高温、火焰和烟雾的产生以及可能存在的气态和液态物质。反应区的后面是反应过程中形成的固体产物(除非所有产物均为气态)。紧接着反应区前面的是将要进行反应的下一层药剂。该层药剂由于趋近反应区而被加热后,可能发生固相组分的熔化、固-固相变和低速的预点火反应。在将热量从反应区传递到相邻的未反应药剂的过程中,药剂的热导率是非常重要的。热气体以及热的固体和液体颗粒都有助于燃烧的传播。

6.1.3 燃烧、爆燃和爆轰

燃烧反应的特征是存在一个沿着药剂向前移动的高温反应区。该区域将未反应的材料区与反应产物分隔开来。这种类型的高温区在普通的化学反应中是不存在的，例如在烧瓶或烧杯中进行的化学反应，整个体系处于一个相同的温度下，分子在容器中随机地发生反应。此外，燃烧和爆燃（非常快速的燃烧）与爆轰的区别是：发生反应的区域与剩余的未反应药剂之间没有显著压差（Shidlovskiy，1964）。在爆燃中，含能材料几乎是瞬间燃烧的，这可能看起来像爆炸。但是，燃烧反应的过程也同样适用于爆燃：从反应药剂中释放出的热量转移到未反应材料中，从而引发燃烧，继而传播到整个反应区。换句话说，热传递传播了爆燃。

相反，爆轰会产生一个较于未反应的材料而言极高的压力区，爆燃则不会产生这样的极端效果。这个高压区以超过 1km/s 的冲击波速度穿过未反应的物料，迫使未反应的物料因压力压缩并迅速升温，导致其分解为高反应性碎片（Akhavan，2004）。换句话说，爆轰波有效地击碎了分子，使分子和原子碎片紧随冲击波阵面。这些碎片将重新结合，释放能量，使冲击波继续穿过剩余的未反应物质。因此，爆轰是通过冲击波的速度进行传播的。

因此，相比之下，在爆燃时，整个反应的速度取决于传热过程的速度，而在爆轰时，整个反应的速度取决于超音速压缩波。不言而喻，传热相对较慢，而超声速压缩波相对较快，爆轰的瞬间能量更高。

6.1.4 点火的影响因素：第一部分

为了实现点火，必须将一部分药剂加热到点火温度，该温度被定义为使药剂开始发生快速的自传播放热反应所需的最低温度。点火后，在没有其他外部能量输入的情况下，反应将沿着剩余的药剂自行进行传播。含能药剂的点火温度和燃烧速率受到多种因素的影响，化学家通过改变其中大多数因素来实现人们所预期的性能要求。

点火的一个基本要求是氧化剂或可燃剂的其中之一必须处于液态或者气态，当可燃剂和氧化剂均为液态或气态时，反应则更容易进行。低熔点可燃剂的存在会大大降低许多药剂的点火温度（Barton，1982）。特别是当可燃剂的熔化伴随着材料的热分解，产生容易被氧化的碎片时，更是如此。硫和有机化合物在含能药剂中被用作助剂，可以促进引燃。硫的熔点是 119℃，而大多数糖、橡胶、淀粉和其他有机聚合物的熔点或分解温度不超过 300℃。因此，可以通过添加一定量的具有低熔点/分解温度的硫或有机物来降低（有时候会显著降低）药剂的点火温度，如表 6.1 所列。药剂中这种新形成的流体状态有助于满足点火的第一个要求：氧化剂和可燃剂的紧密混合。当然，为了实现点火，还必须满足能量要求，即克服活化能。活化能关系到氧化剂的分解，释放氧气，可燃剂通过活化或分解，接受氧气形成反应产物，并释放出热量。

表6.1 硫和有机可燃剂对点火温度的影响

序 号	组 成	质量分数/%	点火温度/℃
ⅠA	KClO$_4$	66.7	446①
	Al	33.3	
ⅠB	KClO$_4$	64	360
	Al	22.5	
	S	10	
	Sb$_2$S$_3$	3.5	
ⅡA	BaCrO$_4$	90	615① (3.1ml/g 逸出气体)
	B	10	
ⅡB	BaCrO$_4$	90	560 (29.5ml/g 逸出气体)
	B	10	
	乙烯醇/醋酸树脂	外加1%	
ⅢA	NaNO$_3$	50	772② (50mg 样品，在50℃/min 条件下加热)
	Ti	50	
ⅢB	NaNO$_3$	50	357
	Ti	50	
	熟亚麻籽油	外加6%	

① McIntyre，1980。
② Barton，1982

6.1.5 晶格结构、运动、反应性与塔姆曼温度①

高能混合物中使用的许多氧化剂如硝酸钾，通常都是离子型固体，离子晶格的"松弛"对于反应性极为关键（McLain，1980）。晶格在正常室温下会发生轻微的振动②，其振幅随固体温度的升高而增加。当温度达到熔点时，维持固体的力减弱，并产生不定向的液态。为了在高能体系中发生反应，可燃剂和富氧氧化剂阴离子必须在离子或分子水平上紧密混合。如果晶体中的振动幅度足够大，则液体可燃剂或可燃剂碎片就会扩散到固体氧化剂晶格中。一旦产生足够的热量使氧化剂开始分解，高温燃烧反应就开始了，反应中涉及游离氧、可燃剂原子或自由基，因此可以产生非常快的反应速率。在这里我们关注的是点火引发的过程。

---

① 译者注：塔姆曼温度是固体能够以极大速率进行固-固反应的最小温度。
② 基于各种因素和复杂的系统，所有分子都在不断振动，以至于整本书都在试图解释这一问题。

固态化学的先驱者之一，古斯塔夫·安德里亚斯·塔姆曼（Gustav Andreas Tammann）研究了晶格运动对反应性的重要意义，使用固体实际温度除以固体熔点的比值（所有温度均以开尔文表示，K），定量描述这一概念：

$$\alpha = T_{固}/T_{熔点} \tag{6.1}$$

塔姆曼提出，当 α 值为 0.5（即固体开尔文温度为熔点值的 1/2）时，运动物质向晶格中的扩散可能是相当显著的。例如，硝酸钾的熔点为 334℃，即 334 + 273 = 607K。取该值的 1/2（303.5K），然后减去 273 并将其转换回摄氏温度标度，得到数值为 30.5℃（即 93℉），这是一个在温暖的储存区域可能会出现的温度。

在此温度（后面称为塔姆曼温度）下，固体振动自由度大约为在熔点下振动自由度的 70%，可能发生向晶格中的扩散（McLain，1980）。如果这是使扩散可能发生的近似温度，那么也是使良好的氧化剂与流动的、可反应的可燃剂之间发生化学反应所需的温度。氧化剂在低于其熔点的温度下开始以缓慢的速率释放氧气，所以当达到熔点时，氧化剂的氧损失率将变得非常重要。从安全角度来看，这是一个非常关键的因素：反应的可能性在相当低的低温下也有可能存在，尤其是当有硫或有机可燃剂存在时，更是如此。表 6.2 列出了一些常见氧化剂的塔姆曼温度。氯酸钾和硝酸钾显示出较低的塔姆曼温度，这或许可以解释为何含有这些物质的混合药剂会发生大量意外的点火事故。氯酸钾特别容易受到这种现象的影响，因为其分解是放热过程（表 3.3），释放的热量会促进点火过程的发生。如果硝酸钾要发生明显的吸热分解，需要在分解开始之前就达到更高的温度，并以显著的速率释放氧气，与待反应的可燃剂发生反应。

表 6.2　常见氧化剂和镁的塔姆曼温度

氧化剂	化学式	熔点/℃	熔点/K	塔姆曼温度/℃
硝酸钠	$NaNO_3$	307	580	17
硝酸钾	KNO_3	334	607	31
氯酸钾	$KClO_3$	356	629	42
硝酸锶	$Sr(NO_3)_2$	570	843	149
硝酸钡	$Ba(NO_3)_2$	592	865	160
高氯酸钾	$KClO_4$	610	883	168
铬酸铅	$PbCrO_4$	844	1117	286
氧化铁	Fe_2O_3	1565	1838	646
镁	Mg	651	924	189

塔姆曼温度表示了在固体氧化剂材料中可能存在或发生潜在扩散的温度。此外，二元烟火体系发生反应的另一个要求是存在反应性可燃剂或可燃剂碎片，以接受来自氧化剂的氧气，从而产生额外的能量引发点火。点火需要足够的流动和能量。同样的逻辑也适用于氧化剂中的氧原子，其扩散到高熔点固体可燃剂中，并与表面的可燃剂原子反应产生热量。

6.1.6 点火的影响因素：第二部分

点火的难易程度还取决于组分的粒径和表面积。对于熔点高于或与氧化剂相近的金属可燃剂来说，这一因素尤其重要。某些金属包括铝、镁、钛和锆，以细小颗粒的形式存在时（粒度为 $1 \sim 5 \mu m$ 范围），可能会非常危险。这种细小颗粒可能会在空气中自燃，并且通常对静电非常敏感（Ellern, 1968）。出于安全原因，当配方成分含有金属粉末时，通常会牺牲一部分反应性，并且应避免使用超细粉体，以尽可能减少意外着火。

点火的最后一个要求是使可燃剂达到从激活到氧化的温度。对于金属可燃剂，通常还涉及除去表面的氧化层，使新鲜活性金属原子暴露于从氧化剂中释放的氧气中。当金属的温度远高于塔姆曼温度并接近其熔点时，该过程变得非常重要，许多氧化剂/金属可燃剂体系显示的点火温度与可燃剂的熔点温度趋于一致。例如，对于镁/氧化剂体系，通常观察到点火温度在 $600 \sim 650$℃ 范围内（表 6.3，其中金属镁的熔点为 649℃）。

对于有机可燃剂来说，活化过程是指要使其达到碳链开始分解的温度，产生易于氧化的自由基片段。有机化合物的分解温度通常为 $200 \sim 350$℃，具体取决于可燃剂的特定分子结构。许多糖，如葡萄糖和蔗糖，分解温度比较低（常见的焦糖化反应会导致糖在加热时变成褐色），而没有电负性取代基（如卤素或硝基）的烃链往往热稳定性更高。在糖分子中，许多碳原子因为连接了带负电的氧原子而呈现部分正电性，导致相当大的内部键应变，相邻的部分正电性碳原子倾向于相互排斥，使得分子在相对较低的温度下不够稳定。同样的现象也导致某些炸药分子（如硝酸甘油）的感度较高。在这些炸药中，相邻碳原子上的电负性原子会使分子不稳定，并使材料对振动和撞击敏感。当烟火药剂的成分中存在硫时，其倾向于充当引火物或助燃剂，主要是由于其熔点低，导致容易被活化和氧化。

表 6.3 含镁配方的点火温度[①]

氧 化 剂	点火温度/℃
$NaNO_3$	635
$Ba(NO_3)_2$	615
$Sr(NO_3)_2$	610

续表

氧 化 剂	点火温度/℃
KNO_3	650
$KClO_4$	715

注：所有配方中均含50%质量的镁。压药压力为10000psi①。
① Ellern, 1968

我们举几个例子来说明这些原理。在硝酸钾/硫体系中，随着硫在119℃熔化，在加热过程中开始出现液体。硫在自然界中以八元环的形式存在，即S_8分子。在温度达到140℃时，S_8环开始分裂成S_3等物质。然而，即使存在这些裂解产物，硫和固体之间也不会发生速率足够快的反应，直到KNO_3在334℃熔化，释放出大量的氧，才会发生点火。当两种物质都处于液态时，才可能会发生紧密混合，并且在达到KNO_3熔点以上时，可以观察到点火。尽管在低于熔点时，硫和固体KNO_3之间可能发生了某种预点火反应（PIR），但硫被氧化所输出的低热量与KNO_3吸热分解使得反应难以发生。直到整个体系变成液态，反应速率才足够快到可以引发一个自传播反应。图6.2~图6.4显示了各组分和混合药剂的热分析图。值得注意的是，在330℃产生的强放热峰（热量释放）对应于KNO_3/S配方体系的点火。

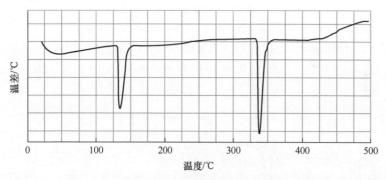

图 6.2 纯硝酸钾的差热分析图

（在130℃和334℃附近观察到吸热峰。这两个峰分别对应于菱形-三角晶体的转变和熔化。可以注意到334℃附近的熔点吸热峰是很尖锐的。纯化合物通常会在非常窄的温度范围内熔化。不纯的化合物会有一个较宽的熔点吸热峰）

在氯酸钾/硫体系（$KClO_3$/S）中，观察到了不同的结果。硫在119℃时开始熔化，并在140℃以上开始裂解，但在200℃以下发现了对应于药剂点火的强放热峰。氯酸钾的熔点为356℃，因此点火温度远低于氧化剂的熔点。但是，$KClO_3$的塔姆曼温度为42℃。流动的物质（如液体、碎片状的硫）都可能在熔点

① 译者注：psi 表示为 lb/in^2。

以下的温度穿透晶格并发生反应。$KClO_3$ 的热分解是放热反应（每摩尔氧化剂分解产生 10.6kcal 热量）。由此获得放热的复合结果：通过 $KClO_3$/S 反应以及 $KClO_3$ 分解释放热量，生成氧与剩余的硫反应，这样就会产生更多的热量，反应速率以 Arrhenius 指数形式加速，导致点火温度远低于氧化剂的熔点。将较低的塔姆曼温度和放热分解结合起来，有助于解释氯酸钾具有危险性和不可预测的特性。图 6.3、图 6.5 和图 6.6 显示了各个单组分和 $KClO_3$/S 混合物的热行为。与之类似，氯酸钾/蔗糖体系在接近蔗糖的熔化和分解温度（190℃）时，会发生点火。

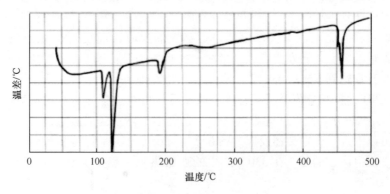

图 6.3　硫的差热分析图

（在 105℃ 和 119℃ 下分别观察到斜方-单斜晶格相变和熔化的吸热峰。在 180℃ 附近观察到另一个吸热峰。该峰对应于液体 S_8 分子碎裂成更小的碎片。最后，在 450℃ 附近观察到汽化现象）

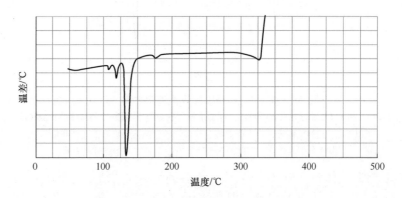

图 6.4　硝酸钾/硫/铝混合物的差热分析图

（在 105℃ 和 119℃ 出现硫的吸热峰，然后在 130℃ 附近硝酸钾发生相变。当接近硝酸钾的熔点（334℃）时，可观察到放热峰。氧化剂和可燃剂之间发生反应，混合物点火后释放出大量热量）

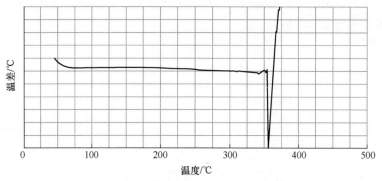

图 6.5　纯氯酸钾 $KClO_3$ 的差热分析图

（在 $KClO_3$ 的熔点（356℃）之前未观察到热现象。达到熔点后发生放热分解，释放出氧气）

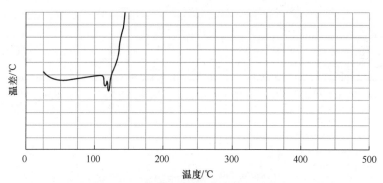

图 6.6　氯酸钾/硫混合物的差热分析图

（在 105℃ 和 119℃ 附近出现了硫的吸热峰。在 150℃ 以下观察到一个剧烈的放热反应。点火温度比氧化剂的熔点要低约 200℃（$KClO_3$ 熔点为 356℃），点火发生在 S_8 分子分裂成较小碎片的温度范围附近）

6.1.7　点火温度

当我们使用具有更高熔点的可燃剂和氧化剂时，可以发现含有这些材料的二元配方的点火温度也相应升高了。理论上，低熔点可燃剂和低熔点氧化剂组合配方的点火温度较低，而高熔点组合通常显示出较高的点火温度。表 6.4 给出了这方面的一些例子。

表 6.4 列出了硝酸钾与几种低熔点、易分解可燃剂的混合配方，其点火温度接近或略高于氧化剂的熔点（334℃）。KNO_3 与高熔点金属可燃剂混合物的点火温度则要高得多。上文中，表 6.3 显示出一系列含镁配方的点火温度都接近金属镁的熔点（649℃），在这一温度下，使得镁颗粒周围的氧化镁层脱落，暴露出新鲜的金属原子以供后续氧化。由于此时体系温度远高于镁的塔姆曼温度，氧化剂分解产生的氧气会在金属晶格中发生扩散，导致点火。由上述分析可知，即使以

镁作为可燃剂，由于较低的塔姆曼温度和分解放热，氯酸钾配方体系的点火温度通常也远低于可燃剂的熔点。

表 6.4 烟火药剂的点火温度

序号	组分	熔点/℃	点火温度/℃
Ⅰ	$KClO_3$	356	150
	S	119	
Ⅱ	$KClO_3$	356	195①
	乳糖	202	
Ⅲ	$KClO_3$	356	540①
	Mg	649	
Ⅳ	KNO_3	334	390①
	乳糖	202	
Ⅴ	KNO_3	334	340
	S	119	
Ⅵ	KNO_3	334	565①
	Mg	649	
Ⅶ	$BaCrO_4$(90%)	高温下分解	685②
	B(10%)	2300	
Ⅷ	中国鞭炮（$KClO_3$, S, Al）		150
Ⅸ	$KClO_3$	356	200
	糖	186	
Ⅹ	黑火药（KNO_3, S, 木炭）		340
Ⅺ	闪光剂（$KClO_4$, S, Al）		450
Ⅻ	金色烟花（$Ba(NO_3)_2$, Al, 糊精, 铁屑）		>500

注：表中给出了由差热分析确定的点火温度。这些数值代表混合物在热分析图中出现强烈放热反应时的温度。在其中的很多实验里都能听到反应的声响，这表明发生了剧烈的反应。除非特别说明，否则混合物配方均为化学计量比例。

① De Yong, Lu, 1998。
② McLain, 1980

对照实验结果还显示，点火温度会受到颗粒大小的影响（Zhu，2014）。将不同粒径的球形镁粉与不同粒径的硝酸钾、硝酸锶和高氯酸钾混合制备成药剂。实验中发现镁与 100 目硝酸钾混合配方的平均点火温度为 626.3℃，而在同样的配方中，如果使用 400 目硝酸钾，平均点火温度为 605.4℃，比前者降低 20℃。值得注意的是，当硝酸锶或高氯酸钾的粒径变化时，并没有发现类似现象。但是，对于这三种氧化剂，在改变镁粉粒径时，可以观察到类似的结果：随着镁粉的大小从 100 目减小到 400 目，配方的自发反应温度（即真正点火前发生放热反应的温度）有所降低，其中硝酸钾配方降低了 12℃，硝酸锶配方降低了 17℃，高氯酸钾配方则降低了 23℃。由此可以得出结论：粒径的减小使得表面相互作用更强，颗粒堆积更多以及热量积蓄更大，并使得点火温度的降低。

6.1.8 测定点火温度的方法

查阅烟火文献，很可能会发现同一配方的点火温度数值存在较大的差异。这通常是由于测量点火温度的实验条件有所不同引起的。各组分的配比、混合程度、装填压力、加热速率和样品量都会影响观察到的点火温度，此外，还包括颗粒粒径、含水量和人为因素的差异。因此，特定含能混合物的点火温度并不是一个固定的常数。对于相同的配方成分，不同小组使用不同的实验方法得到的点火温度可能相差 ±25℃，甚至更大。那么，哪个数值更为准确呢？这些数值可能都是准确的，每一个都是所采用的特定实验程序的函数。然而，随着差示扫描量热法（Differential Scanning Calorimetry，DSC）逐渐发展成为用于确定含能材料点火温度的主要的、普遍认可的方法，文献中数值的变化范围已经缩小了许多。

测量点火温度的传统方法在 Henkin 和 McGill 研究炸药点火时已被广泛使用（Henkin 等，1952）。这种方法是将少量样品（3~25mg，取决于材料是否会爆燃）置于恒温浴中，并测量点火发生所需的时间。然后将恒温浴的温度升高几度，并重复实验。根据这种研究方法，点火温度被定义为，使药剂在 5s 内发生点火的温度。把使用这一研究方法所得的数据进行作图，可以获得很有意义的结论，如图 6.7 所示。出于安全储存和运输目的，研究人员不仅需要了解瞬时点火发生的温度，还要知道延迟点火发生的温度。

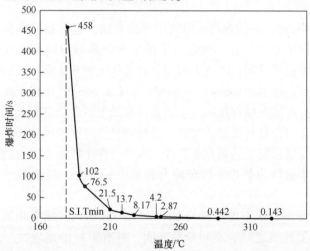

图 6.7　硝化纤维素的爆炸时间与温度的关系（Henkin，McGill，1952）
（随着油浴温度的升高，爆炸延滞期呈指数下降，接近瞬时值。对应于无限长爆炸延滞期的外推温度值称为最低自发火温度（S.I.T. min））

时间相对于温度的研究数据也可以绘制为时间自燃对数相对于温度倒数（1/T）的曲线，这与Arrhenius方程所表示的性质是一致的，通常得到的结果是线性关系（见第2章）。图6.8使用了与图6.7中相同的数据进行绘图，也说明了这个概念。活化能可以通过这些图中的斜率进行计算，这一实验条件下的活化能数值为26.5kcal/g（Henkin等，1952）。由于反应机理或其他复杂因素的影响，有时在Arrhenius图中可观察到线性出现偏差或斜率的突变。

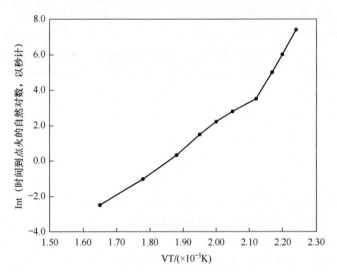

图6.8 硝化纤维素的Henkin-McGill图（Henkin等，1952）
（将点燃时间的自然对数相对于绝对温度K的倒数作图，可得到一条近似直线，
并且可以从直线的斜率计算出活化能。曲线在横坐标2.1附近的
转折可能是由于该温度下反应机理发生了变化）

"Henkin-McGill"曲线在点火研究中非常有用，它为我们提供了可能发生自发点火温度的重要数据。这些数据对于确定含能药剂的最高储存温度特别有意义。这一温度对应于无限长的点火时间，并远低于图6.7所示的最低自发火温度（Spontaneous Ignition Temperature Minimum, S.I.T. min）。在高于此温度的任何温度下，药剂都有可能在储存期间发生点火。在低于该最低自发火温度时，也可能发生点火。随着储存材料质量的增加，材料内自热过程的风险增加，因为热量无法轻易消散，并且可能会达到点火条件。因此，在小样本上进行的最低自发点火温度研究绝对不能作为热稳定性危险分析的唯一依据，当然对于大量材料也是如此。

由DSC确定的点火温度通常与Henkin-McGill的研究结果相当吻合。DSC数值往往在不同实验室之间、不同样品之间，具有更好的重现性。然而，加热速率、样品大小、均匀性等方面的差异会导致通过热分析技术所得的数值有一些差异。因此，任何对于点火温度的比较，最好都在相同的实验条件下进行，最大程度地减少变量。在这里给出一个有趣的研究案例,使用上文中的 Henkin-McGill 法研究得出最低自发火温度 S.I.T.min 为 175℃,加热 1s 的点火温度为 287℃。在最近的一项研究中,H. Ma 团队通过 DSC 测试发现硝化纤维素在约 190℃ 时出现热流量,在 210℃ 左右达到热流峰值(分解),实验中加热速率为 10℃/min(Ma, 2017)。在相同温度(210℃)下,Henkin 和 McGill 得到的爆炸时间都为 21.5s。因此,两项研究均显示出相似的最低点火温度或热流温度。

需要注意的是,在这些实验中,样品被整体加热到实验温度,测试的是特定组分的温度敏感性。对于部分烟火材料,点火敏感性还必须根据其他类型的潜在刺激(如静电火花、撞击、摩擦和火焰等)对其点火难易程度的影响进行讨论。点火感度将在第 7 章中进一步讨论。

6.1.9 小结

为使含能药剂点火,必须要达到一定温度(至少在部分样品中),在该温度下,氧化剂中的氧气以显著的速率释放出来,而可燃剂应当处于容易与释放的氧气发生反应的状态。实际上,通常观察到氧化剂的活化温度接近于氧化剂的熔点(因此远远超过塔姆曼温度)。对于金属和元素可燃剂,活化温度通常接近可燃剂的熔点,此时所有的氧化层熔化,暴露出新鲜的反应性可燃剂原子,并且固体材料中可能发生可移动物质的扩散。对于有机可燃剂,活化温度对应于有机分子的分解温度,此时可以形成易于氧化的自由基,并与氧化剂中的氧发生反应,产生热量和传播反应。

综上所述,主要的点火因素包括(但不限于)以下各项。
(1)氧化剂、可燃剂和其他成分的选择。
(2)氧化剂和可燃剂的粒径。
(3)均质成分的粒度(如果以颗粒物存在)。
(4)能量输入的类型和量值。
(5)敏化剂的存在,无论是否有意添加。

6.2 燃烧的传播

6.2.1 简介

理想情况下,点火过程会在含能药剂表面引发一个自传播的高温化学反应。在未反应组分中进行反应的速率将取决于氧化剂和可燃剂的性质以及各种其他因素。反应的速率可以用两种方式表示。
(1a)质量燃烧速率:单位时间内燃烧的药剂质量(g/s)。

(2a) 线性燃烧速率：单位时间内燃烧的药剂长度（cm/s）。

速率也可以表示为这些单位的倒数。

(1b) 燃烧一定质量的材料所需的时间（s/g）。

(2b) 燃烧一定长度的材料所需的时间（s/cm）。

装填压力及由此产生的装药密度，将决定质量燃烧速率和线燃烧速率之间的关系。

6.2.2 组分选择的影响

反应速率主要取决于氧化剂和可燃剂的选择。在许多高能反应中，决定反应速率的主要是吸热过程，而氧化剂的分解通常是关键的步骤。在所有其他因素保持不变的情况下，氧化剂的分解温度越高，其分解吸热量越多，燃烧速率也就越慢。

Shimizu 提出的常用的烟火氧化剂的反应顺序如下（Shimizu，1981）：

$$KClO_3 > NH_4ClO_4 > KClO_4 > KNO_3$$

Shimizu 指出，当硝酸钾用于黑火药以及存在热可燃剂的含金属配方中时，它的反应速率并不慢。硝酸钠（$NaNO_3$）的反应性与硝酸钾非常相似（但吸湿性更强，如果药剂中存在过多的水分，就会影响点火及燃烧速率）。Shidlovskiy 收集了一些常见氧化剂的燃烧速率数据（Shidlovskiy，1964）。表 6.5 中列出了氧化剂与各种可燃剂的燃速数据，可以看到氯酸钾具有很高的反应活性。

表 6.5 化学计量比的双组分配方的燃烧速率[①]

可燃剂	线性燃烧速率 /(mm/s)			
	氧化剂			
	$KClO_3$	KNO_3	$NaNO_3$	$Ba(NO_3)_2$
硫	2	×	×	—
木炭	6	2	1	0.3
食糖	2.5	1	0.5	0.1
虫胶	1	1	1	0.8

注：将药剂压入直径为 16mm 的纸管中。×表示未发生燃烧。

① Shidlovskiy，1964

可燃剂在决定燃烧速率方面也起着重要作用。金属可燃剂燃烧时放出大量的热，并具有优良的热导率，往往会加快燃烧速率。而当有低熔点、挥发性可燃剂（如硫）存在时，尽管会增加可燃性，但也会延缓燃烧速率。热量被用于这些材料的熔化和汽化，而不是用于升高相邻层中未反应药剂的温度，从而加快反应速度。换言之，硫有助于点火但阻碍了燃烧的传播。

同样，在所有其他因素相同的情况下，可燃剂的活化温度（通常是其熔点或分解温度）越高，则含有该组分的混合药剂的燃烧速率越慢。Shidlovskiy 指出，含铝配方的燃烧速率往往比相应的含镁配方更慢，这也是部分原因（Shidlovskiy，1964）。

6.2.3 质量比和化学计量的影响

最初，从逻辑上来说化学计量的混合物燃烧速率最快，当氧化剂和可燃剂具有类似的热导率（如氧化剂/有机可燃剂混合物）时可以观察到这种现象。但有时候，很难准确预测这些系统在高反应温度下的实际优先反应，因此通常建议采用试错法。在化学计量点上下改变可燃剂和氧化剂的比例制备一系列药剂，同时保持其他所有参数不变，这样通过实验确定产生最大燃烧速率的配方。

当存在金属可燃剂时，随着金属百分比的增加到超过化学计量点，混合药剂的燃烧速率也随之增大，这是因为金属含量的增大提高了药剂的热导率。过量的金属有助于更多地吸收反应产生的热量，并将这些热量有效地转移到下一层药剂中，从而使温度升高至更接近点火温度。表6.6 给出了化学计量对硝酸锶-镁二元红色闪光剂燃烧速率的影响。可燃剂过量的配方具有最快的燃烧速率和最高的烛光度，而氧化剂过量的配方燃烧最慢且烛光度最低。表6.7 显示了在保持相对氧化剂百分比不变的情况下，改变金属可燃剂与黏合剂（有机可燃剂）配比的影响。降低硝酸钠-镁照明剂中的金属含量或增加黏合剂含量会减慢燃烧速率，并降低药剂的烛光度。

表6.6 化学计量对燃烧速率的影响[①]

项 目	化学计量	氧化剂过量	可燃剂过量
镁（可燃剂）/%	36.3	28.8	42.8
硝酸锶/%	63.7	71.2	57.2
燃烧速率/(in/s)	0.12	0.059	0.16
烛光亮度（最大值）	1400	180	5100

注：压药压力为70kpsi。
① Puchalski，1974

表6.7 照明剂中黏合剂含量对燃烧速率的影响[①]

硝酸钠/%	镁/%	黏合剂/%	燃烧速率/(in/s)	烛光度/cd
55	39	6	0.139	291800
55	37	8	0.106	240700
55	35	10	0.094	195000
55	33	12	0.088	180600

注：镁粉选用1型，椭圆形，-30/+50目。硝酸钠用筛网筛分为55μm，用费希尔亚筛筛分为20μm。黏合剂为环氧树脂/聚硫化物。压药压力为14000psi。
① Diercks，1982

6.2.4 热传递、压药密度和湿度等因素的影响

从燃烧区到相邻层的未反应药剂中的热传递对于燃烧传播过程是非常关键的。金属可燃剂的高导热性对这一过程有很大的帮助。对于氧化剂和可燃剂的双组分药剂体系，当金属含量增加到超过化学计量点时，燃烧速率随之升高。对于含镁混合物，当镁的质量分数达到60%~70%时，可以观察到产生这种现象，对于其他金属可燃剂，包括钨、钼和锆，也观察到了类似的现象。这是由于随着金属含量的增加，药剂的热导率增大。镁的沸点较低（约为1100℃），氧化剂和可燃剂的烟火反应产生的热量会导致过量镁蒸发，并与大气中的氧气发生反应（De Yong 等，1998），因此可进一步提高反应速率以及光输出。

通过改变管状模具的装填压力，可以调整药剂的装药密度，并影响燃烧速率。典型的含能反应会生成大量的气态产物，相当一部分实际的燃烧反应发生在气相中。对于这类反应，燃烧速率将随着装药密度的降低而增加。轻度压紧的药剂或散药的燃烧速度最快，甚至可能达到爆炸速度，而在较大压力下压紧的药剂燃烧速度则较慢。这种药剂中的燃烧面是随热气态产物前移的，越是疏松多孔的药剂，反应速度越快。理想的快燃药剂是通过造粒制备的高度均匀的颗粒，且每个颗粒内部仍由高表面积的细小粉末粒子松散聚集而成。通过此类松散的药剂颗粒时，燃烧将加速传播。

但是这一装药压力规则也有例外，就是对于反应产物中无气体的药剂，如铬酸钡/硼或氧化铁/硅体系。在此类体系中，燃烧在无气相参与的情况下在药剂中传播，压药压力的增加将导致燃烧速率加快，这是由于固体和液体颗粒的紧密聚集更有利于热传递。热导率对这类配方的燃烧速度有重要的影响。表4.7说明了压药压力对无气体的铬酸钡/硼体系的影响：压药压力越大，燃烧速度越快。

水分的存在会显著降低燃烧速率，因为水的蒸发将吸收大量热量。本书反复提到"保持粉末干燥"就是基于这一原因：100℃时水的汽化热为540cal/g，是汽化热数值最大的液态材料之一。水的去除需要消耗大量的热量，并且在所有水分（起到散热作用）都蒸发之前，药剂的温度不会高于100℃。换言之，反应中将消耗大量的热量用于水分的去除，而这些热量原本可用于加热并点燃含能材料。对比分子间作用力比较弱的液体，如苯（C_6H_6）分子在其沸点80℃时，其汽化热仅为94cal/g。

6.2.5 外部压力和约束条件的影响

如果反应产物中存在气体，其产生的气体压力与大气压力相结合，也会影响燃烧速率。一般规律表明，随着外部压力的增加，燃烧速率将加快。外界的环境压力将限制气体产物和热量从反应区逸出，使得燃烧药剂保留更多的热量，从而加快药剂的燃速。这一影响因素在氧气是气相中的一个主要成分时显得非常重要，如果氧气在反应区中保留更长的时间，则会增加其与可燃剂反应的可能性。

外部压力效应的大小表明了气相参与燃烧反应的程度。

人们已经定量研究了外部压力对黑火药和许多其他推进剂燃烧速率的影响。推进剂燃烧速率 $v(\text{m/s})$ 的一般公式为

$$v = aP^n \tag{6.2}$$

式中：a 为经验常数；P 为燃烧室中的压力；n 为燃速压力指数，对于给定的推进剂材料而言是一个常数。推进剂反应生成的气体越多，n 值就越高。第 9 章对推进剂进行了讨论，并给出了几种典型推进剂的 a 值和 n 值。如本章下面所介绍的，在 1atm 下（1atm = 0.1MPa），硝化甘油和硝化纤维素组成的无烟火药的燃烧速率比黑火药更慢。然而，在高压条件下，如通常在枪膛中，无烟火药的燃烧速率远远高于黑火药。

Shidlovskiy 提出了实验得到的黑火药燃烧的经验公式：

$$v = 1.21P^{0.24} \tag{6.3}$$

式中：P 为压力，单位为 atm。

表 6.8 给出了该公式计算的黑火药燃烧速率，以 cm/s 单位。

表 6.8　不同外部压力下计算出的黑火药燃烧速率[①]

外部压力/atm	外部压力/psi	线性燃烧速率/(cm/s)
1	14.7	1.21
2	29.4	1.43
5	73.5	1.78
10	147	2.10
15	221	2.32
20	294	2.48
30	441	2.71

注：Shidlovskiy 方程仅在 2~30atm 的压力范围内适用。
① Shidlovskiy，1964

众所周知，燃烧速率会随约束压力的增大而增加，并且广泛用于推进剂装置的设计。通常在此类设备中会用到限流器或阻风门，以产生更高的内部压力，从而加快推进剂的燃速，并产生更大的推力。

对于无气体的高热剂和延期药配方来说，外部压力产生的影响很小。如果观察到燃烧速率会随装药压力的增加而加快，而外部压力对燃速影响不大，则可以据此推断燃烧机制中没有明显的气相参与。对于氧化铁/铝（Fe_2O_3/Al）、二氧化锰/铝（MnO_2/Al）和氧化铬/镁（Cr_2O_3/Mg）体系，当外部压力从 1atm 升高到 150atm 时，燃烧速度提高了 3~4 倍，这表明有一些轻微的气相参与反应。然而，氧化铬/铝（Cr_2O_3/Al）体系在 1atm 和 100atm 时，燃烧速率几乎完全相同（均

为2.4mm/s），说明这是一个真正的无气体反应体系（De Yong等，1998）。

表6.9给出了高锰酸钾-铬延期药的燃速随外部压力增加而变化的数据（氮气环境下）。

表6.9 延期药的燃烧速率与外部压力的关系[①]

配方组成：高锰酸钾64% /铬36%	
外部压力/psi	燃烧速率/(cm/s)
14.7	0.202
30	0.242
50	0.267
80	0.296
100	0.310
150	0.343
200	0.372
300	0.430
500	0.501
800	0.529
1100	0.537
1400	0.543

注：将药剂以20000psi的压力装入105mm黄铜管中。
① Glasby (n. d.)

另一个需要考虑的问题是，烟火药剂是否会在非常低的压力下燃烧，以及燃烧的速率。对于以空气中的氧作为重要反应组分的反应来说，在低压条件下，燃烧性能会明显下降。含有大量可燃剂的药剂（如富含镁的照明剂配方）在低压条件下会不完全燃烧，因为它们需要大气中的氧气参与才能达到预期的效果。化学计量药剂中燃烧所需的氧全部都由氧化剂来提供，这类药剂受外部压力变化的影响最小。表6.10给出了当环境压力降低到一个大气压以下时，某延期药配方的燃烧速率数据，可以看出在较低的压力下，燃烧速率会变慢。

表6.10 低环境压力对某延期药燃烧速率的影响[①]

外部压力 P/atm	燃烧速率/(mm/s)
1.0	16.9
0.74	16.0
0.50	15.9
0.26	15.5
0.11	14.9

注：该延期药成分为30%的硼和70%的三氧化二铋。这种延期药在英国已经使用了很多年。随着硼含量的变化，燃速可达到5~35mm/s。硼含量为15%时，燃速最快。
① Davies，1985

Schneitter 研究了在低压条件下闪光剂和黑火药的点火和性能，结果表明，在真空中无法使用电点火器点燃高氯酸钾-铝闪光剂或商业级 FFFg 黑火药，而这种材料在常压下很容易被点燃（Schneitter 等，1998）。在相同的真空条件下，使用白炽镍铬合金丝（一种镍铬合金，可加热至超过 1000℃）可以点燃这些组分，但观察到长达 3.5s 的点火延迟。氧气不是关键的影响因素，因为这种药剂可以在氦气或氮气环境中用电点火器点燃，而通常在烟火反应中氦气和氮气均为惰性气体。这表明不只是氧气，任何气体产生的气压对于点火过程都很重要。

6.2.6 外界温度的影响

我们在第 2 章中指出，化学反应的速率随着环境温度的升高而加快。可以预见的是，点火的难易程度和燃烧速率还取决于含能药剂的初始温度。点燃初始温度较低的药剂需要更多的能量输入，才能使药剂中的初始层或药粒达到其点火温度。在热力学意义上，与较高温度相比，在较低温度下需要向药剂输入更多的热量以达到相应的活化能。对于放热量低、点火温度高的药剂，这种影响最为明显。

在低温条件下使用的烟火和推进剂装置也会比在高温下使用时的燃烧速率更慢。这主要是由于对冷装置而言，通过反应区热传递使下一层材料从初始温度升高到点火温度需要的升温值要大于热装置。

因此，如果在使用前没有按照标准提供所需的温度，则该装置的存储温度可能会影响使用性能。在研发工作中，要尽量消除温度因素对于燃烧速率或燃烧时间的影响。表 6.11 给出了环境温度对延期药燃烧速率的影响。在这类药剂中，环境温度的影响虽然存在，但相对较小，在温度从较低到较高的范围内变化时，燃烧时间的变化约为 10%。

表 6.11 环境温度对某延期药燃烧速率的影响[1]

温度/℃	燃烧时间/s
-40	3.43 ± 0.13
常温~25	3.30 ± 0.07
165	3.15 ± 0.14

注：组分含高氯酸钾（33%）、氧化铁（18%）、钨（49%）。压药压力：36000psi，药柱长约 0.64in。
[1] Taylor, 1991

对于黑火药，在外部压力为一个大气压时，环境温度为 0℃ 与 100℃ 相比，燃烧速率降低了 15%（De Yong 等，1998）。对于硼/铅丹氧化物（B/Pb_3O_4）延期药配方，当环境温度从 -50℃ 升高至 70℃ 时，燃烧速率增加 7% 至 16% 以上，具体取决于配方中的硼含量（以质量比计）。有趣的是，在这项研究中，随着环境温度的升高燃烧速率呈线性增加，但随着硼含量的增加（从 1% 增加到 16%，以质量比计），燃烧速率呈对数增长（Li 等，2010）。这表明，环境温度对燃烧速率有相当直接的影响，进一步强化了这样的观念，即材料组分的变化对燃烧速率具有更加复杂和细微的影响。

一些炸药会显示出更高的温度感度。例如，硝化甘油在100℃时的爆炸速度比在0℃时要快2.9倍（De Yong 等，1998）。

总之，在所有其他因素相同的情况下，温度较低的含能装置将会比较热的装置需要更多的点火刺激，且燃烧速率更慢。

6.2.7 燃烧表面积

随着燃烧表面积的增加，燃烧速率（以 g/s 或 mm/s 为单位）也会相应提高。由于在单位质量的药剂中，小颗粒比大颗粒的表面积更大，其燃烧速度比大颗粒更快。相同的药剂，装入狭长的细管中要比装在粗管中燃烧慢得多。这是因为对于粗管而言，容器管壁上的热量损失相对于组分所保留的热量而言并不十分重要。每种药剂在不同装填压力下，都有一个能够产生稳定燃烧的最小直径，这是通过实验确定的。这一最小直径将随着药剂放热量的增加而减小。也就是说，当反应中有更多热量产生时，即使部分热量会损失在容器壁上，药剂中也有更多的热量可用于传播燃烧。

如果使用金属（特别是厚金属管）作为管壁材料时，厚壁金属管可以非常有效地从燃烧的药剂中移除热量。然而，除了个别放热量很大的配方之外，燃烧很难通过狭长的药柱进行传播。金属是良好的热导体，并且还具有良好的热容来保持热量。另外，常用的火花棒的中心会使用金属丝材料，这样可以保留硝酸钡–铝反应所放出的热量，并有助于燃烧沿着薄的烟火涂层传播。

在细管中燃烧良好的药剂，如果被装入较粗的圆柱管中可能会达到爆炸般的燃速，因此，每一次改变药剂直径时，都应该进行仔细的实验。对于细管，还必须考虑固体产物（例如灰烬）的产生及其对燃烧的影响。燃烧产生的灰烬如果不能被热气体从管子中喷出或掉落，就可能会堵塞管道，阻止气态产物的逸出。一旦发生这种情况，可能会由于热气的积聚而引起爆炸，对于快燃药剂而言更是如此。

6.2.8 爆燃转爆轰

回顾之前关于爆燃的讨论，可以视其为极快的爆炸性燃烧，对人类的观察而言是瞬间发生的。这个过程与爆轰不同，爆轰可视为是短时间内高能量输出产生的压力区或冲击波使分子粉碎。当一种物质发生爆轰时，初始冲击会产生一个高压区域（称为爆轰波），当其进入未反应物质区时，会将这些未反应的物质压缩并加热到接近拉开化学键的程度，在冲击波后留下分子和原子碎片。爆轰的速度可超过 1000m/s，在某些军用炸药中甚至可达到 9000m/s。

如果条件合适，爆燃的烟火剂燃烧速率可以迅速提高，这取决于先前讨论的各种因素：药剂及其组分的性质，气体和热量的产生，以及整体的约束条件。如果压力达到临界点，爆燃机制可以转变为以 1000m/s 或更高速度移动的爆轰（压力）波，称为爆燃转爆轰（DDT）。在这种情况下，反应速率会随着 DDT 过程的进行而快速增加，迅速提高瞬时能量输出。

材料的性质、约束条件以及药剂的总量是成功实现 DDT 转变的驱动因素。药剂的均匀性对于维持震碎机制并由此维持爆轰波也很重要。因此，较小的粒径对于实现 DDT 也是至关重要的。当然，较高的热量、气体输出量和较高的火焰温度也将有助于 DDT 过程的进行。例如，密闭条件下小颗粒的铝/高氯酸钾/硫药剂非常适合于发生 DDT 转化。起爆药（如叠氮化铅）在受到点火刺激时会立即产生 DDT 转变，这一性质也是其作为起爆药使用的主要原因。

当然，反向的减速转变也可能发生，即爆轰转爆燃。如果起爆材料的反应速度不足以维持爆轰波，反应前沿就会以亚音速恢复燃烧，或发生爆燃。例如，如果要实现完全爆轰的材料未充分压紧，则可能在反应过程中变得松散，导致达不到爆轰所需要的压缩程度。

6.2.9 小结

烟火组分的燃烧速率取决于许多因素。所有这些因素都必须在生产过程中加以控制，这样产品才能进行日常的批量生产。燃烧速率的影响因素包括（但不限于）以下各项。

(1) 氧化剂、可燃剂和其他成分的选择。
(2) 成分质量比。
(3) 成分的粒径。
(4) 混合物的均匀性。
(5) 含水量。
(6) 装填压力。
(7) 外部压力。
(8) 外部温度/药剂温度。
(9) 大气中可用的氧气（如果需要）。

因此，在不改变装置硬件或环境条件的情况下，调整燃烧速率的方法如下。

(1) 改变反应物（新的氧化剂、可燃剂或者两者都改变）。
(2) 改变氧化剂与可燃剂的配比。
(3) 改变一种或多种组分的粒径。
(4) 添加催化剂或抑制剂。
(5) 增加混合时间以提高药剂的均匀性。

对于给定的燃烧速率问题，通过调整上述的一些选项就可以达到目标。如果超出产品规范和技术图纸规定的容差,材料和终端军品需要重新鉴定,新材料的感度需要重新评估。考虑到影响含能材料燃烧速率的各种因素,不难明白为什么还没有一个标准的计算机程序可以用于预测燃烧速率。

6.3　燃烧火焰温度

烟火反应会产生大量的热量。这些烟火药剂所达到的实际火焰温度一直以来都是一个对实验和理论都具有挑战性的研究领域(De Yong 等,1989)。

火焰温度可以使用专门的高温光学方法直接测量,也可以使用反应热数据和溶解热、汽化热、转变温度等热化学值来进行估算。由于对环境的热损失以及一些反应产物发生吸热分解,计算值往往高于实验值。文献中讨论了关于这些计算的细节以及一些例子(Military Pyrotechnic Series Part One,"Theory and Application",1967)。

反应产物的熔化和汽化需要消耗相当多的热量。反应产物的汽化通常是决定最高火焰温度的主要限制因素。例如,假设有一杯温度为 25℃ 的水,当水在一个大气压下被加热时,液体的温度快速升高到 100℃。水的温度每升高 1℃,大约需要输入 1cal/g 的热量。要将 500g 水从 25℃ 升高到 100℃,需要的热量可通过下式进行计算:

$$所需热量 = 水的克数 \times 热容 \times 温度变化$$
$$= 500g \times 1cal/g℃ \times 75℃$$
$$= 37500cal$$

但是,一旦水的温度达到 100℃,温度就不再升高。这样就达到一个平台期,水在 100℃ 发生沸腾,液态转变为气态。将 1g 水从液体转化为蒸气需要 540cal 的热量(水的蒸发热)。请注意以下的巨大区别:1cal 的热量可以使 1g 水升温 1℃,但在沸腾温度下使 1g 水汽化,则需要 540cal 热量。在 100℃ 下,汽化 500g 水,则

$$500g \times 540cal/g = 270000cal$$

由此可以计算出需要 270kcal 的热量。当在系统中输入这些热量,并且所有的水都被汽化以前,系统温度都不会进一步升高,因为所有多余的热量都会用于水的汽化,而不是进一步加热火焰。与水的汽化类似的是氧化镁(MgO)和氧化铝(Al_2O_3)等反应产物汽化的现象,往往会限制燃烧火焰能够达到的峰值温度。表 6.12 给出了一些常见燃烧产物的沸点。

表 6.12　常见非气态烟火反应产物的熔点和沸点[①]

化　合　物	化　学　式	熔点/℃	沸点/℃
氧化铝	Al_2O_3	2072	2980
氧化钡	BaO	1918	约 2000

续表

化 合 物	化 学 式	熔点/℃	沸点/℃
氧化硼	B_2O_3	450	约 1860
氧化镁	MgO	2852	3600
氯化钾	KCl	770	1500（升华）
氧化钾	K_2O	350（分解）	—
二氧化硅	SiO_2	1610（石英）	2230
氯化钠	NaCl	801	1413
氧化钠	Na_2O	1275（升华）	—
氧化锶	SrO	2430	约 3000
二氧化钛	TiO_2	1830~1850（金红石）	2500~3000
二氧化锆	ZrO_2	约 2700	约 5000

① Weast, 1994

  通过实验测得许多氧化剂-镁配方的火焰温度接近 3600℃（氧化镁的沸点），而氧化剂-铝配方的火焰温度往往接近 3000℃（氧化铝的沸点）。因此，氧化剂-镁配方火焰的发光强度将远远高于使用相同氧化剂的含铝配方。注意：炽热黑体的光辐射能量与温度的四次方成正比，因此，火焰温度相差 600℃ 对人眼来说是非常明显的。如果希望得到真正明亮、强烈的火焰，则首选的可燃剂是锆，因为 ZrO_2 的沸点接近 5000℃。然而，这种配方的火焰亮度可能对人眼有伤害。

  与氧化剂-金属可燃剂组成的药剂相比，使用含碳的有机可燃剂药剂通常具有更低的火焰温度。火焰温度的降低是因为有机可燃剂比金属的热量输出要低，而且有机可燃剂及其副产物的分解和汽化也会消耗热量。在氧化剂-金属可燃剂配方中，即使存在少量有机成分（可能作为黏合剂），也会显著降低火焰温度，因为含碳材料与金属可燃剂竞争时消耗了可用的氧气（Tanner, 1972）。表 6.13 中，Shimizu 给出的数据也证实了这一现象（Shimizu, 1981）。

表 6.13 有机可燃剂对含镁-氧化剂的药剂火焰温度的影响①

组 分	氧化剂	55%（质量分数）
	镁	45%（质量分数）
	虫胶	不添加或外加 10%
	火焰近似温度/℃	
氧化剂	$KClO_4$	$Ba(NO_3)_2$
不含虫胶	3570	3510
外加 10% 虫胶	2550	2550

注：测量火焰中距燃烧表面 10mm 处温度。
① Shimizu, 1981

可以通过使用高氧含量的黏合剂来尽可能减少火焰温度的降低。在这种黏合剂中，碳原子已经被部分氧化，因此在燃烧转化为二氧化碳的过程中，材料消耗的氧气比纯碳氢化合物更少。己烷（C_6H_{14}）和葡萄糖（$C_6H_{12}O_6$）（两者均为六碳分子）燃烧的化学反应平衡方程式说明了这一点：

$$C_6H_{14} + 9.5O_2 \rightarrow 6CO_2 + 7H_2O \tag{6.4}$$

$$C_6H_{12}O_6 + 6O_2 \rightarrow 6CO_2 + 6H_2O \tag{6.5}$$

在式（6.5）中，摩尔每克可燃剂消耗的氧气更少。

典型的烟火火焰温度通常在 1500~3000℃ 范围内，发烟剂和有色火焰剂的燃烧温度较低，照明和发热剂的温度较高。表 6.14 列出了一些常见类型含能反应的火焰温度近似值（Shidlovskiy，1964）。

表 6.14 各类烟火药剂的最高火焰温度[①]

成分类型	最高火焰温度/℃
闪光剂，照明剂	2500~3500
固体火箭燃料	2000~2900
有色火焰剂	1200~2000
发烟剂	400~1200

① Shidlovskiy，1964

氧化剂与金属可燃剂的二元配方可产生很高的火焰温度，而选用不同的氧化剂似乎并不会对所达到的温度产生实质性的影响（即使燃速会有所改变）。但是，对于不含金属可燃剂的配方，似乎并非如此。Shimizu 收集了各种配方组分的数据，并观察到硝酸钾配方的火焰温度远低于用氯酸盐或高氯酸盐氧化剂与有机可燃剂制成的类似配方。这是因为相对于其他氧化剂，硝酸钾的吸热分解会消耗大量热量，并且非金属可燃剂的热输出较低。表 6.15 给出了 Shimizu 的部分数据（Shimizu，1981）。

表 6.15 氧化剂/虫胶配方的火焰温度[①]

组分质量比/%	氧化剂	75
	虫胶	15
	草酸钠	10

氧化剂	火焰近似温度/℃
氯酸钾 $KClO_3$	2160
高氯酸钾 $KClO_4$	2200
高氯酸铵 NH_4ClO_4	2200
硝酸钾 KNO_3	1680

① Shimizu，1981

限制烟火火焰温度的最后一个因素是不可预测的高温化学反应。某些在室温下不会发生到可测量程度的反应,在高温下则有可能发生。例如,碳(C)和氧化镁(MgO)之间的反应就是这种类型。如果在火焰中有机分子中的碳元素没有完全氧化成 CO_2,就会生成碳单质,如果同时存在碳和氧化镁,则可能发生以下反应:

$$C(固) + MgO(固) \rightarrow CO(气) + Mg(超过1100℃是气态) \quad (6.6)$$

这是一个很强的吸热过程,但在高温条件下,由固态反应物形成无序的气态产物更有利于熵增加,因而这一反应得以发生。回顾热力学定律,熵的增加可能是一个反应是否优先于另一个反应发生的主要驱动力。当在氧化剂-金属配方中添加有机黏合剂时,也是此类反应火焰温度变低的另一个原因(McLain,1980)。同样,吸热反应将吸收所有可用的能量,而原本这些能量可用于升高火焰温度。

6.4 传播指数

传播指数可以用来评估特定药剂配方在不利条件下的燃烧能力。这种简单的方法最初是由 McLain 提出(McLain,1980),后来经 Rose 进行了修正(Rose,1971)。McLain 最初的表达式如下:

$$PI = \Delta H_{反应} / T_{点火} \quad (6.7)$$

式中:PI(Propagation Index)即传播指数,是对药剂在外部刺激下发生初始点火后,能够维持燃烧趋势的一个度量。

式(6.7)包含了决定燃烧能力的两个主要因素:化学反应放出的热量和药剂的点火温度(单位为 K)。如果反应中释放出大量的热量,且点火温度较低,则发生在药剂层与层之间的点火就易于进行,燃烧也得以传播。相反,低热量输出和高点火温度的药剂,传播能力就会较差。表 6.16 给出了各类药剂的传播指数,计算中使用的温度单位是℃。

表 6.16 烟火药剂的传播指数值(Rose,1971)

序号	名称	配方	质量分数/%	反应热/(cal/g)	点火温度/℃	传播指数/(cal/g℃)
Ⅰ	硼点火药	硼	23.7	1600	565	2.8
		硝酸钾	70.7			
		层状树脂	5.6			
Ⅱ	黑火药	硝酸钾	75	660	330	2.0
		木炭	15			
		硫	10			

续表

序号	名称	配方	质量分数/%	反应热/(cal/g)	点火温度/℃	传播指数/(cal/g℃)
Ⅲ	钛点火药	钛	26	740	520	1.4
		铬酸钡	64			
		高氯酸钾	10			
Ⅳ	锰延期药	锰	41	254	421	0.60
		铬酸铅	49			
		铬酸钡	10			

Rose 建议修正最初的 McLain 表达式，增加表示压药密度和燃烧速率的部分。他认为，由于药剂颗粒之间的传热更好，传播能力应随密度的增加而增加，特别是对于压制在管中的延期药更是如此，同时，燃烧速率也是影响因素之一，因为燃速快的药剂比燃速慢的药剂向周围环境释放的热损失更少（Rose，1971）。

6.5 小结

含能药剂需要足够的能量刺激来启动点火，而随后的传播需要足够的能量释放来点燃下一层组分。许多因素会影响特定配方所需的能量、燃烧速率以及传播持续的时间，其中所涉及的材料组成、配比、质量、粒度、水分、装填压力和环境条件（温度、压力、氧气）都将影响烟火药剂的整体可燃性和综合性能。

第 7 章 感度

空中的彗星：发射到空中的大型发光弹被称为"彗星"，可用于娱乐以及紧急信号弹。发光弹的持续燃烧时间和效果规模取决于所用的化学组分以及药剂的实际质量。这种药剂必须具有一定的感度特性，既可以被安全地制成药粒，又可以在发射到空中时可靠点燃。

一种有价值的含能材料必须满足以下要求：能够安全地进行混合，装填成为最终产品，制造好的装置能够可靠储存和运输，并且在施加较温和（或足够强）的点火刺激时能够正常发挥作用。

7.1 引言

在研究含能材料的感度时，测试工程师会向材料施加一个可控的能量水平（多种能量形式中的一种），并观察系统出现反应的特征：闪光、火花、烟雾、气味、声音信号或其他烟火效应。含能混合物的感度不仅是重要的学术研究热点，也是关系烟火药剂生产商的重大利益问题。每种含能材料都必须对点火敏感，但对于特定装置，又需要仅在希望点火的时候才能被点燃，以实现稳定可靠的功能。正如前一章所述，通过某些类型的外部能量输入（不一定是热量或火焰）来点燃装置中的第一个组分，剩余的组分会依次被前方组分所输出的能量点燃，并依次发挥其功能。

首先要了解的是，感度是一个非常复杂的问题。诸如"这种配方敏感吗"之类的问题，正确的问法应该是"这种配方对什么敏感"，一种配方可能对静电火花非常敏感，但对高温并不敏感。同样，对摩擦敏感的材料可能对火花并不敏感。每种模式的能量输入都会以不同的方式与含能材料的组分相互作用。如果药剂中的组分可以有效吸收所施加的能量，则温度就有可能升高，当温度上升到接近其点火温度，就可能导致点火。

在有些情况下，药剂会大量吸收输入的能量，但能量几乎不会转移到药剂中。因此，对于每一种配方，只能通过标准测试对感度进行整体评价，通常包括摩擦感度、撞击感度、静电火花感度、热感度以及冲击感度。

7.1.1 点火感度的统计学特性

另外一个关键点是，感度有与之相关的概率因子。我们可以对一个特定的含能材料进行感度测试，如在每一个待测能量水平上进行 10 次测试。在低能量输入水平下，可能 10 次实验中都没有点火结果。提高能量输入水平后，则可能会观察到这种材料在 10 次试验中有 6 次被点燃。当点火刺激的能量继续提高到更高水平时，不管是摩擦、撞击还是火花，在连续 10 次实验中点火结果都会继续增加，最终达到 10 次均发生点火。

点火是一种统计学事件，样品必须有效吸收输入的能量，并且有部分样品的温度升高从而达到点火温度。因此需要依次点燃足够数量的样品，以便检测并记录点火结果。感度没有绝对准确的数值。放置在测试夹具中的每个样品的含量和方向都会有细微的差异，来自测试装置的能量传递在每次测试中也会略有不同，因此测试的最终结果将是一条概率曲线。图 7.1 是一个理想的感度曲线。

低等级的能量输入将导致样品几乎不点火。这些数据可用来评估含能材料制备和后续处理时的安全性水平。高等级的能量输入应实现样品几乎 100% 的点火。如果设计产品点火机制的工程师提供了适当的点火能量数据，那么其中的高水平能量数据就表示能够在最终产品中产生可靠点火的能力。

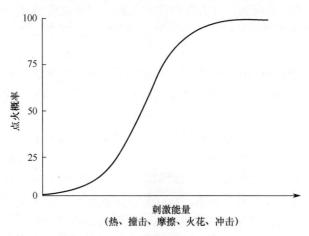

图 7.1 理想的感度曲线

（当施加少量能量刺激时，不发生点火。随着输入刺激能量的增加，点火概率增加到一个特殊点，在该点（理想情况下）用该能量或更大的能量可以确保点火。在理想情况下，烟火剂在某一点的点火概率为 0，该点之后的任何能量的点火概率都是 100%，然而，事实上往往不是这样）

7.1.2 感度测试的安全问题

在制备过程中，首先要将材料混合在一起，得到氧化剂、可燃剂、黏合剂和其他成分的均匀混合物，然后将这些混合物压制成管状、挤压成稠糊状或进行制备过程中的其他处理，在这些操作过程中，混合物可能会受到撞击、摩擦、火花和热量等影响。因此，生产商必须了解这些含能混合物对各种类型能量的感度。

任何含能配方即使对一系列点火刺激都不敏感，也不应被视为真正安全。所有烟火药和推进剂都被设计用来通过燃烧或爆燃（非常快速的燃烧）而发挥作用。如果一种配方在暴露于中等能量的点火源时不能迅速释放能量，那么，其使用价值就会非常有限。生产商必须掌握配方对各种点火刺激的感度数据，并分析整个制备过程，以确定配方在混合、装填和组装成品的过程中可能遇到的所有能量来源。在美国陆军的一项研究中，对一系列烟火药的性能进行了系统评估，对所有待测材料都使用了相同的测试设备、技术人员和测试程序，提供了大量有关烟火药感度影响因素的重要信息（Aikman，1987）。

含能药剂对点火刺激的感度受到多种因素影响。含能可燃剂（如铝）与易分解的氧化剂（如氯酸钾 $KClO_3$）的配方可能对各种点火刺激都相当敏感，而低能可燃剂与稳定的氧化剂组成的配方即使能够点燃，通常也不会很敏感。通过热分析或 Henkin-McGill 点火时间研究可以确定点火温度，但这只是感度的一种简单度量，而且点火温度与静态火花感度、撞击感度或摩擦感度之间并不存在任何简单的相关性（Henkin 等，1952）。一些点火温度很高的配方（如高氯酸钾$KClO_4$与细颗粒铝的混合物）对火花也非常敏感，因为金属铝是火花能量的有效吸收剂，而且该反应高度放热，一旦点燃小部分，反应就会发生自传播。感度和能量输出并不一定相关，是由多种因素共同决定的。某种特定的配方有可能同时具有高感度和低能量输出或低感度和高能量输出，也可能是这两种特性的任意组合。McLain 建议根据这两种特性的组合对烟火药剂的相对危险性进行分类（McLain，1980）。

对于那些感度高、能量输出也高的配方，处理必须格外小心。例如，含氯酸钾/硫/铝的具有声光效果的配方就是这类危险配方的一种，它的点火温度比较低（低于200℃），对火花也很敏感（主要取决于所用铝粉的类型）。高氯酸钾/锆的混合物（ZPP）对火花也极为敏感，在点燃时会迅速产生极高的火焰温度。近年来，越来越多的人使用 ZPP 作为高能点火药（Durgapal，1988）。

含能配方的点火感度差异很大，主要取决于与药剂相互作用的能量类型。给定的能量必须有效地传递到药剂中，才能实现温度的升高和点火。能量可能通过各种形式输入，撞击或摩擦产生的能量本质上主要来自动能，火花是热、电和撞击的组合，而将药剂暴露于火焰或加热则涉及热能。

为了在含有可燃剂（如白糖）、富氧阴离子（如氯酸盐或硝酸盐）或两者兼有的体系中实现点火，就需要吸收足够的能量使某些化学键发生断裂。吸收的能量会提高原材料中各种化学键的振动能，当振动能足够克服其恢复力时，化学键就会断裂，产生自由基，即含有不成对价电子的原子或分子，然后氧化剂和可燃剂就会生成反应产物，产生和释放能量。如果释放的能量足够多，且被药剂中相邻层的组分或颗粒吸收，就可以在药剂中重复点火过程，随后无须额外输入能量就能够实现燃烧的传播。感度就是在特定的测试条件下，对于给定的含能组分，启动点火过程所需的特定类型能量的最低输入水平。

7.1.3 感度测试结果间的差异

近年来，为了测量组分对温度、撞击、摩擦和静电火花的感度，人们已经开发了许多特定类型的测试设备。遗憾的是国际火炸药和烟火协会还没有统一确定每一种类型感度的通用测量装置，但协会已经开始关注通用的测试类型和仪器设备，如美国国防部和交通部使用的爆炸物撞击感度实验装置 BOE 以及摩擦感度试验装置 BAM。不同国家、地区和不同实验室的测试仪器各不相同，甚至同一国家或实验室里也有多种类型的撞击和摩擦测试设备。2009 年，联合国已经制定了一套测试和标准，用于研究含能材料和含能设备的感度和输出能量，以实现相对的一致性。

通常很难直接比较不同类型测试设备获得的撞击或摩擦感度结果，同样，不同测试人员在不同设施、不同环境条件下使用同一类型测试设备得到的结果也很难直接进行比较。每种试验设备都有其性能特点，每个测试人员在试验程序上也都有各自的细微差别（可以回顾一下制备含能混合物时人为因素所带来的差异）。所有这些变量都会导致产生不同的测试结果。感度的相对排名通常具有一定的顺序，但不建议在实验室之间进行量化比较。本质上感度测试得到的是抽象的结果。测试仪器的几何结构、样品大小、粒度、能量传递速率以及其他一系列因素都会影响最终的感度数据，改变任何一个因素，都有可能改变观察到的结果，因此始终需要保持谨慎。

那么，我们应该如何使用感度数据呢？对于一种新配方，要将它的感度与其他能够安全制备和操作的配方进行比较，以此来决定是否可以使用。如果一种新材料的感度与某些发生过事故的材料相当，则需要特别注意。这种方法需要使用相同类型的测试设备，最好是同一批测试人员使用相同的设备进行测试。特定配方由于生产日期和批次的不同，产品的粒度、含水量、均匀性、老化时间或纯度发生变化，对于不同能量输入类型的感度也有可能产生差异。

7.2 静电火花感度

大多数静电火花感度测试设备的工作原理是将待测样品置于带正电荷的阳极上，利用可变电压电源给电容充电，然后将存储的能量以静电火花的形式，通过针状尖端（阴极）释放到样品中（Skinner，1998）。火花的能量可通过公式 $E = 1/2CV^2$ 来计算，其中 C 是电容，单位为 F；V 是电源的电压，单位为 V；E 是火花的能量，单位为 J。该测试通常称为静电放电（Electrostatic Discharge，ESD），ESD 的模型如图 7.2 所示。

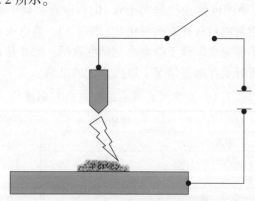

图 7.2　静电放电装置模型图

（将烟火剂样品放在接收板（阳极）上，让针尖（阴极）靠近样品，产生的电火花能量取决于仪器设置的电容和电压。一旦发生电火花放电，电火花将与烟火剂相互作用，并产生可观测到的点火或者不点火结果）

经验表明,烟火剂配方中若存在某些可燃剂,特别是以细颗粒形式存在时,往往会导致混合物具有较高的静电火花感度。例如,锆、硼和磷的静电火花感度特别高,细镁粉或铝粉同样可以提高静电火花感度,而细颗粒的氧化剂和可燃剂混合物的静电火花感度要比粗颗粒的混合物大得多。这些特性对于生产商来说很重要,因为加工过程中总会产生细小的烟火粉尘。

此外,混合物的疏松度也会影响静电火花感度。相同配方的药剂,压制颗粒的静电火花感度要比散药有所降低。当然,这也因配方而异,没有普遍适用的规律。

当确定了最小点火能量(以J为单位),并使用具有相似粒径和形状的原料时,特定烟火配方的静电火花感度变化趋势在各实验室之间往往具有很好的相关性。在评估静电火花感度时,若火花的点火能量值为0.10J或更小时,通常被视为对火花敏感,需要进行全面的静电保护程序。因为人在运动中会产生并保持大约0.015J(15mJ)的静电能量,因此,具有接近这一数值的火花点火能量的配方和可燃剂在制备和运输过程中都需要受到特别关注(Skinner,1998)。上述0.10J(100mJ)的报警值相对于15mJ的人类静电火花能量数值而言,增加了一个大于6倍的安全系数。

来自有机溶剂(如丙酮和乙醇)的蒸气(通常在含能材料混合过程中用于活化黏合剂)会与空气形成火花敏感和爆炸性的混合物。在许多情况下,其静电火花感度值低于1mJ。干燥的含能混合物表面可能会形成一层易挥发的可燃溶剂,当与大气中的氧气混合后,便有产生火花的危险,这时就需要清除表面的溶剂。很多类似的溶剂和空气混合物都很容易被人为产生的静电火花能量点燃。水是一种安全溶剂,可用来消除静电火花感度,但水会在许多烟火配方中产生一系列性能问题和老化问题(注意保持粉末干燥)。

表7.1给出了一系列烟火药剂的静电火花感度值。可以看出,除非使用细金属粉末(如铝),否则感度值往往远大于0.10J。注意:对于给定的氧化剂和可燃剂配方,随着可燃剂的粒径和表面氧化状态的不同,静电火花感度可能会有很大的差异。生产商不能完全依赖于静电火花感度数据,除非是自己生产的配方所测得的数据,并且最好是在理想情况下逐批测试的结果。

表7.1 各种烟火药剂的静电火花感度[①]

烟火药剂	配 方	质量分数/%	最低静电火花点火能量/J
黑火药	木炭	15	3.125
	硝酸钾	75	
	硫	10	
军用点火药	三氧化二铁	25	0.0004
	锆	65	
	硅藻土	10	
	VAAR黏合剂	外加1%	

续表

烟火药剂	配　方	质量分数/%	最低静电火花点火能量/J
军用起爆药	氧化铅（Pb_3O_4）	55	0.276
	硅	33	
	钛	12	
	硝化纤维素黏合剂	外加1.8%	
红色烟花星体	木炭	4	0.685
	红胶	18	
	高氯酸钾	60	
	碳酸锶	18	
军用白色闪光剂	硝酸钠	49	>50
	镁（20目/50目）	40	
	聚酯树脂黏合剂	11	
中国鞭炮火药	铝		0.056
	硫		
	氯酸钾		
闪光剂（细粉）	深色"pyro"级铝粉		
	细粒度高氯酸钾		0.032
	粗粒度高氯酸钾		0.980

注：这些数据由美国矿业局（BOM）的电火花测试设备获得，报道的数值是10个样品中至少有1个被点燃所需要的最低点火能量。这些数据来源于Aikman等，并引用了一些已故实验员Fred McIntyre的数据，他曾是密西西比州圣路易斯湾斯维尔德鲁普公司员工。

① Aikman，1987

　　了解一个特定配方是否可能被静电火花点燃，这一点非常重要。注意：给定材料的静电火花感度可能因批次而异，这取决于许多其他因素，如粒度、均匀性和湿度等。针对含能材料的每一次操作，必须使用感度数据进行全面的危险性分析以确定所需的静电火花防护等级和操作人员防护等级。

7.3　摩擦感度

　　研究表明，摩擦感度与点火温度和反应热有关，但关键因素似乎是成分中存在的大量砂质或硬质颗粒组分。这类材料在摩擦作用下会产生一些热点，导致材料着火，而金属颗粒在产生摩擦热点时非常重要。如表7.2所列（Wharton等，1993），向细黑火药粉末中添加钛粉可对配方的摩擦感度和撞击感度造成显著影响，撞击感度将随钛含量增加而增加，而摩擦感度在钛含量为20%～30%（质量分数）时达到最大值。

表 7.2　钛粉对黑火药感度的影响[①]

钛质量比/%	撞击感度（不敏感值）	摩 擦 感 度
0	149	7.1
5	127	5.3
10	136	3.6
20	115	3.5
40	69	4.5
60	61	5.1

注：钛粉粒径为 355~500μm，黑火药为细粒径的"meal A"级制粒。在该测试中，数值越低表示对点火越敏感。

① Wharton, Rapley, Harding, 1993

目前含能材料领域中使用的几种摩擦感度测试装置，包括 BAM 摩擦装置、旋转型摩擦装置和撞击摩擦装置，向样品输入能量的方式有很大不同。由于缺乏评估摩擦感度的统一标准和定量方法，限制了对这类能量输入的细化评估。然而，在将含能混合物压入管中时，摩擦始终是一个需要关注的问题。在压制过程中要将使用的工具和设备精确对齐，以尽可能降低发生摩擦相关事件的可能性。

另外，我们可以通过添加润滑剂来解决部分摩擦问题，向摩擦敏感成分中添加少量蜡、油或其他润滑成分可以显著降低配方的摩擦感度。剩下唯一需要考虑的问题是，添加润滑剂是否改变了该配方的其他性质。少量的润滑剂成分可能会改变燃烧速率和点火温度以及其他性能。因此，当在配方中加入新组分时，即使是含量很低，也需要重新对感度和性能进行全面的评估。

表 7.3 给出了在烟火药配方中有/无润滑成分的情况下测试的摩擦感度，其中前两种配方中含有大量金属粉末且不含润滑剂，而第三种配方中含有大量润滑剂，其对摩擦非常不敏感。这里使用的润滑剂为 Teflon® 和 Viton® 粉末。这两种物质都是含氟有机分子，Teflon® 在烹饪器具中用作不粘材料，Viton® 可用在工业中的 O 型环或模制零件中。图 7.3 和图 7.4 分别给出了 ABL 型和 BAM 型摩擦测试装置的示意图及照片。

表 7.3　几种烟火药的旋转摩擦感度[①]

烟 火 剂	配　　方	质量分数/%	点火能量/(ft-lb^2/s)[②]
IM 28 燃烧剂	硝酸钡	40	19
	高氯酸钾	10	
	镁铝合金	50	

续表

烟 火 剂	配 方	质量分数/%	点火能量/(ft-lb^2/s)[②]
SW522 烟雾剂	高氯酸钾	20	52
	硝酸钾	20	
	铝	20	
	锌粉	40	
M22 闪光剂 "MTV"	镁（-200目/+325目）	75	>55041
	Teflon	10	
	Viton	15	

① Aikman, 1987。
② ft-lb 为英制单位，表示力矩，全称为"Foot-Pound"，可译为"英尺-磅"，1ft-lb≈1.3558J

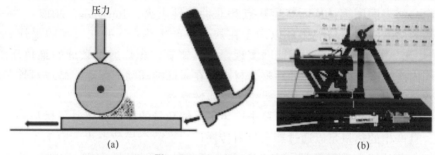

图 7.3 ABL^{TM}型摩擦测试装置的示意图与实物照片

(a) 将烟火药放在紧邻静态滑轮旁的滑板上，对静滑轮施加一定的作用力。用锤子撞击滑板，以一定的力将烟火材料压在滚轮下，观察是否会点火（也可通过压力传感装置进行测试，该装置可检测点火产生的气体）；(b) ABL 摩擦测试装置的实物照片。

（该图片由 UTEC 有限公司提供，http://www.utec-corp.com）

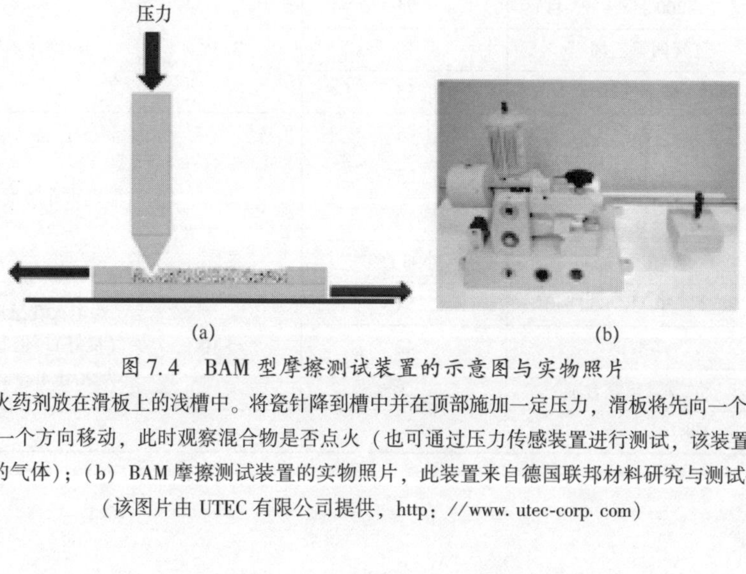

图 7.4 BAM 型摩擦测试装置的示意图与实物照片

(a) 将烟火药剂放在滑板上的浅槽中。将瓷针降到槽中并在顶部施加一定压力，滑板将先向一个方向移动，然后向另一个方向移动，此时观察混合物是否点火（也可通过压力传感装置进行测试，该装置可检测点火产生的气体）；(b) BAM 摩擦测试装置的实物照片，此装置来自德国联邦材料研究与测试研究所。

（该图片由 UTEC 有限公司提供，http://www.utec-corp.com）

7.4 撞击感度

撞击点火和撞击感度反映了惰性物块（通常较重且致密，从一定高处自由落体），以一定速度与目标烟火药剂碰撞时发生化学作用的难易程度。

由重而硬的物体与爆炸物或烟火药剂的表面碰撞能够产生热点，这种热点似乎是与撞击感度相关的主要点火触发途径。撞击可导致含能材料中的气穴发生绝热压缩，因此材料温度会升高。撞击的另一种可能的影响是，固体材料吸收撞击的动能后会将其转换为振动能，该能量足够引发一系列化学键断裂，从而引发点火。

沙砾或其他硬质材料的存在对于撞击点火非常重要，因为在撞击压缩时，砂质材料会与表面摩擦，从而产生热点和非冲击性点火（Reynolds，2017）。一些商业炸药会专门掺入玻璃微球以用于在炸药中产生热点，并在适度的爆炸刺激（如将爆破雷管插入炸药）下辅助实现爆炸。雷管的爆炸通过微球的绝热压缩，在炸药内产生多个高温点，随后整个材料会在微球的辅助下爆炸。微球对炸药的敏化效果为引发爆炸的热点理论提供了实质性支持。

对于烟火剂和推进剂，如果撞击产生了足够数量的热点，超过了材料的点火温度，且产生的热量足以通过剩余材料传播反应，就会导致点火。表7.4给出了一些烟火药的撞击感度数据，表7.5中比较了高氯酸钾-锆配方（ZPP）的撞击感度和摩擦感度。

表7.4 某些烟火药剂的撞击感度[①]

序号	配 方	质量分数/%	撞击感度/in[①]	备 注
I	镁（-200目/+325目）	75	3.75	对摩擦不敏感
	聚四氟乙烯	10		
	氟弹性体	15		
II	锆	65	10	静电火花感度小于1mJ
	氧化铁	25		
	硅藻土	10		
	VAAR黏合剂	外加1%		
III	镁（-30目/+50目）	51	>10	静电火花感度>50J（良好），但摩擦感度为204ft-lb^2/s（较差）
	硝酸钠	42		
	环氧/聚硫黏合剂	7		

① Aikman，1987

表 7.5　ZPP 配方的摩擦感度和撞击感度[①]

组分质量比/% ($Zr/KClO_4$)	撞击感度 50% 爆炸时的高度/cm	摩擦感度 （手枪不敏感的加载压力）/kgf
10/90	115	36.0
20/80	106.5	36.0
30/70	106.25	36.0
40/60	90.0	14.4
50/50	92.5	10.8
60/40	99.1	5.4
70/30	92.5	4.8
80/20	103.0	3.6
90/10	94.0	2.0

注：随着 Zr 含量增加，撞击感度变化不大，而摩擦感度改变了约 18 倍，配方对摩擦变得越来越敏感。

① Durgapal, 1988

从表 7.5 中可以看出，随着配方中可燃剂与氧化剂比例的改变，其摩擦感度受到显著影响，而撞击感度仅发生了微小的变化。这说明摩擦点火与撞击点火虽然在过程上有些相似之处，但两种感度之间并不存在一一对应的关系。这也再次强化了一个概念，即烟火工程师必须对每种新配方都进行一套单独的测试，且不能简单地用一种点火类型的感度来推断另一种感度。

撞击感度测试有两种常见方法：落锤测试和落球测试。前者是将样品放在平坦的表面上，然后用沉重的扁平金属锤从特定高度落在材料上，观察是否着火。某些情况下可将材料放在空心管内，管顶部放有一个圆柱体或顶针，这样可以集中撞击能量。当锤子从较高的高度落下时，落锤撞击材料的速度会更快，向含能材料传递更多的动能，从而更容易引发点火。图 7.5 为 BOE（爆炸物管理局）落锤装置的模型示意图和实物图。

落球实验是在 2011 年由美国军队武器研究、开发与工程中心设计的。在测试中使用了重达 1OZ（1OZ = 28.35g，译者注）的钢球来撞击 30mg 材料。和落锤测试一样，当球从更高的高度落下时，将有更多动能随球传递给待测样品。

当进行一系列撞击试验时，如测试 10 次实验中的点火次数，如果同一样品第一次未点火，则不能再重复使用。因为第一次实验产生的冲击力会压缩材料，而撞击感度会根据材料体积密度的改变而急剧变化（理论上，压制材料的撞击感度要低于松散材料，但也有些例外）。混合物的感度测试应始终在其正常存储或常规使用状态下进行。

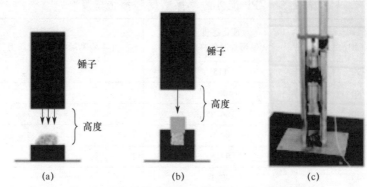

图 7.5　BOE 撞击感度测试的模型示意图和实物图

（a）一定质量的锤子从一定高度掉落在放有松散烟火材料的平板上，观察者将记录点火/不点火结果；（b）类似装置，只是将烟火材料放入杯托中，上面放一个圆柱销，通过锤子撞击该圆柱体，观察者记录点火/不点火结果；（c）BOE 撞击感度测试装置的实物照片。

（该图片由 UTEC 有限公司提供，http：//www.utec-corp.com）

7.5　热感度

7.5.1　热感度概述

目前，热感度数据主要通过差示扫描量热法（DSC）进行测试。由于技术设备和测试条件的一致性，热感度测试在各种类型的感度测试中不仅最易于理解，也是重现性最好的。热感度是给定混合物受热后发生化学反应的结果，其相对独立于诸如均匀性、粒径和组成百分比等因素。然而，热感度可能对特定配方中某些组分的添加或减少非常敏感，尤其是在加热材料时有助于初始放热反应的组分。如果反应性足够强，即使是极少量的添加，也可以提前点燃整个配方。

点火温度测量的是将样品加热时，配方开始发生快速、放热的自传播反应的最低温度。在此类测量中，样品材料暴露于持续升高的温度下，而实验结果受混合物粒度、约束程度、甚至测试方法和加热速率等因素的影响都很小。因此，对于给定的烟火配方，在不同实验室和不同国家之间，点火温度是一个重现性相当好的数值。对于一种特定的含能配方，不同研究之间测得的点火温度的差异通常在 ±25℃ 范围内。

热感度表明了烟火药在混合、干燥和储存期间暴露于高温时的潜在危险性。它能够让生产商对自己配方的点火问题具有基本的了解。例如，难以点燃的配方通常具有 500℃ 或更高的点火温度，而易燃配方的点火温度通常较低。许多基于氯酸盐的星体烟火配方，长期以来因易燃性和可靠的燃烧传播性能而受到烟花行业的青睐，其点火温度往往低于 200℃。然而，这些配方的点火敏感性在一定程度上抵消了在最终使用过程中易燃性的优势。表7.6给出了一些典型烟火药剂配方的点火温度。

表7.6 某些烟火药剂的点火温度[①] (通过 DSC 法测定)

序号	配 方	质量分数/%	点火温度/℃	应 用
Ⅰ	氯酸钾	42	193	彩色烟雾的基础配方（不含染料）
	糖	28		
	碳酸镁	30		
	硝化纤维素黏合剂	外加3.4%		
Ⅱ	氧化铅（红）	73.3	200	延期药
	硅	18.4		
	硝化纤维素黏合剂	8.3		
Ⅲ	硝酸钾	10	334	点火药
	铬酸钡	65		
	硼	21		
	VAAR 黏合剂	4		
Ⅳ	硝酸钾	70.7	410	点火药
	硼	23.7		
	聚酯黏合剂	5.6		
Ⅴ	硝酸钠	49	502	照明剂
	镁（-20目/+50目）	40		
	聚酯黏合剂	11		
Ⅵ	高氯酸钾	20	587	白色烟雾
	硝酸钾	20		
	铝	20		
	锌粉	40		
Ⅶ	氧化铅（红）	85	786	延期药
	硅	15		
	硝化纤维素黏合剂	外加1.8%		

注：适当添加硝化纤维素黏合剂可降低药剂的点火温度。
① Aikman, 1987

在烟火药剂中使用的很多氧化剂都会在相对较低的温度下熔化（表3.3），当与基本可燃剂（如镁或硼等）混合时，氧化剂通常会在其点火之前或者在点火的同时熔化。纯物质的熔化过程可以通过热分析来检测，通常在差热分析图上表现为一个尖锐的吸热峰。一旦固体氧化剂开始分解，就会释放大量氧气。通过热重分析（TG）技术，可以监测样品重量随温度升高而发生的变化，用于研究氧化剂样品中氧气的释放，因为加热时释放氧气会使样品重量减少。

一般来说，金属可燃剂的熔点通常比大多数氧化剂更高，而且金属表面通常由氧化层保护。当加热氧化剂和金属可燃剂混合物时，氧化剂会释放出氧气，氧化层可防止金属被进一步氧化。当金属可燃剂接近熔点时，表面的氧化层脱落，暴露出新鲜的活性金属表面并将被迅速氧化。因此，氧化剂和金属混合物的点火温度通常接近于金属的熔点，如表6.4所列。

由碳、氢和氧组成的有机化合物（有时还会含氮）在含能材料中用作可燃剂和黏合剂，这类化合物的分解温度一般为200~350℃，通常低于氧化剂的熔点。有机分子中最弱的化学键断裂后，会形成非常活跃的自由基碎片。这些碎片具有可用于成键的不成对电子，很容易被氧化，可通过与大气中的氧气或固体氧化剂热分解释放的氧反应，转化为二氧化碳、一氧化碳和水。一旦氧化剂开始释放氧气，就会迅速发生放热反应。有机物碎片通过氧化释放热量，可提高整个系统的温度，而温度升高会加速所有正在发生的分解反应，释放出更多的热量，整个过程会呈螺旋式上升，最终导致点火和燃烧的传播。

因此，热感度测试中，需要将样品加热到满足以下两个条件的温度。

（1）氧化剂达到足以分解出氧气的温度。

（2）可燃剂达到能够与氧化剂释放的氧气发生反应的温度。对于金属或其他元素可燃剂而言，该温度通常接近其熔点。对于碳基可燃剂而言，该温度通常接近其分解温度（一般为200~350℃）。

因此，由氧化剂、金属可燃剂和有机黏合剂组成的混合药剂会表现出有趣的点火温度以及热感度性能。在黏合剂含量较低时，黏合剂分解和氧化释放的热量不足以将样品温度升高至金属的熔点以达到活化金属的目的。随着黏合剂含量的增加，氧化剂和黏合剂之间的低温反应足以活化金属，并导致药剂的点火温度要比同种金属和氧化剂的二元配方要低几百摄氏度。有机黏合剂不仅可以为药剂提供机械强度和内聚力，还可以通过向体系提供有助于降低点火温度的可燃剂来提高药剂的热感度。表6.1和表7.6为这种现象提供了几个例子。

7.5.2 感度变化的差异性

由于上述原因，我们必须要特别注意，对含能配方所做的任何更改都可能会导致感度的变化，有可能会变得更加敏感，也有可能会更加钝感。含有6%有机黏合剂配方的点火温度有可能比仅含2%黏合剂的相同配方要低得多，并且热感度更高。这些微小的变化也可能会影响含能配方的静电火花感度和摩擦感度。例如，添加4%的硅藻土（也可以是沙砾材料）作为稀释剂，可以减缓延期药的燃烧速率，并在显著提高摩擦感度的同时降低其静电火花感度。因此，无论如何改变配方，都必须重新全面评估配方的感度。如果替换了新的化学材料，如用镁铝合金代替铝，就必须重新评估其感度，确定新的感度值。在大量混合和加工任何新配方之前，都必须依据感度来判断其可行性。

我们还必须认识到，感度的测量与被测成分有关。粒度、残留溶剂量、含水量、混合后样品的储存年限等都是影响感度数值的因素。在混合过程中，一些可燃剂的保护性氧化层可能会被去除，从而暴露出对火花或其他刺激更敏感的新鲜可燃剂表面。混合完成后，可燃剂表面会逐渐地重新获得氧化层，感度也会发生变化。随着这种再氧化过程的发生，其静电火花感度会有所降低。

表7.7给出了铬酸钙–硼混合物的静电火花感度数据，给出了样品在旋转式球磨机中不同混合时间测试到的数据（Wang等，1988）。这些数据清楚地表明了在制备过程中感度可能发生变化，同时也说明了生产过程中的药剂感度可能与药剂老化后的感度有很大的差异。在研究中，假设随着混合过程中药剂的均匀度发生变化、粒度减小，以及由于硼颗粒的表面氧化层被去除，硼颗粒被抛光，使得混合物对静电火花更加敏感。可以推断，球磨操作后，随着药剂的老化以及硼表面随时间再次氧化，静电火花感度的数值将会再度升高（静电火花感度会降低）。当组分随着时间的推移逐渐稳定后，测试到的静电火花感度是各种影响因素的综合贡献。

表7.7　静电火花感度与球磨机混合时间的关系

球磨机混合时间/h	静电火花感度/mJ
0	>750
0.5	529
1	270
5	77
50	27

注：配方组成为80%的铬酸钙与20%的硼。从球磨机取出样品后立即测量其静电火花感度，尽量减少样品在空气中的暴露时间

7.6　冲击波感度

正如本书在前面所讨论，炸药是另一类含能材料，其特点是能够快速释放大量热量和能量，通常是通过爆轰而不是爆燃来实现。许多炸药（如RDX、HMX、PETN等）仅在特定的冲击点火下才会反应，而暴露在常规火焰或热源时只会较温和地燃烧。与前面讨论的热点火过程不同，在炸药点火过程中超音速爆炸前沿本质上是将分子分解以发生反应。这种超音速爆炸前沿通常称为冲击波，许多炸

药只有在受到相当大的冲击作用时才会启动反应，随后将冲击前沿传递到未反应区域。

因此，在评估待测炸药时，通常会测试能否通过一定的冲击波将其引爆。冲击波通常来自于雷管。如果一种材料可以用特定的雷管引爆，则认为其对雷管敏感。这些雷管内会填充一些强力烟火药，如雷酸汞 [$Hg(ONC)_2$] 或叠氮化铅 [$Pb(N_3)_2$]（通常称为起爆药），一旦被电点火就会产生初始冲击波，用来引爆主装药。2009 年，联合国发布的标准雷管感度测试方法中，要求在标准测试条件下用标准雷管作为引发物。可以通过查看高速视频、电子设备和爆炸物下面的见证板，以确定是否发生了爆轰以及其中的冲击波速度。

民用、商用甚至军用的普通烟火药很少需要使用雷管进行起爆（如果使用的话肯定能够点燃），而会选择热、电或物理点火方式。用雷管测试烟火药的冲击感度太过极端，就如同用大锤测试餐盘是否耐砸一样，所以冲击感度一般仅用于爆破或军用炸药中。

有关炸药的化学、工程、冲击感度、爆炸物理性质等可在其他许多文献中深入研究（Akhavan，2004；Kohler 等，1993；Cooper，1996）。

7.7 基于感度重新设计配方

如果发现一种配方在生产、储存、运输或使用过程中过于敏感，唯一的选择就是重新设计配方，尽量找到一种既能与不安全材料产生同样效能，又能安全制备、使用的替代材料。这可能需要付出巨大的代价，因为新配方必须经过完整的认证和审批过程才能确保其性能。然而，如果感度数据表明，不安全材料在制备或使用过程中可能导致发生点火事故，那就只能选择继续寻找替代品。

例如，有一种用于烟雾装置的点火配方，组分如表 7.8 所列。

表 7.8 烟火药的组分

配　　方	质量分数/%
铬酸钡	65
硝酸钾	10
硼	21
VAAR[①]黏合剂	4
① VAAR 为乙酸乙烯醇酯树脂	

烟火药的感度测试可得出以下结论（Aikman，1987）：当材料的点火温度处于中等范围时，其撞击、摩擦和静电火花感度都值得关注（表 7.9）。

表7.9 烟火药的性能

性 能	结 果
静电火花感度	0.107J
撞击感度	3.75in（BOE 测试仪）
摩擦感度	86ft-lb^2/s（旋转摩擦）
点火温度	334℃

假设要用该配方来点燃含有氯酸钾和白糖的有色发烟剂配方（点火温度低于200℃），则可以考虑使用感度更低的替代配方，如表7.10 所列。这种材料中用硅取代了对火花敏感的硼可燃剂，并添加了蜡状硬脂酸用来减少摩擦和撞击感度。

表7.10 发烟剂的组分和质量比

配 方	质量分数/%
硝酸钾 KNO_3	49
硅	36
木炭	6
硬脂酸（润滑剂）	5
硝化纤维素黏合剂	4

发烟剂的感度结果如表7.11 所列。这是一种在制备和使用过程中更为安全的材料，经过充分测试及检测后，发现最终产品的性能和可靠性并没有受到影响。

表7.11 发烟剂的感度

性 能	结 果
静电火花感度	>50J
撞击感度	>10in
摩擦感度	47114ft-lb^2/s
点火温度	>330℃

7.8 小结

遗憾的是，无论是静电火花、撞击、摩擦还是高温刺激，含能药剂的感度都没有一个固定或者恒定的值。由于材料粒径、造粒粒度、均匀性、老化、含水量以及输入的能量类型等因素的影响，感度可能会有很大的差异。因此，唯一安全的做法是在建立材料的安全历史之前，先假设含能材料对所有类型的点火刺激都很敏感。改变材料的任何一个变量，都要彻底重新测试新材料对所有能量输入类型的感度。

表 7.12 给出了感度值分类的一般经验法则，其中高等、中等和较低可用于表述点火温度、静电火花感度与撞击感度的特定数值。不过烟火界尚未达成一套标准用语或感度的等效标准，因此本表仅适用于一般情况，而不能作为科学标准。该表与 Bailey（Bailey，1992）最初提出的表之间有一个关键区别，即将高静电火花感度从小于 1mJ 改为了小于 100mJ。主要目的是为了将接近人体的静电火花能量（10~15mJ）的所有配方纳入高静电火花感度的范畴，并设置 6~7 倍的安全系数。

表 7.12 感度值分类建议[①]

类 别	点火温度/℃	静电火花能量/mJ	撞击高度/in
高感度	<200	<100	<3.75
中等感度	200~400	100~450	3.75~10
较低感度	>400	>450	>10

注：数据已根据 Bailey 等的建议进行了修改，撞击高度数据来源于 BOE 撞击感度测试仪。
① Bailey，1992

使用感度数据的最佳方法就是进行比对。例如，我们知道 ZPP 对火花非常敏感，在生产过程中曾因火花引发过安全事故。那么，如果开发了一种新型烟火配方，与 ZPP 的静电火花感度相当（由同一测试设备测量），就必须谨慎地使用新材料，并且在保持必要性能的基础上，尽一切努力来调整配方以降低其感度。

第8章 热药剂：点火药、延期药和高热剂

所有含能材料的一个共同点是从反应物到产物的转化过程中是放热并自动传播的。一旦成功实施初始点火刺激，燃烧便会持续，而无须额外的外部能量，产生热量的同时伴随着各种预期效果如烟雾、声音、颜色、气体产物等。然而，对于某些药剂来说，其主要目的是产生热量和做功。

8.1 热的产生

所有烟火药剂在点火后都会放出热量,这种能量释放可用来产生颜色、运动、烟雾和声音。经化学反应产生的热量以及这些反应产生的热产物也有其各自的应用,本章将对这些问题进行讨论。

燃烧剂[①]在战争中的使用可以追溯到古代,当时,火球是一种攻击坚固城堡或木船的有效方法。所谓的"希腊火"是一种燃烧武器,最初在7世纪由拜占庭帝国使用,后人推断这是一种可能含有硫黄、硝酸钾和松香等树脂的石油基材料(配方严格保密,因此无法得知确切的成分)。现代的海战由于使用推进物(如炮弹)攻击木船而发生了革命性的变化,人们付出了大量的努力以改进这些热兵器的热量输出、射程、便携性和精度。

随着武器装备和炸药爆破应用的发展,对于安全可靠地使用这些发火装置的要求变得越来越迫切了,同时出现了点火导火索和烟火延期的概念。因此,热基点火系统和点火-延期系统自首次使用以来就紧密地交织在一起:烟火工程师不仅必须能够可靠地点燃药剂,而且当主装药被点燃时工作人员必须远离现场,这就需要一个延迟时间。

8.2 点火和延期的术语

有许多术语被用于命名点火和延迟材料。这种材料可用于点火或在一个装置的点火和出现主要的爆炸或烟火效应之间提供一段延滞期。这些术语包括以下几种。

(1) 导火索。使用一长条细绳或捻成线的纸以及防水材料将烟火剂包覆起来(通常是黑火药)。导火索可由安全火柴或其他热物体点燃,并能提供一段延滞时间,以供点燃导火索的工作人员退到安全距离。该术语不应与引信混淆,引信是一种用于引爆军事爆炸装置(如炸弹)的装置。

(2) 电点火头。一种点火装置,其中含有细金属丝制备的桥丝,表面涂覆一层热敏性烟火药剂。电流经电路通过导线,桥丝温度升高点燃引火药,生成的火焰会点燃一小段导火索或电点火药剂。电点火药中通常含有氯酸钾(它的点火温度很低),在许多电点火药中也会含有一硝基间苯二酚铅 $[Pb(C_6H_3NO_4)_2]$,简称为 LMNR,它是一种起爆药,对点火非常敏感,并且能为点火提供非常有效的热冲击,因此在使用时相当危险。表 8.1 中列出了一些电点火药配方。

(3) 引火剂。一种以压制、涂覆或以其他方式置于主装药顶部的极少量易点火的药剂。引火剂可由导火索或电点火器可靠点火,产生火焰和热粒子,而后引燃主装药。在烟火工业中,常用黑火药作为引火剂,这种黑火药用含有糊精等黏合剂的水润湿,同时也有助于黑火药卡紧在导火索上。引火药通常称为基本

[①] 燃烧,来自拉丁语 incendere,意为点燃。

药,这是与另一个术语相似但有完全不同的含义的术语。

表 8.1 电点火药剂配方[1]

序号	配方	分子式	质量分数/%
I	氯酸钾 一硝基间苯二酚铅 硝化纤维	$KClO_3$ $Pb(C_6H_3NO_4)_2$ —	8.5 76.5 15
II	氯酸钾 硫氰酸铅	$KClO_3$ $Pb(SCN)_2$	55 45
III	高氯酸钾 钛	$KClO_4$ Ti	66.6 33.4

[1] McIntyre, 1980

(4) 延期药。延期药能以可靠的、可重复的速度燃烧,从而在激活设备和产生主效应之间提供一段时间的延迟。含有细粒度黑火药芯子的导火索就是一种延期件。由于在军事应用中需要可重复性好的延期药,已有大量的研究工作尝试研发在广泛的温度和压力范围内有效的可靠配方。

(5) 火帽(一种常见的说法是撞击底火)。这是一种在轻武器弹药中或其他推进剂应用中用来点燃无烟火药的装置。常用的手枪弹药,通常使用对撞击敏感的药剂。当受到金属发火针撞击时,火帽便射出一股火焰和热粒子,能够迅速点燃推进剂。表 8.2 给出了几种典型的火帽药剂配方。

表 8.2 典型火帽药剂配方[1]

序号	配方	分子式	质量分数/%	备注
I	氯酸钾 硫氰酸铅 硫化锑	$KClO_3$ $Pb(SCN)_2$ Sb_2S_3	45 33 22	针刺火帽
II	氯酸钾 硫化锑 叠氮化铅 碳化硅	$KClO_3$ Sb_2S_3 $Pb(N_3)_2$ SiC	33 33 29 5	针刺火帽
III	氯酸钾 过氧化铅 硫化锑 三硝基甲苯	$KClO_3$ PbO_2 Sb_2S_3 $C_7H_5N_3O_6$	50 25 20 5	撞击火帽
IV	高氯酸钾 锆	$KClO_4$ Zr	50 50	ZPP 撞击火帽

[1] McIntyre, 1980

（6）摩擦点火管。一个真正自给式的全面启动装置，无须安全火柴、电池或其他类型的外部点火刺激就能发火。公路照明弹（引信），其他类型的求救信号和一些军用装置，甚至普通的家用火柴，都使用摩擦点火系统。例如，引信中用到的两个部分点火件：当两个部件表面摩擦时便产生火焰，点燃主装药。通常，这些装置的摩擦部分由红磷和类似浮石的研磨性、沙砾性材料组成，点火部分由氯酸钾（$KClO_3$）及性能良好的可燃剂和黏合剂组成。表 8.3 给出了两个典型摩擦点火药剂的配方。

表 8.3 摩擦点火药剂配方

序号	配　方	分　子　式	质量分数/%
I	Shidlovskiy 配方①		
	氯酸钾	$KClO_3$	60
	硫化锑	Sb_2S_3	30
	树脂	—	10
	擦划部分		
	红磷	P	56
	玻璃粉	SiO_2	24
	酚醛树脂	$(C_{13}H_{12}O_2)_7$	20
II	McLain 配方②		
	虫胶	—	40
	硝酸锶	$Sr(NO_3)_2$	3
	石英	SiO_2	6
	木炭	C	2
	高氯酸钾	$KClO_4$	14
	氯酸钾	$KClO_3$	28
	木屑	—	5
	大理石粉	$CaCO_3$	2
	擦划部分		
	清漆	—	61
	浮石	—	2.2
	红磷	P	26
	乙酸丁酯	$C_6H_{12}O_2$	10.8

① Shidlovskiy, 1964;
② McLain, 1980

（7）电点火管。一种含有电点火头（见上文 2）和少量烟火输出药（通常为黑火药）的装置，电点火头点燃黑火药产生的火焰和火花可以点燃推进剂或其他烟火药。电点火管这一术语可以表示各种点燃烟火药的器件，电点火头也因此被称为电点火管。烟火工程师最喜欢使用的电点火管是一种由一个电引火头和额外烟火药或基本药组成的用于点燃主装药的装置（Kosanke 等，2012）。

（8）点火装置。用于启动烟火或推进剂系统的装置的总称。点火装置通常由电触发，产物由高温、火焰和热粒子组成。表8.4给出了一些常见的点火药和引火剂的配方。

表8.4 点火药和引火剂配方

序号	混合物	配方	分子式	质量分数/%	备注
I	(Shidlovskiy, 1964)	过氧化钡 镁 黏合剂	BaO_2 Mg —	80 18 2	固体 BaO 粒子 有助于点火
II	(McIntyre, 1980)	氧化铁 锆 硅藻土	Fe_2O_3 Zr —	25 65 10	A1A 药剂， 一种无气体 点火药
III	(Shidlovskiy, 1964)	黑火药 硝酸钾 锆	$KNO_3/S/C$ KNO_3 Zr	75 12 13	
IV	(Shidlovskiy, 1964)	硝酸钾 硼 橡胶	KNO_3 B —	71 24 5	B/KNO_3 配方
V	(McIntyre, 1980)	红色氧化铅 钛 硅	Pb_3O_4 Ti Si	50 25 25	
VI	(McIntyre, 1980)	硝酸钠 糖 木炭	$NaNO_3$ $C_{12}H_{22}O_{11}$ C	47 47 6	
VII	(Shidlovskiy, 1964)	过氧化钡 镁	BaO_2 Mg	88 12	铝热剂型点 火药
VIII	(Lake, 1982)	2,4,6-三硝基间苯 二甲酸铅 硝酸钡 并四苯 铝 硫化锑	$C_6HN_3O_8Pb$ $Ba(NO_3)_2$ $C_{18}H_{12}$ Al Sb_2S_3	53 22 5 10 10	PA101 配方， 用于撞击底火

（9）雷管。使爆炸物产生爆轰的爆炸装置。雷管里装有可以由点火刺激引爆的敏感起爆药和二级炸药组成的点火混合物。二级炸药，可以通过少量起爆药（通常是叠氮化铅，$Pb(N_3)_2$）爆轰产生的冲击波而引爆。雷管通常与爆炸装置一起使用，但并不是推进剂或烟火系统的典型组成部分，因为就点火而言，雷管的输出威力过于强大。

（10）铝热剂。一种金属可燃剂（通常为铝粉）和金属氧化物的混合物，反应生成氧化铝和熔融金属（反应前是金属氧化物）。典型的铝热剂组分为铝和氧化铁，但也可以使用其他的金属可燃剂（如镁）和氧化剂（如氧化铜或二氧化锰）。

8.3　点火药和引火剂

　　点火温度（如600℃以上）较高的药剂很难单独使用黑火药导火索的喷溅或类似的温和点火刺激进行点燃。虽然黑火药的火焰温度约为1500℃，但燃烧的灰烬喷溅产物热量不够，不足以点燃主装药。在这种情况下，通常使用一种易点燃的药剂，称为引火剂。这种药剂的要求包括以下几点（Shidlovskiy, 1964）。

　　（1）在较小的热脉冲下（如导火索、黑火药、火帽或者撞击火帽）具有可靠点火能力。为了获得最佳效果，引火剂的点火温度应为500℃以下。

　　（2）药剂应具有远高于主装药点火温度的火焰温度和反应温度，当需要较高反应温度时，可以使用金属可燃剂。

　　（3）优先选择能形成包括灼热液体、熔渣或固体粒子的热产物配方。热熔渣能提供与主装药药面更大的接触面积，有利于传递热量和点火。产生的热气体通常会带来良好的点火性能，但在高海拔地区，可靠性可能会降低。在这种情况下，液体和固体产物能更好地保持体积热容和热传递，更有助于点火。

　　燃速较慢的点火药配方比快燃配方的点火能力更强，尤其是优于爆炸性配方。能量过高的点火药产生的破碎效应会使待点燃的表面破碎或分散，导致点火失败而能量的缓慢释放可使热量更好地传递给主装药。另外，多数引火剂是被压入适当位置或以湿糊状物形式添加（干燥后变硬），而不会使用能够快速燃烧的疏松散药。然而，当点燃必须快速发挥功能的装置（如安全气囊系统）时，就需要一种快速且高能的点火药，这时将由工程师来决定如何利用高能点火药的输出，并在最终产品中实现高可靠性。

　　烟火工程师必须适当平衡整个点火过程中对速度的需求和点火药可能产生的爆炸行为。为了实现这一点，硝酸钾（一种中等氧化剂）经常用于点火药和引火剂。含有这种氧化剂的药剂往往具有较低的点火温度（通常低于500℃），药剂的制备、储存和生产使用都非常安全。此外，它们的爆炸能量要比混合了相同可燃剂的高氯酸钾配方要小。氯酸钾配方的点火温度也比较低，但是它们具有更高的吸湿性、感度、爆炸性和危险性，因此并没有被广泛使用。表8.4给出了一系列点火药配方。

　　硝酸钾与木炭混合可用于点火，黑火药（在上述混合物中添加硫黄）也可以用水和少量糊精制成糊状物。Shidlovskiy指出以下配方：

　　　　KNO_3　　　　　　　75
　　　　Mg　　　　　　　　 15
　　　　糖醇　　　　　　　 10（糖醇是一种苯酚/甲醛树脂）

用作点火药效果很好（Shidlovskiy, 1964），而且固体氧化镁（MgO）残渣有助于点燃主装药，树脂有助于镁的防水。硼与硝酸钾混合是一种常用、快速和有效的点火药。在使用这种药剂时必须密切关注硼的粒径和氧化情况（尤其是暴露于潮湿环境中），如硝酸钾/硼的配比为70/30的配方，输出能量相当高（可能会爆燃），在制备和处理过程中可能对火花敏感（Charsley，1986）。

目前，使用的输出点火药配方中含有氧化剂和锆金属可燃剂。其中一种配方是铁（Ⅲ）氧化物与锆金属、硅藻土（主要是二氧化硅）的混合物，通常称为AlA点火药。由锆和高氯酸钾混合而成的点火药能量更大、燃烧更快，称为ZPP（Durgapal，1988）。

锆基点火药的火焰温度和热颗粒产物温度往往超过4000℃，甚至高达5000℃。由于细粒度锆以及含锆烟火药具有极高的静电火花感度，这些材料必须在严格可控的制备条件下处理，尽可能在潮湿状态下进行，并实施全面的防静电程序。对于涉及锆的操作，还必须在工艺危险性分析（PHA）中考虑材料的限制量、适当的个人防护设备（PPE）、远程搅拌和工人防护。但如果需要快速地点燃一些物质，锆可能是必需的材料。点火药的能量可能相当高，表8.5列出了各种当前使用的点火药配方，以及它们在大气压下的近似火焰温度（计算值）（DeYong等，1989）。

表 8.5　点火药配方的火焰温度[①]

名　称	配　方	质量分数/%	火焰温度/℃
A1A	锆 铁（Ⅲ）氧化物 硅藻土	65 25 10	4400
ZPP	锆 高氯酸钾 石墨	46 53 1	4400
B-KNO$_3$	硼 硝酸钾 Lamanac® 黏合剂	24 71 5	3000
MTV	镁 Teflon® Viton®	54 30 16	2300
黑火药	硝酸钾 木炭 硫	75 15 10	1500

注：火焰温度是在大约40atm下的计算值。ZPP的制备和处理非常危险，因此不建议使用。
① DeYong 等，1989

8.4 延期药

顾名思义,延期药的作用是在装置的点火启动和出现主要效应之间提供一段延滞时间。简单的延期件可由疏松药粉构成,但是压制的药柱在性能上具有更好的可重复性(对装置的大规模生产至关重要)。延期药的燃速可以在很快(mm/ms)到很慢(mm/s,慢 1000 倍)的范围内变化。

黑火药是唯一已被使用了若干世纪的延期药。含有黑火药芯的安全导火索的发展和应用显著改善了工业爆破的安全记录。但是,现代远程的高空发射弹药的发展对延期药提出了新的要求。在特定条件下,黑火药在地面上的燃速重现性较好,但是点火后会产生大量的气体(大约 50% 的反应产物是气态的)。因此,黑火药的燃速将严重依赖于外界压力的变化(随着外部压力的增加燃速会加快,如表 6.8 所列)。为了克服这种压力依赖性,研究人员着手开发无气体延期药,这种药剂能以可重复的速度燃烧和释放热量,并且只形成特定的固体和液体产物。可以预见,这种配方的燃速随压力的改变变化较小。

对理想的新型延期药配方的开发有以下要求(Military Pyrotechnic Series Part One, "Theory and Application", 1967)。

(1) 稳定性。药剂在制备和储存时应该保持稳定。药剂成分中必须使用低吸湿性的材料(即不会从周围环境吸收水分)。

(2) 可燃性。药剂在适度的点火刺激下容易点燃。

(3) 一致性。随着外界温度和压力的改变,药剂的燃速只能有很小的变化。在低温和低压下,药剂应易于点燃并可靠燃烧。

(4) 稳定性。当药剂成分的质量分数有微小的变化时,药剂燃速变化也应该很小。

(5) 可重复性。无论是同一批产品之中还是不同批次产品之间,都必须确保药剂的燃速具有可重复性。

(6) 安全性。化学成分应为低毒、环境友好。

在过去 60 年中,标准的无气体延期药是金属氧化物或铬酸盐(CrO_4^{2-})氧化剂与元素可燃剂的组合。可燃剂通常是金属或产生高热的非金属元素,如硅或硼。如果使用有机黏合剂(如硝化纤维素),由于黏合剂燃烧时会形成二氧化碳(CO_2)、一氧化碳(CO)和氮气(N_2),因此,形成的药剂将是少量气体而不是无气体。如果需要真正的无气体药剂,则不能使用任何有机材料。

8.4.1 延期药与热力学

如果需要较快的燃速,应该选用每克输出热量较高的金属可燃剂,以及分解温度较低的氧化剂,同时氧化剂的分解应该只有少量吸热,或者分解时放热更好。对于慢速的延期药，则应选用每克释放热量少的金属可燃剂，并应选择具有较高分解温度且分解吸热量大的氧化剂。通过改变氧化剂和可燃剂的种类和配比，就能得到燃速范围很宽的延期药系列。表8.6列出了一些典型的延期药配方。

表8.6 典型延期药配方[①]

序号	配方	分子式	质量分数/%	燃速/(cm/s)
Ⅰ	红色氧化铅 硅 硝化纤维素/丙酮	Pb_3O_4 Si —	85 15 1.8	1.7 (10.6ml/g 的气体)
Ⅱ	铬酸钡 硼	$BaCrO_4$ B	90 10	5.1 (3.1ml/g 的气体)
Ⅲ	铬酸钡 高氯酸钾 钨	$BaCrO_4$ $KClO_4$ W	40 10 50	未见报道 (4.3ml/g 的气体)
Ⅳ	铬酸铅 铬酸钡 锰	$PbCrO_4$ $BaCrO_4$ Mn	37 30 33	0.30 (18.3ml/g 的气体)
Ⅴ	铬酸钡 锆/镍合金（50/50） 高氯酸钾	$BaCrO_4$ Zr-Ni $KClO_4$	80 17 3	0.16 (0.7ml/g 的气体)

① McIntyre, 1980

根据以上讨论，以铬酸铅（熔点844℃）作为氧化剂的配方，与铬酸钡（具有更高的熔点/分解，约1400℃）作为氧化剂的配方相比，有望产生更快的燃速。同样，过氧化钡（熔点450℃）配方应比氧化铁（Fe_2O_3，熔点为1565℃）配方的反应速度更快。对于可燃剂，硼（14.0kcal/g）和铝（8.4kcal/g）的燃烧热较高，应当比钨（1.1kcal/g）或铁（1.8kcal/g）更利于制备快速的延期药。表3.3、表3.6和表3.7可用于估算各种可能作为延期药备选材料的相对燃速。同样，若要求高的反应活性，可以寻找这样的材料：低熔点、分解时放热或少量吸热的氧化剂，以及具有较高燃烧热的可燃剂。若要求低的反应性或者燃烧速率，则应当选择具有相反特性的材料。

8.4.2 延期药和化学计量

对于给定的二元体系，可以通过改变氧化剂与可燃剂的比例，以实现燃速的实质性变化。从化学角度看，最快的燃速预计对应于化学计量比附近的氧化剂/

可燃剂比例，且两种成分均不过量。有关铬酸钡/硼体系的数据已有发表。表8.7给出了该体系的燃烧时间和反应热（Military Pyrotechnic Series Part One, "Theory and Application", 1967）。

表8.7 铬酸钡/硼体系中硼的含量对燃烧时间的影响[1]

硼/%	平均燃烧时间/(s/g)	反应热/(cal/g)
3	3.55	278
5	0.51	420
7	0.33	453
10	0.24	515
13	0.21	556
15	0.20	551
17	0.21	543
21	0.22	526
25	0.27	497
30	0.36	473
35	0.64	446
40	1.53	399
45	3.86	364

[1] Military Pyrotechnic Series Part One, "Theory and Application", 1967

McLain指出，对于$BaCrO_4$/B体系，最优的性能是硼的质量分数为15%左右时，表明该体系的主要烟火反应为

$$4B + BaCrO_4 \rightarrow 4BO + Ba + Cr \tag{8.1}$$

尽管B_2O_3是硼在室温条件下所预期的氧化产物，但更低价态的氧化物BO在延期药燃烧时的高反应温度下似乎更为稳定（McLain，1980）。

实际上，在许多体系中可以观察到，使用超过化学计量比的可燃剂会增加延期药的燃速，可能是由于增大了药剂的导热系数所致（因为延期药配方中使用的大多数可燃剂的导热性都比氧化剂更好）。过量的金属产生了更好的热传递，促进了燃烧的传播，尤其是在没有热气体生成以促进燃烧传播的情况下更是如此。如果燃烧的药剂暴露于大气中，过量的可燃剂被空气氧化也可以产生额外的热量，以提高反应速率。

三元药剂体系的燃烧速度也同样受到改变组分用量的影响。表8.8给出了有关三元延期药的数据。在这项研究中可以看到，随着金属用量的减少（导致导热性变差）、高熔点氧化剂（$BaCrO_4$）含量的增加以及熔点较低、反应性更强的铬酸铅（$PbCrO_4$）用量的减少，燃速有所降低。

表 8.8　三元药剂 $PbCrO_4/BaCrO_4/Mn$ 体系的燃速①

配方	锰/%（质量分数）	铬酸铅/%（质量分数）	铬酸钡/%（质量分数）	燃速/(cm/s)
Ⅰ	44	53	3	0.69
Ⅱ	39	47	14	0.44
Ⅲ	37	43	20	0.29
Ⅳ	33	36	31	0.19

① McLain, 1980; Ellern, 1968

表 8.9 给出的钼/铬酸钡/高氯酸钾体系也得到了同样的规律。在该体系中，$KClO_4$ 是更好的氧化剂，其质量分数比越高，燃烧速度越快。该研究中另一个有趣的结论是，即使体系中过量的金属是惰性银粉①而不是钼，燃速仍然会提高。这表明金属过量引起的热导率增大是燃速的一个重要影响因素（Rajendran，1989）。

与产气药剂的性能相反，无气体药剂在压药压力增加时燃速（单位是 g/s）有所增大。无气体延期药传播的方式是沿着烟火剂药柱向下进行热传递，药剂的导热系数起着重要作用。当由于压药压力增大而使药剂密度增加时，各组分被压制得更加紧密，从而产生更好的热传递。表 4.7 给出了铬酸硼/钡体系的数据，表明随着压药压力的增大，燃速也适度增加（以 g/s 为单位）。然而，当有大量的气体产物产生时，热气体产物向未反应的材料中的移动和扩散会促进燃烧的传播。在这种情况下，较高的压药压力会阻碍热气体渗透到未反应的材料中，从而降低了传热速率，可以引起燃烧速率的降低。

表 8.9　$BaCrO_4/KClO_4/Mo$ 体系①

配方	铬酸钡/%（质量分数）	高氯酸钾/%（质量分数）	钼/%（质量分数）	燃烧速率/(cm/s)
Ⅰ	10	10	80	25.4
Ⅱ	40	5	55	1.3
Ⅲ	55	10	35	0.42
Ⅳ	65	5	30	0.14

① McLain, 1980; Ellern, 1968

8.4.3　绿色烟火型延期药

21 世纪，使用了 60 多年的标准延期药出现了一个明显的问题，其中的氧化剂多数为含铅、六价铬（Cr 为 +6 主价态或氧化态）和钡的混合物。这些对人类

---

① 银本身并不具有典型化学意义上的惰性，但在烟火反应中银很少会像普通可燃剂一样发生氧化反应，因此仅在热传递中起作用。

和动物有毒性的材料不符合绿色烟火的多种规定标准。在寻找这些标准延期药成分的替代品时，所面临的主要问题是我们制备标准药剂的历史悠久，对于粒径、组分百分比、均匀性和含水量变化对延期药的影响有着深入的了解，并可以通过微调来产生适当延迟。对于新的延期化学组分，烟火学家必须重新研究来获得生产这些新组分的技术知识，以实现可重复的性能。目前的延迟体系，如氧化铁（Ⅲ）与硅或硼，可以满足 21 世纪的诸多要求，但其在制备中的可重复性和长期储存稳定性仍有待验证（Elischer，1986）。

铬酸盐的一种可能替代品是硫酸盐，如硫酸钡（$BaSO_4$）或硫酸钙（$CaSO_4$）。已经有一些关于硅可燃剂/硫酸盐氧化剂延期体系的研究发表，结果表明，阳离子之间存在一些显著的差异（Tichapondwa 等，2016）。

此外，特别是在更复杂的装置中也有可能更多地使用不含烟火组分的电子延期装置，这些电子延期装置可以提供更高的精度，还可以避免烟火装置存在的固有的制造差异。商业爆破雷管中已经引入了这种延迟方式，以通过精确的延期间隔来提高爆破效果（Persson 等，1994）。值得注意的是，在爆破行业中，电子延期比所谓的化学延期提供了更精确的定时、更有效的爆炸效果和更低的成本（Cardu 等，2013）。

8.5　高热剂和铝热混合物

高热剂是在反应时产生高热量密度的药剂，通常以熔融金属反应产物的形式存在。高热剂含有作为氧化剂的金属氧化物和作为可燃剂的金属，通常是选用铝（当然也可以使用其他活性金属）。铝热反应是 19 世纪末德国化学家 Johann Wilhelm Goldschmidt 发现的，因此也称为 Goldschmidt 反应（Kosanke 等，2012）。

经典高热剂通常称为红色铝热剂或黑色铝热剂，指的是一类混合物，而不是本身是红色铁（Ⅲ）氧化物或黑色铁（Ⅱ，Ⅲ）氧化物和铝的组合：

$$Fe_2O_3 + 2Al \rightarrow Al_2O_3 + 2Fe \tag{8.2}$$

$$3Fe_3O_4 + 8Al \rightarrow 4Al_2O_3 + 9Fe \tag{8.3}$$

铝热剂点燃后会生成氧化铝和与初始金属氧化物相对应的金属，在上述反应中生成物为铁。在不存在易挥发性物质的情况下，通常反应温度可以高达 2000~2800℃（McLain，1980）。金属产物如铁（熔点 1535℃），可以在远低于该反应温度的条件下形成熔融金属，显示出铝热剂的经典特性和用途。此外，铁具有较宽的熔点到沸点的温度范围（1535~2800℃），使金属以液态形式产生，而不会以气体形式蒸发，从而产生优异的铝热剂性能。最后，由于通过这些反应产生的气体量极少，使反应热能够集中在固体和液体产物中。

高热剂可以用作燃烧剂和点焊剂（Jeffus，2017），也可用于拆除机器设备和销毁文件。通常高热剂不含黏合剂（或只有极少量黏合剂），因为有机黏合剂燃烧产生的气体产物会带走一部分热量，使反应降温，而且可能在密闭条件下产生爆炸效应，从而将原本聚集的熔融金属分散。

铝的粒径十分重要，为了防止反应过快，应该使用稍微大一点的粒径。通常铝热剂的制备是相当安全的，而且它们对大多数点火刺激都不敏感。事实上，大多数高热剂的主要问题是怎样使其发火，通常需要使用强引火剂。表8.10中比较了以铝、镁和钛作为可燃剂的红色氧化铁（Fe_2O_3）基高热剂的热值数据。表8.11给出了各种铝基铝热剂的热值数据。

表8.10 红色氧化铁基高热剂的热值数据[①]

可 燃 剂	分 子 式	$\Delta H_{反应}$/(kcal/mol)
铝	Al	101.8
镁	Mg	78.1
钛	Ti	94.6

① Weiser 等，2010

表8.11 铝基铝热剂的热值数据[①]

氧 化 剂	分 子 式	活性氧质量分数/%	铝热剂中铝的质量分数/%	$\Delta H_{反应}$/(kcal/g)
二氧化硅	SiO_2	53	37	0.56
氧化铬（Ⅲ）	Cr_2O_3	32	26	0.60
二氧化锰	MnO_2	37	29	1.12
红色氧化铁	Fe_2O_3	30	25	0.93
黑色氧化铁	Fe_3O_4	28	24	0.85
氧化铜	CuO	20	19	0.94
氧化铅（红色）	Pb_3O_4	9	10	0.47

① Shidlovskiy，1964

铝热剂往往对点火不敏感，因此人们设计了一类称为混合铝热剂的类似配方。混合铝热剂是一种在简单铝热剂基础上添加了额外氧化剂的混合物，额外的氧化剂有助于点火和燃烧应用。表8.12列出了三种混合铝热剂配方，它们在氧化铁和铝基铝热剂的基础上添加了氧化剂、可燃剂和黏合剂（Kosanke 等，2012）。在相同组分中可以使用不同粒径的铝，有助于调节反应速率并产生所需的燃烧效果。

表 8.12　混合铝热剂配方示例

配　方	Fe_3O_4	Al/200目	Al−12/+140目	Mg	S	$Ba(NO_3)_2$	KNO_3	黏合剂	树脂
Shidlovskiy[①]	21	13	—	12	—	44	6	4	—
Ellern-Ⅰ(Ellern，1968)	44	9	16	—	2	29	—	—	—
Ellern-Ⅱ(Ellern，1968)	51	3	19	—	—	22	—	—	5

① Shidlovskiy，1964

8.6　小结

在实际应用中，烟火药需要被可靠地点燃，因此，利用点火药的热量以点燃主装药是非常重要的，而精确设计延期药使其能够按需点燃主装药，这一点同样至关重要。点火剂和延期药必须能够可靠作用，并依据烟火原理来制备，以实现烟火工程师所要求的多种功能。

第 9 章 推进剂

钛火花：钛喷泉烟花中将相对粗糙的钛颗粒混合到以中等速度燃烧的烟火组分中，产生了美丽的白色火花。这种"喷泉"效果广泛应用于烟花行业以及戏剧舞台表演的烟火制品。

使用烟火系统生产热气体用于抬升和推动物体，始于几百年前黑火药的发展，并随着现代新的化学物质和系统的发展而进步。从最小的瓶式火箭到美国宇航局的运载火箭，烟火推进剂都是含能材料研究的重要组成部分，有许多资料侧重于研究它们的化学反应和工程应用。

9.1 推进剂简介

14世纪，意大利开始使用带有黑火药推进剂的火箭，火炮也差不多在同一时期发展起来（Parington，1960）。空中烟花、火枪和其他火器的发展是加农炮技术的延伸。在19世纪，硝化纤维素（最初的无烟火药）被开发出来，随后是双基推进剂的发现，并在20世纪至今取得了进一步的进展（Kosanke等，2012）。

本章简要介绍推进剂，重点是那些成分与传统烟火配方类似的推进剂，包括氧化剂、可燃剂和黏合剂等组分。当然，推进剂也可以由与炸药类似的含能材料制成，如在各种配方中广泛使用的硝化纤维素、硝化甘油、RDX和HMX。本书将不涉及这类材料，已经有许多优秀的出版物，从化学家和工程师的视角涵盖了推进剂领域（Kubota，2004）。

推进剂的目标是使每克成分产生的热气体的体积和温度最大化。推进剂理论预测，推进剂可以获得的最大推力是火焰温度和推进剂燃烧时产生的气体平均分子量的函数（Kubota，2004）。推进剂在点火时会产生大量的气体，因此，在受约束状态下，燃烧速度往往会显著增加。这可以用下式来表示：

$$r = aP^n \tag{9.1}$$

式中：a是由推进剂化学组分以及制备和测试条件确定的经验常数；P是反应室中的压强；n表示燃速压力指数。n值可以通过测定不同压强P下推进剂的燃烧速率实验来确定。一般来说，推进剂产生的气体含量越高，n值越高。一些典型推进剂配方的燃速压力指数如表9.1所列。

表9.1 推进剂的燃速压力指数[①]

序 号	材 料	燃速压力指数
Ⅰ	黑火药	0.165
Ⅱ	高氯酸铵 PBAN，Al复合材料	0.39
Ⅲ	硝酸铵 HTPB Mg	0.51
Ⅳ	M10单基无烟推进剂	0.70
Ⅴ	M8双基无烟推进剂	0.83

注：PBAN，聚丁二烯/丙烯腈燃料/黏合剂；HTPB，端羟基聚丁二烯；无烟推进剂，硝化纤维素和其他添加剂；M8双基推进剂，硝化纤维素（52%），硝化甘油（43%），加上5%的其他添加剂。

① Cooper，1996

一般来说，推进剂可以被认为是受控的燃烧反应，对于诸如步枪子弹之类的发射物时，这一点很明显，在观察者看来，发射药都是以瞬间的方式燃烧的。然而，火箭推进剂，如火箭模型或军用导弹，即使目测看来不是瞬间发生的，也属于燃烧过程；燃烧材料的热量通过未反应的材料迅速传播反应，热气体向相反方向排放以产生推力。如果燃烧速度太慢，推力将不足，而如果燃烧过快，压强过大，则可能发生燃烧向爆轰的转变，从而产生冲击波，并最终引起爆炸。

推进剂可分为两类：一是均质推进剂，即一个分子同时提供可燃剂和氧化剂；二是非均质推进剂，是类似传统烟火剂的可燃剂和氧化剂的混合物。黑火药是第一种烟火药，也是第一种炸药和第一种推进剂，同时也是一种非均质推进剂（可燃剂为木炭和硫黄，氧化剂为硝酸钾）。

9.2 原始推进剂——黑火药

直到 19 世纪，黑火药一直是唯一可用于军事和民用用途的推进剂，这种材料的生产在世界各地蓬勃发展。然而，制备和使用黑火药中存在一些问题，这也促进了寻找替代产品的工作。这些问题包括以下几方面。

（1）不同批次原料的燃烧性能有很大差异，黑火药工厂如果密切注意原料的纯度，使用同一种木炭来源，并且不改变产品中的混合程度或残余水分的含量，就可以生产出优质火药。

（2）黑火药每克的气体输出量相对较低，只有大约 50% 的产品是气态的，其余则为固体。

（3）黑火药的固体残渣具有高碱性，对许多材料都有很强的腐蚀性。

（4）黑火药是一种相当低能的成分，其燃烧热约为 0.66kcal/g，为了从能量输出值如此低的成分中制备快速含能物质，有必要在制备过程中通过长时间的研磨来提高材料的均匀性。这种含能材料的混合和研磨的过程是导致黑火药制备场所发生大量事故和爆炸的原因。相比之下，比例为 60∶40 的高氯酸钾/铝闪光剂可以产生约 2.4kcal/g 的热量输出，只需要少量的混合就能产生快速、高能量的混合物。不过，闪光剂的气体输出量很低，因此这些材料不适合用作推进剂。

人们致力于寻找黑火药的替代品，既能改进性能，又能提高制造的安全性。"Pyrodex®" 是替代材料中最古老、最畅销的产品，这是一种获得专利的烟火成分，旨在实现黑火药的许多功能。它含有黑火药中的一些成分，再加上额外的黏合剂和燃速调节剂，使材料在环境压力下感度降低，燃烧速度更慢。它在更强的约束程度下，能够达到与常规黑火药相当的性能，这种现象在枪管里面是完全可以实现的（Barrett，1984）。

黑火药和 Pyrodex® 的优点包括良好的可燃性、适中的成本、原料易于获取以及广泛的用途（导火索、延期药、推进剂和炸药），具体性能则取决于约束程度。

然而，随着对黑火药和 Pyrodex® 的使用以及对其优缺点的充分了解，优良的推进剂材料的特性包括以下几方面。

（1）能够从易于获取的原料中安全制备且成本适中。
（2）易于点燃，但在储存期间性能稳定。
（3）燃烧可以形成大量的低相对分子质量气体混合物，几乎没有烟或固体残留物。
（4）可以在最高温度下燃烧以提供最大推力。

9.3 无烟火药

19 世纪末，随着现代有机化学的蓬勃发展，硝化反应（在醇和硝酸的羟基之间形成硝酸酯）在全世界都实现了商业化，于是出现了一种新的无烟火药家族。硝化纤维素（NC）和硝化甘油（NG）两种硝酸酯成为这种新型推进剂的主要成分（以及新型炸药配方中的成分）。图 9.1 说明了硝酸分别与纤维素和甘油形成 NC 与 NG 的过程。

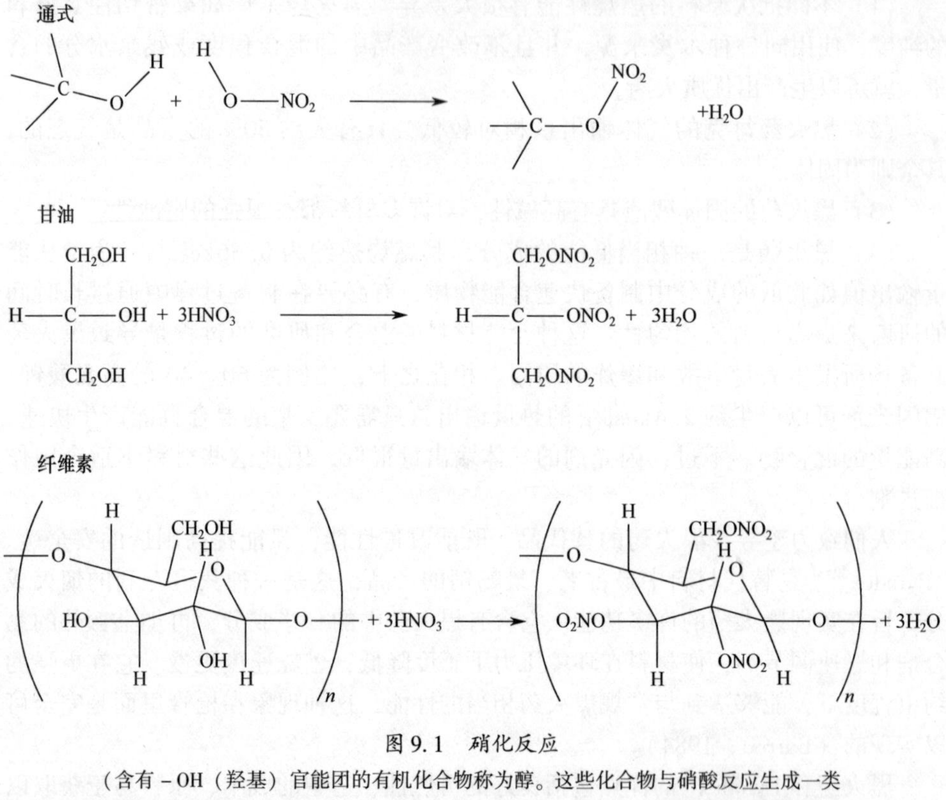

图 9.1 硝化反应

（含有 –OH（羟基）官能团的有机化合物称为醇。这些化合物与硝酸反应生成一类称为硝酸酯的化合物。硝化甘油和硝化纤维素是通过这种反应产生的众多爆炸性材料之一）

硝化纤维素是由葡萄糖分子连接在一起形成的一种聚合物。每个葡萄糖单元有三个羟基（—OH）可用于硝化，完全硝化后 NC 中的氮含量约为 14%（质量分数）。氮含量达到或超过 12.6% 的材料通常被视为含能材料。硝化纤维素的爆热约为 0.97kcal/g（比黑火药的 0.66kcal/g 要高 50%），燃烧产物全部为气体（Department of the U.S. Army, 1984）。每克固体硝化纤维素大约可以释放 0.84L 气体。

单基无烟火药里面只含有硝化纤维素，而双基无烟火药是硝化纤维素和硝化甘油的混合物，通过液体硝化甘油将固体的硝化纤维素凝胶化。用于制备第一种现代爆破炸药的硝化甘油似乎也可以用于制备推进剂。硝化甘油的起爆需要来自雷管的冲击，使得材料能够可靠地爆炸。然而，当它与爆炸性较小的材料混合并通过火焰而不是冲击点火时，能够进行常规地燃烧（而不是引爆），因此，在推进剂配方中应用是非常有效的。回想一下以前的讨论，推进剂在接近爆炸边缘，但尚未爆炸时效果最好。在硝化纤维素中添加硝化甘油可以使燃烧能量更高，从而产生更大的推力。

硝化甘油的爆热为 1.5kcal/g，燃烧产物也全部为气体（每克硝化甘油约生成 0.72L 气体）。双基火药是无烟火药中含硝化甘油最多的一种，推进剂的能量随硝化甘油含量的增加而增大。有些双基火药的硝化甘油含量大于 40%，有些双基火药对雷管敏感，被归类为 1.1 类炸药（Military Pyrotechnic Series Part One, "Theory and Application", 1967）。

后来人们还制备出了三基无烟火药，其中含有硝化甘油和硝化纤维素，并以硝基胍作为第三种组分（质量分数高达 50%）。这种三基无烟火药是三种无烟火药中燃烧温度最低的（硝基胍会降低火焰温度），是为用于昂贵的大型金属身管而开发的，目的是延长其使用寿命。硝基胍的爆热为 0.89kcal/g，比硝化纤维素或硝化甘油都要低。然而，硝基胍在燃烧时每克材料大约能够释放出 0.89L 的气体，成烟率略好于硝化纤维素或硝化甘油。实际上，硝基胍会降低火焰的温度，但也会产生更多的气体。与双基无烟火药相比，三基无烟火药的性能通常会有所下降，但在许多情况下，如果能够延长炮管的寿命，则可以牺牲一部分整体效能。然而，如果不考虑炮管寿命，而更看重推进剂性能峰值（如穿甲弹），则可以用军用炸药 RDX 代替硝基胍，从而大大提高性能和射速。

无烟火药中还含有各种稳定剂、加工助剂、闪光抑制剂和燃速催化剂等（Kubota, 2004）（Department of the U.S. Army, 1984）。无烟火药的一个优点是在制备过程中可以使用挤压工艺。产生的多孔颗粒可以同时向内和向外燃烧，从而实现燃烧表面积和产气量随时间发生变化（Kubota, 2004）。

硝化纤维素内部含有的氧不足以完全燃烧生成二氧化碳、水和氮气，而硝化甘油含有过量的氧，因此，受益于硝化纤维素的大量放热（约 1.5kcal/g）（Department of the U.S. Army, 1984），双基无烟推进剂可以实现更加完全的燃烧。

无烟火药的制备比黑火药安全得多，每克比黑火药具有更多的能量，燃烧时基本上生成100%的气体和很少量的烟①（并且没有腐蚀性固体产物）。在标准大气压下，它们的燃烧速度比黑火药慢得多，在生产过程中具有一定的安全性。在密闭状态下，由于产生了大量的气体产物，无烟火药的燃烧速度会急剧增加，例如，在枪管内的典型高压条件下，其燃烧速率明显比黑火药更快，性能更好。

含硝化纤维素火药唯一的真正缺点是其固有的化学不稳定性。制备过程中残留的酸很难从纤维素材料中完全去除，这种酸在储存期间可以催化硝化纤维素中硝酸酯键的分解。因此，随着时间的推移，小部分无烟火药会失去与发射相关的性能。储存在密封容器中的大量无烟火药可能会经历加速的自加热过程，因为在硝酸酯键分解过程中产生的热量和额外的酸性催化剂都会导致大型容器中心部位材料的分解速率加快。如果无烟火药桶内的温度达到材料的点火温度（约200℃），则可能导致爆炸，炸毁整个仓库（图6.7中的爆炸时间研究）。

这个问题最终得到了解决，这也是应用酸碱化学的一个经典例子，方法是在无烟推进剂成分中加入少量（含量为1%~2%）的抗酸剂。一个多世纪以来，单基无烟火药的稳定剂是二苯胺（$C_{12}H_{11}N$），一种氨的固体衍生物，用两个6-碳苯环取代氨分子上的氢原子，如图9.2所示。硝化纤维素在分解时会产生酸性氢离子H^+和氮氧化物，二苯胺分子中的碱性氮会吸收所有的氢离子，而6-碳苯环是氮氧化物的有效吸收剂。通过二苯胺稳定剂去除这些化学物质会减缓硝化纤维素的加速分解，可以将无烟火药的寿命延长许多年。类似的化学稳定剂也被添加到双基和三基无烟火药中。二苯胺通常不与这些材料一起使用（它的碱性太强，与硝化甘油不相容），而是使用更弱的有机碱。

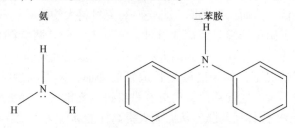

图9.2　氨气及二苯胺的分子结构

(氨气（环境条件下为气体）及硝化纤维素储存稳定剂二苯胺（环境条件下为固体），碱性氮可以吸收氢离子，苯环将吸收氮氧化物。二苯胺通过提高硝化纤维素在储存中的安全性，拯救了刚刚起步的无烟火药工业，至今仍对其有所帮助)

无烟火药今天被广泛用作小口径武器弹药和炮弹的发射药。20世纪初，随

---

① 无烟火药并不是真正的无烟，会产生一些烟雾和灰烬，但比黑火药少得多，而且通常不会达到任何肉眼可见的量，因此而得名。

着无烟火药的发明，黑火药的使用量急剧下降，但它仍然是烟花工业用于空中火箭和迫击炮发射的空中炮弹的主要推进剂，并且被用于各种军事用途。

9.4　运载火箭用推进剂

军方和太空计划中使用的更大的火箭和导弹需要巨大的推力来克服重力，从而成功地上升和到达高空，因此液体燃料发动机、固体推进剂和烟火助推器被组合用于发射巨大的运载工具，如美国国家航空航天局（NASA）的传统航天飞机运载火箭，以及航天发射系统（SLS）的重型运载火箭。这些液体燃料推进剂包括过氧化氢（H_2O_2）和联氨（N_2H_4），或者液氢（H_2）和液氧（O_2）。

用于火箭和导弹技术的现代固体推进剂几十年来一直依赖于复合推进剂，这种推进剂在组成与烟火剂类似。它们通常以高氯酸铵（NH_4ClO_4）作为氧化剂。各种聚丁二烯（合成橡胶）衍生物用作燃料和黏合剂。高氯酸铵在其热分解过程中会产生100%的气体产物，因此是固体推进剂的最佳选择。这些推进剂通常包含以下组分。

（1）固体氧化剂。高氯酸铵（NH_4ClO_4，即AP）是当前最常用的氧化剂，因为它与燃料反应生成的气态产物含量很高。

（2）可以用作黏合剂和产气剂的有机燃料。为了使加工更为简单，最好使用能够固化的液体原料，并且希望使用含氧量低的黏合剂，以最大限度地提高每磅材料的产热量。

（3）少量轻质高能金属。金属产生的固体燃烧产物对于获得推力并无帮助，但金属燃烧产生的大量热量会使其他气体产物的温度升高，从而有利于产生更大的推力。金属燃料的另一个重要作用是导热性，它可以捕捉推进剂燃烧时产生的部分热量，并将这些热量有效地传导到未燃烧的药剂中。金属的导热性也有助于减缓推进剂的燃烧，铝和镁是最常用的金属。航天飞机助推器火箭推进剂配方（NASA固体火箭助推器，2006）的配方如表9.2所列。

表9.2　火箭推进剂配方

配　　方	质量分数/%
高氯酸铵	70
聚丁二烯聚合体①	12
铝	16
环氧树脂	2
氧化铁	0.17
① 聚丁二烯也称为聚丁二烯聚丙烯腈	

氧化铁用作燃速催化剂，可以加速高氯酸铵的热分解。其他金属氧化物也显示出对高氯酸铵的催化作用，如氧化铜、氧化钴等。在烟火组分中很少使用催化剂，因为其目标是控制而不是最大限度地提高燃烧速率。

传统航天飞机上的每个助推器都含有约 100 万 lb 的固体推进剂，这意味着，每次航天飞机发射时总共有 200 万 lb 推进剂的推力（Seltzer，1998）。通常，这些推进剂设计为负氧平衡（具有正的净热化合价的富燃料成分），以增加 CO 气体的生成。因为 CO 更轻，在其他条件相同的情况下会产生更大的推力。碳原子完全氧化为二氧化碳会产生更多的热量，因此需要进行反复实验和调整，以确定氧化剂和燃料的最佳比例。

9.5 发射药与火箭推进剂

发射药所用的材料与用于大型火箭推进剂的材料类型不同。发射药倾向于均质材料（硝化纤维素），而火箭推进剂则趋向于非均质材料（高氯酸铵氧化剂、聚丁二烯和铝燃料）。在弹丸发射系统中，发射药在极高的压强下快速燃烧，从而瞬间推动弹丸/子弹（具有单个快速的压力和推力脉冲）。相比之下，火箭需要长时间的持续燃烧，才能在火箭飞行过程中产生持续的推力。J. Akhavan 报告说，火箭推进剂的燃烧室压力约为 7MPa（69atm），而发射药将接近 400MPa（近似 4000atm）（Akhavan，2004）。

为了使火箭推进剂产生这种持续的燃烧，通常将非均质材料以颗粒状的形式装载到发动机中，以使燃烧更加均匀。对于需要立即进行完全燃烧以产生所需压力的火炮/射弹系统，发射药被压成单个药柱，在点火后能够发生非常迅速和线性地燃烧。

9.6 推进剂研究前沿进展

最近的推进剂研究集中在化学结构相似的含能材料硝胺炸药 RDX（快速点火炸药）和 HMX（高熔点炸药）。RDX 和 HMX 的结构如图 9.3 所示。

这些材料与硝化纤维素类似，会在火焰刺激下以可控的方式点燃和燃烧，但当施加足够能量冲击时会发生爆炸。RDX（$C_3H_6N_6O_6$，热化合价为 $CO_2 = +6$）及其化学近亲 HMX（$C_4H_8N_8O_8$，热化合价为 $CO_2 = +8$）都稍微富含燃料，主要产生二氧化碳作为反应产物，但在氧平衡（热化合价 = 0）条件下，会生成水、氮气和一氧化碳作为燃烧产物。这些炸药与黏合剂混合，在某些情况下，还可以加入高氯酸铵，制备成推进剂配方。通过对推进剂中黏合剂的合理选择，可以降低其对冲击和撞击的感度，并能够安全地进行制备、运输和储存。

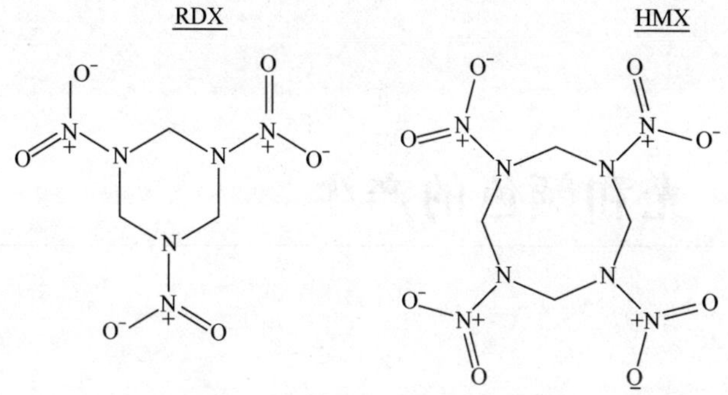

图 9.3 RDX 和 HMX 的分子结构
(这些烈性炸药在受到雷管或其他适合的冲击刺激时会爆炸,但在与黏合剂和
氧化剂的混合物中燃烧时,也可作为推进剂使用)

推进剂组分也可以被用于汽车安全气囊(最初是不稳定的叠氮化钠,NaN_3),以及许多气体发生器装置中,产生的气体压力用于驱动活塞、触发开关、将飞行员从飞机上弹射,以及实现各种其他重要功能。在军事和航空航天工业中使用了许多这样的装置,这些装置可以设计成快速作用,以及能被远程启动。

人们还在继续努力研究符合 21 世纪要求的推进剂材料,包括具备优越的性能,制备和储存的安全性以及环境兼容性。例如,硝酸铵已被研究作为高氯酸铵的替代品,并且将某些聚合物黏合剂硝化后可以具有额外的能量,如聚乙烯醇硝酸酯。

此外,推进剂发动机的装药结构也一直是研究的重点。发动机中的固体推进剂可以是内孔燃烧、端面燃烧或其他的装药几何结构燃烧技术,以满足装置的不同需求。推进剂也可以造粒成颗粒,或者挤压成单个固体块,并以均质方式(整体为组成相同的化学混合物)或非均质方式(不同的物理或化学组成)装载到发动机壳体中。

第 10 章　光和颜色的产生

　　很少有人像化学家那样欣赏烟花表演。当红蓝相间的美丽的菊花形图案在天空中绽放时，有 99% 的观众发出"哇哦……"的赞叹声，而化学家脑子里想的则是"啊，锶和铜……"。

10.1 引言

许多烟火剂的主要目的是产生明亮的光和鲜艳的色彩。发光具有多种应用，包括军事信号、照明设备和高速公路遇险信号弹，甚至壮观的空中烟花表演和舞台烟火，应有尽有。我们在第2章已经讨论了光辐射的基本理论，并可以参考有关有色火焰的化学和物理性质的优秀著作（Douda, Theory of Colored Flame Production, 1964）（Kosanke等，2004）。

将有色火焰剂配方压入管中可以制造出具有不同燃烧时间的火炬，或者将配方压制成小药柱，点火并发射到空中。这些空中的小球称为"星体"，单独点火的大星体称为"彗星"。目前，烟火喷泉中广泛使用非常小的星体，其中，黑火药型药剂向空中喷射出火药，将微型星体喷向空中，可以产生各种颜色的火花效果（T. Shimizu, Studies in Microstars, 1985）。

随着用于分析烟火药剂光辐射的仪器越来越先进，为科学家提供了越来越多关于发光分子和原子来源的信息。然而，任意时刻的光强和辐射强度的定量测试都可能受到各种测试条件的影响，如容器直径、燃烧速率，甚至是测量设备的不确定性。因此，在比较不同报告中获得的数据（使用了不同的设备和不同的测试程序）时，应当理解其中可能带来的变化和不确定性。

10.2 白光剂

10.2.1 白光的生成概述

对于白光辐射，要求药剂在高温下（通常高于3000℃）燃烧，产生大量气态受激原子或分子，以及炽热的固体或液体粒子[①]。白炽粒子在电磁光谱的可见光区域辐射出一组宽带光谱，可被人眼感知为白光（或接近白光）。军方广泛使用的硝酸钠/镁/有机黏合剂照明剂中的主要光源，是被高的火焰温度激发到高能电子态的蒸气态钠原子的强烈辐射（Douda, Spectral Observations in Illuminating Flames, 1968）（Dillehay, 2004）。尽管钠发出的光谱可以被人眼感知为淡黄色的光，但体系的热量会产生足够强的辐射，并表现为白光。

镁或铝是大多数白光剂中的可燃剂。这些金属在氧化时释放出大量热量，在使用这些可燃剂所获得到的高反应温度下，作为反应产物的高熔点的氧化镁（MgO）和氧化铝（Al_2O_3）是较好的光辐射体。金属钛和锆也是白光剂良好的可

---

① "白炽光"是指从热的材料（如经典的热丝灯泡或熔融金属）中发出的可见光。

燃剂，但如果使用的是细粒度的可燃剂，由于其火花感度非常高，在制备时需要非常谨慎小心。

在选择白光剂的氧化剂和可燃剂时，主要考虑的是使热量输出最大化。Shidlovskiy 将 1.5kcal/g 指定为可用照明配方的最小热量输出值（Shidlovskiy，1964）。黑火药产生的热量输出约为 0.66kcal/g，而硝酸钠/镁和高氯酸钾/铝配方产生的热量超过 2kcal/g，其火焰颜色明显更白、更亮。

当火焰温度低于 2000℃ 时，通过炽热粒子或激发的气态钠原子的辐射只能产生少量的白光。因此，首先考虑选择可分解放热的氧化剂，如氯酸钾（$KClO_3$）。然而，氯酸盐或高氯酸盐与活性金属可燃剂的二元混合物在商业使用中对点感度较高，通常会选用反应性较低但更安全的硝酸盐化合物。高氯酸钾与铝、镁的混合物，可用于某些摄影照明剂配方。这是一种是反应性极强的药剂，反应速度在爆轰范围内，并输出强烈的白光。对于这些混合物，强烈建议在任何制备过程中都必须十分小心，且限量制备。

硝酸盐在分解过程中会大量吸热，每摩尔释放的热量要低于氯酸盐或高氯酸盐，在使用期间意外着火的可能性较小，因而安全性更高。但是，如果使用细粒度的金属可燃剂颗粒，则无论使用何种氧化剂，总会存在静电问题。

白光剂中常选用硝酸钡 [$Ba(NO_3)_2$]，反应生成的产物氧化钡（BaO，沸点约为 2000℃）在气相中是良好的宽波长分子辐射体，并且在低温火焰区中发现的 BaO 冷凝粒子也是良好的白炽光辐射体。然而在选择氧化剂时，应当充分考虑到钡的毒性，这也取决于环境的总体情况。

硝酸钠（$NaNO_3$）是另一种常用的材料，但由于其吸湿性很强，因此在生产和贮存时必须采取预防措施以除去水分。因为钠的相原子质量（23）比较低，硝酸钠每克能产生良好的热输出，而且蒸气状态下钠原子的强烈火焰辐射对总光强是一个相当大的贡献。另外，尽管钾在元素周期表中低于钠，且钾与钠有许多相似性，但硝酸钾（KNO_3）却不是良好的原子或分子辐射源，几乎很少在白光剂中被用作唯一的氧化剂。

10.2.2 照明剂和照明弹

在理想情况下，照明剂和照明弹可以长时间产生明亮的光，既可用于区域照明（光源），又可用于信号发射（照明弹）。

金属镁在多数军用照明剂及许多特效装置中被用作可燃剂。然而由于存在吸湿性的问题，它很少用于烟火药中。铝和钛金属、镁铝合金以及三硫化锑（Sb_2S_3）在许多烟火药剂中用于产生白光效应。表 10.1 给出了几种公开发表的白光剂配方。

锆（作为可燃剂）和氧化剂的组合可生产出极明亮的白光。氧化锆的沸点高于 4000℃，可使火焰温度升高至接近 5000℃，产生明亮的白光。然而，由于含锆粉末的配方具有极高的火花感度,这种效应几乎没有商业应用。

表 10.1 白光剂配方

序号	氧化剂质量分数/%		可燃剂质量分数/%		其他组分质量分数/%		参考文献
Ⅰ	硝酸钡 ($Ba(NO_3)_2$)	38.3	镁	26.9	蜡	6.7	Shimizu, T. in R. Lancaster,1972
	硝酸钾 (KNO_3)	25.2			油	2.9	
Ⅱ	硝酸钠 ($NaNO_3$)	44	镁	50	聚酯树脂	6	Winokur, 1978
Ⅲ	特氟隆 ($—CF_2—CF_2—)_n$	46	镁	54	硝化纤维素	2.6	Winokur, 1978
Ⅳ	硝酸钠 ($NaNO_3$)	53	铝	35	乙酸乙烯醇酯 树脂(VAAR)	5	Winokur, 1978
			钨	7			
Ⅴ	高氯酸钾 ($KClO_4$)	64	锑	13	树胶	10	Shidlovskiy, 1964
	硝酸钾 (KNO_3)	13					
Ⅵ	硝酸钾 (KNO_3)	65	硫	20	细颗粒黑火药	5	Shidlovskiy, 1964
			锑	10			
Ⅶ	高氯酸铵 (NH_4ClO_4)	40	硫化锑 (Sb_2S_3)	14	木屑	5	Shidlovskiy, 1964
	高氯酸钾 ($KClO_4$)	30	淀粉	11			

众所周知,各成分之间的比例会影响药剂性能。最佳性能常常是出现在化学计量点附近,但过量的金属可燃剂通常会增加燃烧速率和光辐射强度。额外的金属通过增大热导率,达到加快燃速的效果;过量的可燃剂,尤其是挥发性金属如镁(沸点为1107℃),可以蒸发并与环境空气中的氧一起燃烧,从而产生额外的热和光。

硝酸钠/镁体系广泛用于军用照明剂。表10.2给出了这一体系的数据。硝酸钠和镁之间的预期反应为

$$5Mg + 2NaNO_3 \rightarrow 5MgO + Na_2O + N_2 \tag{10.1}$$

对于化学计量比的配方,应包含121.5g镁和170g硝酸钠(按质量分数计,镁为41.6%,硝酸钠为58.4%)。在表10.2中,配方Ⅰ中含有过量的氧化剂,燃速最慢,产生的热量也最少。配方Ⅱ非常接近于化学计量比。配方Ⅲ含有过量的镁,在三者中反应性最强,过量的镁在空气中的燃烧对于这种药剂的性能

具有相当大的贡献。

表 10.2 硝酸钠/镁体系的燃速和反应热[①]

序 号	硝酸钠质量分数/%	镁质量分数/%	线燃速/(mm/s)	反应热/(kcal/g)
I	70	30	4.7	1.3
II	60	40	11.0	2.0
III	50	50	14.3	2.6

① Shidlovskiy, 1964

  MTV 是一种常见的军用照明剂配方,即镁-特氟隆-氟橡胶(magnesium-Teflon-Viton),以镁为金属燃料,特氟隆(Teflon,聚四氟乙烯)为主氧化剂,氟橡胶作为次氧化剂和黏合剂。这种药剂在可见光和红外波段都会产生强烈辐射,可用于热寻的导弹的诱饵(见本章结尾的进一步讨论)。

  这类照明剂配方,特别是含有过量金属的配方,将表现出明显的海拔效应。在高海拔地区,大气压力的减少以及由此导致的氧气浓度降低将使燃速变慢。因为大气中低浓度的氧气不能有效地消耗过量的可燃剂,同时也无法像较高气压下那样将热量维持在反应表面。

  照明剂通常是氧化剂、金属可燃剂和黏合剂的混合物,可以作为典型示例说明如何对烟火性能进行改进。为了使反应更快、更明亮,可以有多种选择:提高金属可燃剂的比例,使用更细粒径的金属或者减少黏合剂的含量来提高热量输出。至于哪种方法最适合于给定的情况,将综合考虑诸如成本、性能和规格限制之类的因素。

10.2.3 摄影照明剂

  摄影照明剂(也称为闪光剂)是一种能在极短的时间内产生强烈闪光的药剂,通常只有几秒的时间。为了产生这种效果,除了产生高温火焰外,还需要反应非常迅速。细粒度的氧化剂和可燃剂(通常是金属)可以用来增加反应性,但同时也提高了感度。因此,这类闪光剂在制备时非常危险,混合操作必须通过遥控进行远程混合操作。表 10.3 列出了几种典型的摄影照明剂,在所有配方中都使用了金属可燃剂,其中有几个配方的氧化剂都使用了高氯酸钾,还包括上文讨论过的具有白光辐射特性的硝酸钡。

表 10.3 摄影照明剂配方

序号	氧 化 剂	质量分数/%	可 燃 剂	质量分数/%	参 考 文 献
I	高氯酸钾(KClO$_4$)	40	镁	34	Shimizu, T. in R. Lancaster, 1972
			铝	26	
II	高氯酸钾(KClO$_4$)	40	镁铝合金	60	Shimizu, T. in R. Lancaster, 1972

续表

序号	氧 化 剂	质量分数/%	可 燃 剂	质量分数/%	参考文献
Ⅲ	高氯酸钾（KClO$_4$）	30	铝	40	Shimizu, T. in R. Lancaster, 1972
	硝酸钡（Ba(NO$_3$)$_2$）	30			
Ⅳ	硝酸钡（Ba(NO$_3$)$_2$）	54.5	镁铝合金	45.5	Winokur, 1978
			铝	4	
Ⅴ	高碘酸钠（NaIO$_4$）	40	镁铝合金	60	Brusnahan, et al. "Green Pyrotechnics" Barium/Perchlorate Free Binary Flash, 2017

军用摄影照明剂技术的一项创新是研制装有细金属粉而不含任何氧化剂的装置。取而代之的是一种爆炸性强的爆破装药，这种药剂点燃后，可以在高温下分散金属粒子，金属粒子在空气中氧化而产生光辐射，因此也称为温压系统（thermobaric 在希腊语中表示热和压力）。这种照明装置不需要氧化剂和可燃剂的高危混合过程，不过细金属粉可能对静电放电非常敏感。

含能摄影照明剂只需要最简单的混合即可制备高反应性的氧化剂/可燃剂混合物。实际操作时，可在密封装置中放置氧化剂和可燃剂，然后远程轻轻翻滚或旋转装置，使装置内的粉末达到需要的均匀程度。同样，在娱乐业中用作特效材料的闪光剂中，氧化剂和可燃剂是分开按比例进行装运和储存的，在表演之前将这些化学物质小心地混合，装载到支架中备用，然后，在表演过程中的适当时刻进行电点火，从而产生震撼的闪光和听觉效果。

在所有二元烟火药剂中，闪光剂是能量最高、最敏感和最易爆的药剂之一。关于反应性很强的闪光剂是否通过爆燃（极快速燃烧）或爆轰（超声波反应阵面）机制起作用，尚存在学术争论。毫无疑问，无论反应过程如何，它们都能发生剧烈爆炸。

10.2.4 绿色烟火在摄影照明剂中的应用

典型的摄影照明剂均使用高效的高氯酸钾或硝酸钡作为配方中的氧化剂，如表 10.3 所列。如前所述，钡和高氯酸盐都存在毒性问题，需要寻找替代品。最近的一项进展是使用高碘酸盐（IO_4^-）代替高氯酸盐，特别是高碘酸钠（NaIO$_4$），可利用高碘酸盐的绿色氧化电位和钠原子的光谱发射来实现所需的摄影闪光效果。Brusnahan 的研究表明，含 60% 镁铝合金和 40% 高碘酸钠的配方具有很高的发光强度，可替代高氯酸盐成分（Brusnahan 等，2017）。Moretti 的进一步研究表明，该配方的燃烧速率比硝酸钡/高氯酸钾/镁铝合金参比配方略快，且发光效率更高（Moretti 等，2012）。

10.3 火花的产生

从烟火体系中释放出微小白炽粒子,从而产生明亮的火花,是烟火生产商和特效行业可以获得的主要效应之一。许多烟火药剂燃烧时会产生火花,这可能正是某些烟火剂所希望具有的特征。

当液体或固体粒子(药剂原有组分的粒子或是在燃烧表面产生的粒子)被高能反应产生的气体压力从药剂中喷射出来,火花便产生了。这些被加热到白炽温度的粒子离开火焰区域后,随着它们的逐渐冷却或是与大气中的氧继续反应,会辐射发光。可燃剂的粒子尺寸将在很大程度上决定火花的数量和大小:粒子尺寸越大,可能产生的火花越大。产生热量需要细的可燃性粒子,而产生火花效应需要使用较大的颗粒,所以烟火生产商们通常是将两者结合起来制备药剂,这也是许多常见的手持式火花棒中使用的技术。

金属粒子,特别是铝、钛和镁铝合金,能产生良好的白色火花。使用足够大粒径的木炭效果也很好,能产生典型的橙红色火花(通常在地面烟花喷泉中使用)。根据反应温度的不同,由铁粒子产生的火花颜色可以从金色变化到白色,这也是每年7月4日(美国国庆日)数百万人手持点燃的金色火花棒时所看到的明亮火花的来源。

然而,镁一般不能产生较好的火花效应,除非使用相当大粒径的金属。镁的沸点比较低(1107℃),所以易于在烟火火焰里挥发并完全反应(Shimizu 等,1972)。镁铝合金能够在空气中燃烧,产生奇特的噼啪声和较好的火花。

表10.4给出了几种可用于产生火花的配方。值得注意的是,可燃剂的粒子大小对烟火火焰中产生火花至关重要,需要通过实验找到可实现特定效果的理想粒径。为了得到良好的火花效应,可燃剂必须含有足够大的颗粒,以保证可以在完全燃烧之前可以从火焰中逸出。此外,氧化剂不能过于高效,否则,在火焰中可能发生完全反应,没有或仅有少量火花效应。用较热的氧化剂难以产生木炭火花。硝酸钾(KNO_3)具有较低的火焰温度,通常效果最好。为了有助于粒子从火焰中喷射出来,还需要生成一些气体以获得良好的火花效应。木炭、其他有机可燃剂和黏合剂以及硝酸根离子都可用于产生气体。

表10.4 产生火花的药剂配方

序号	配 方	质量分数/%	效 果	参考文献
I	硝酸钾(KNO_3)	58	金色火花	Shidlovskiy, 1964
	硫	7		
	纯木炭	35		

续表

序号	配方	质量分数/%	效果	参考文献
Ⅱ	硝酸钡（$Ba(NO_3)_2$）	50	金色火花	Shidlovskiy，1964
	钢屑	30		
	糊精	10		
	铝粉	8		
	细木炭	0.5		
	硼酸	1.5		
Ⅲ	高氯酸钾（$KClO_4$）	42.1	白色火花	Jennings-White，Chapter14: Glitter Chemistry，2004
	钛	42.1		
	糊精（先用糊精和水调成糊状，再与氧化剂和可燃剂混合）	15.8		
Ⅳ	高氯酸钾（$KClO_4$）	50	白色火花瀑布效应	Shidlovskiy，1964
	亮铝粉	25		
	铝飞花，30~80目	12.5		
	铝飞花，5~30目	12.5		

10.4 频闪和闪烁剂

某些药剂会以一亮一灭的脉冲方式燃烧，这就是闪烁剂。药剂引燃后，先是发出强光随后变暗，如此循环至药剂燃烧结束。Shimizu 最早提出，从化学角度出发，烟火频闪涉及两个不同的反应，其中一个是缓慢的"暗"反应过程，这个过程积蓄足够的热量后会引发快速的"亮"反应过程，暗反应和亮反应交替进行，从而产生频闪效应（T. Shimizu, Studies on Strobe Light Pyrotechnic Compositions, 1982；Jennings-White, Chapter 15：Strobe Chemistry, 2004）。最近也有研究人员发表了对这种现象研究的一些结果和讨论（Corbel 等，2013）。

产生这种效果的一种可能性是在压制成型的频闪药剂表面上最先进行的"亮"反应完成后，会在外层形成一层硬壳，启动"暗"反应，在硬壳下焖燃并持续反应生成气态物质形成压力，当硬壳下的热量和压力足够大时，硬壳发生破裂，开始"亮"反应，"亮"反应结束后，又形成另一个表层硬壳，如此循环直至药剂消耗完毕。另一种可能性是：由于热反馈回路或氧气流入等原因，烟火反应会以两种不同的速率进行。通常可以看到，频闪脉冲的频率会随着药剂的燃烧而增加，即在药剂燃烧完之前，两次闪光之间的延迟会逐渐减少。

Corbel 等指出，常见的镁/高氯酸铵二元配方会发生频闪效应，并推测这种配方会经历两步燃烧（Corbel 等，2013）。首先，镁颗粒受热蒸发至表面与空气中的氧气发生燃烧反应，形成上方亮区，然后是金属-氧化剂的焖燃（即暗区），待产生足够的热量后再将镁颗粒蒸发并喷出形成上方亮区。镁铝合金（一种常用频闪可燃剂）可以分解生成镁和铝，其中铝与氧化剂反应，可以产生热量并将镁蒸发至空气中发生氧化，形成上述亮区。添加硫酸钡（一种常用频闪添加剂）可以在药剂表面形成一层固体层并吸收热量，延迟镁的蒸发，从而增强整体的频闪效果。

表 10.5 给出了一些闪烁剂的配方。药剂通常包括产生"亮"反应和"暗"反应的二元烟火配方。例如，表 10.5 中的白色闪烁剂是由高氯酸铵、硫酸钡和镁铝合金组成。镁铝合金和硫酸钡是闪烁剂，用于"亮"反应，而镁铝合金和高氯酸铵是焖燃配方，用于"暗"反应。Jennings-White 对这种亮-暗反应假设进行了深入研究，并讨论了 13 种不同的闪烁剂配方（Jennings-White, Strobe Chemistry, 2004）。Corbel 等人进一步对发光强度进行了研究，并用高速摄影仪记录了这种效果（Corbel 等，2013）。这些配方产生的频闪可用于娱乐，同时也为紧急信号弹提供了一些有趣的可能性。

表 10.5 闪烁剂配方[①]

组　分	闪烁颜色质量比/%		
	红	绿	白
高氯酸铵	50	60	60
硫酸锶	20		
硫酸钡		17	15
镁	30	23	
镁铝合金			25
重铬酸钾	外加 5%	外加 5%	外加 5%

注：重铬酸钾作为稳定剂涂覆在金属可燃剂上。
① T. Shimizu, Studies on Strobe Light Pyrotechnic Compositions, 1982

10.5　飞花剂和喷波剂

通过仔细选择用于产生火花的药剂中的可燃剂和氧化剂，能获得其他一些有趣的视觉效果。目前，已有多篇综述性文章对这个主题进行了详细讨论，并给出了很多配方（Winokur, 1978；Jennings-White, Chapter 14: Glitter Chemistry, 2004）。

飞花剂是指大的铝薄片燃烧时产生的白色大火花。这些薄片从火焰中喷出后会持续燃烧，产生美丽的白色火花效果，可用于各种烟花产品中。

喷波剂是指由熔融金属液滴产生的效果，熔融的金属液滴从火焰中喷出后，可以在空气中燃烧，产生明亮的闪光。硝酸盐（最好是 KNO_3）和硫/硫化物可能是实现闪光现象的必要条件，硝酸钾的低熔点（334℃）很容易产生液相也是造成这种效应的部分原因。表 10.6 给出了几种喷波剂配方。

表 10.6 喷波剂配方[①]

序号	配方	质量分数/%	效果	备注
Ⅰ	硝酸钾（KNO_3）	55	良好的白色闪光剂	用于空中星体效果
	亮铝粉	5		
	糊精	4		
	硫化锑（Sb_2S_3）	16		
	硫	10		
	木炭	10		
Ⅱ	硝酸钾（KNO_3）	55	金色闪光剂	用于空中星体
	亮铝粉	5		
	糊精	4		
	硫化锑（Sb_2S_3）	14		
	硫	8		
	木炭	8		
Ⅲ	硝酸钾（KNO_3）	55	良好的白色闪光剂	用于喷泉效果
	硫	10		
	木炭	10		
	雾化铝粉	10		
	氧化铁（Fe_2O_3）	5		
	碳酸钡（$BaCO_3$）	5		
	硝酸钡（$Ba(NO_3)_2$）	5		

① Winokur, 1978

10.6 彩色光的产生

10.6.1 概述

当加热至高温时，某些元素和化合物会以气相存在于烟火火焰中，具有在电磁波谱的可见光区域（380~780nm）内辐射出线状光谱或窄带光谱的独特性质。这种光发射可被观察者感知为颜色，产生彩色光是烟火化学工作者所追求的重要目标之一。表10.7列出了与可见光谱各区域相对应的颜色。补色是白光减去观察者所看到的可见光谱的某个特殊部分后呈现的颜色。用于产生彩色烟雾的染料（见第11章）就是通过互补色原理产生可观察到的颜色，即吸收一部分可见光，散射其余部分的光。

表10.7 可见光谱[①]

波长/nm	发 射 色	补 色
<380	无（紫外线区）	—
380~435	紫色	黄绿色
435~480	蓝色	黄色
480~490	绿蓝色	橙色
490~500	蓝绿色	红色
500~560	绿色	紫红色
560~580	黄绿色	紫
580~595	黄色	蓝色
595~650	橙色	绿蓝色
650~780	红色	蓝绿色
>780	无（红外区域）	—

注：补色是白光减去观察者看到的可见光谱的某个特殊部分后所呈现的颜色。
① Bauer等，1979

为了产生有色火焰，需要具备能够产生热量（来自于氧化剂和可燃剂之间的反应）和辐射颜色的物质。在配方中加入含钠化合物会使火焰呈现黄色，锶盐和锂将产生红色，钡和某些硼或铜化合物会产生绿色，而某些含铜药剂可产生蓝色。颜色可以通过窄带光的辐射产生（如在435~480nm波段范围内的光被人眼感知为蓝色）或通过发射几个不同波段范围的辐射光组合产生一种特殊的颜色。例如，以适当比例混合蓝光和红光将产生紫色火焰，而以适当比例混合红光和绿光会产生黄色火焰（注意：这是发光色或相加色，不是像颜料一样混合）。虽然所有人都在儿时学习过基本颜色，但颜色理论仍然是一个复杂的课题，所有希望产生彩色火焰的人都应当进行学习和研究（Kosanke等，2004）。

表10.8中列出了一系列常见烟火剂反应产物产生的颜色以及相应波长（Meyer-riecks等，2003；Sabatini，2018；Douda，Theory of Colored Flame Production，1964）。

表10.8 烟火反应产物产生的颜色和相应波长[①~⑦]

发 射 色	发光材料种类	主波长（近似值）/nm
红色 600~700nm波段	SrCl SrOH Li（原子发射）	625~670 650~700 610~670

续表

发 射 色	发光材料种类	主波长（近似值）/nm
橙色 550~640nm 波段	CaOH CaCl	550~625 580~620
黄色 570~600nm 波段	Na（原子发射）	589（钠的主要 d 线（黄光））
绿色 500~570nm 波段	BaCl BaOH CuOH BO$_2$	500~530 490~525 500~600 (470~580) 主要是 546[④⑤]
蓝色 415~550nm 波段	CuCl CuBr CuI	415~550 400~550[⑥] 460~475[⑦]

① Meyerriecks 和 Kosanke, 2003;
② Sabatini, 2018;
③ Douda, Theory of Colored Flame Production, 1964;
④ Young 等, 2009;
⑤ Poret 和 Sabatini, 2013;
⑥ Juknelevicious 等, 2015;
⑦ Klapötke 等, 2014

  与制造白光相比，产生色彩鲜艳的火焰是一个更具挑战性的问题。为了获得满意的效果，需要对各种因素进行微妙的平衡。

  (1) 烟火火焰中必须存在能辐射所希望的波长或混合波长的原子或分子物质。

  (2) 辐射物质必须具有足够的挥发性，以便在烟火反应温度下能够以气态形式存在。随着所用药剂的不同，火焰温度可在 1000~2000℃ 范围内变化。

  (3) 氧化剂和可燃剂反应必须提供足够的热量以产生辐射体的电子激发态。Shidlovskiy 曾指出，所需要的最低热量为 0.8kcal/g（Shidlovskiy, 1964）。

  (4) 热量是蒸发和激发辐射体所必须的，但不能超过分子态物质的离解温度（或原子电离温度），否则就会影响颜色质量。例如，绿色辐射体 BaCl 在 2000℃ 以上不稳定，而最好的蓝色辐射体 CuCl 不能加热到 1200℃ 以上（Shidlovskiy, 1964）。因此，需要一个合适的温度范围，在这个温度范围内足以获得蒸发物质的激发电子态，但又要使离解最小化。

  (5) 火焰中存在炽热的固体或液体粒子对于颜色质量会有不利影响。这些粒子产生的黑体辐射虽然能够提高总辐射强度，但会使颜色质量下降，观察者看到的是"冲淡"的颜色。在有色药剂配方中使用镁或铝金属会产生较高的火焰温度和较高的总发光强度，但炽热的氧化镁或氧化铝产物的宽谱辐射会降低颜色纯度。

（6）必须尽一切努力减少火焰中不需要的原子或分子辐射体。钠的化合物在除黄光药剂以外的任何有色药剂中都不能使用，即使是微量杂质，也必须避免或尽可能减少。因为钠发出的强烈黄色/橙色原子辐射（589nm）会掩盖其他颜色。

如果药剂需要造粒或形成星形，则可能需要在有色火焰配方中使用黏合剂。在这种情况下，应当尽可能减少黏合剂的用量，因为含碳化合物可以产生橙色火焰。使用已被部分氧化的黏合剂（具有高的氧含量，如糊精）可以有效避免这个问题。此外，除非是制备热的富氧药剂，否则，应避免使用含微量或不含氧的黏合剂（如石蜡）。

10.6.2 氧化剂的选择

第 3 章中已经详细讨论了良好的氧化剂所应具备的性质。有色火焰剂的氧化剂首先应当满足所有这些要求，还必须能够辐射合适的光以产生所希望的颜色，并且不辐射由其他组分产生的有色光。此外，氧化剂必须与所选的可燃剂发生反应以产生足够的火焰温度，在适当波长范围内产生最强的光辐射。如果温度太低，则无法产生足够的受激分子，得到的颜色强度较弱，而过高的火焰温度会使分子辐射体分解而破坏颜色质量。

表 10.9 给出了氧化剂/虫胶配方火焰温度的一些数据（T. Shimizu，1981）。从表中可知，由于硝酸钾分解大量吸热，与虫胶混合后产生的火焰温度明显低于其他三种氧化剂。因此，对于硝酸钾类配方，草酸钠中的钠发出的黄光强度将显著降低。

表 10.9 氧化剂/虫胶配方的火焰温度[①]

序号	组 分	不同氧化剂配方的火焰温度/℃			
		高氯酸钾（$KClO_4$）	高氯酸铵（NH_4ClO_4）	氯酸钾（$KClO_3$）	硝酸钾（KNO_3）
Ⅰ	75% 氧化剂 15% 虫胶 10% 草酸钠	2250	2200	2180	1675
Ⅱ	70% 氧化剂 20% 虫胶 10% 草酸钠	2125	2075	2000	1700
Ⅲ	65% 氧化剂 25% 虫胶 10% 草酸钠	1850	1875	1825	1725

注：加入草酸钠可以产生黄色火焰，便于用谱线自蚀方法来进行温度测量。
① T. Shimizu, Studies on Strobe Light Pyrotechnic Compositions, 1982

要在有色火焰剂中使用硝酸钾，通常需要加入镁或镁铝合金类可燃剂以提高火焰温度。钾会发出微弱的紫光（450nm 附近），但在药剂中加入钾的化合物就能产生良好的红色和绿色火焰（高氯酸铵适合制备有色火焰剂，因为其不含影响颜色质量的金属离子）。氯源有助于形成易挥发的 BaCl（绿）或 SrCl（红）辐射体。火焰中氯的存在还会阻碍氧化镁、氧化锶或氧化钡的形成，这些都会损害颜色质量。Shidlovskiy 建议当使用金属镁作为可燃剂时，配方中至少应含 15% 的氯供体（Shidlovskiy，1964）。

然而，氯并不是产生有色火焰时所必需的。研究表明，在不使用任何金属可燃剂或含氯化合物的情况下，使用硝酸盐氧化剂也可以成功地产生一系列颜色，甚至是复杂的蓝色（Jennings. White，Nitrate Colors，1993）。但是，含氯化合物和金属可燃剂的使用确实有助于扩大有色火焰剂的燃速调节范围和火焰温度范围。

因此，最佳的氧化剂应该含有能以原子或分子形式辐射而产生颜色的金属离子，而且所选的氧化剂必须是已经实现商业化生产的材料，使用效果好而且安全。据此考虑，化学家通常会选择硝酸钡或氯酸钡作为绿色火焰剂。虽然硝酸锶具有吸湿性，也常被选来用于红色药剂，但考虑到吸湿性、燃速和安全性，一般不会将锶化合物作为主氧化剂（如用于产生红色火焰的碳酸锶）。这些惰性成分会降低火焰温度和辐射强度，可能需要添加金属可燃剂来提高火焰温度和抵消这种影响（见下文）。在这种情况下，通常需要使用较低含量的颜色成分才能产生令人满意的颜色。

10.6.3 可燃剂和燃速

在有色火焰剂的应用中，有些药剂会需要较长的燃烧时间，也有些药剂需要迅速燃烧而发出颜色闪光。例如，公路信号弹和用以制造烟花部件的喷枪要求有长达 1~30min 的燃烧时间。诸如金属粉和木炭之类的快燃剂通常不会用在这些慢燃药剂中，而是选择例如糊精等部分氧化的有机可燃物，另外，粗糙的氧化剂和可燃剂粒子也能起到降低燃速的作用。为了得到较长的燃烧时间，公路信号弹会使用锯末作为一种粗糙、慢燃的阻燃剂，而蜡作为一种低熔点吸热物质，也可用于延长燃烧时间。

为了实现快速燃烧，如用于空中烟花中的明亮彩色星体，药剂中应含有木炭或金属可燃剂。药剂中要使用细颗粒的原料，而且所有成分要混合均匀，这样才能制备均匀且燃速较快的产品。

传统的军用照明剂使用镁作为可燃剂，以最大限度地提高火焰温度和烛光度（Webster III，1985）。当使用镁时，湿度总是一个需要关注的问题。如果含镁药剂在制备过程中没有完全干燥，并且最终产品密封性不好，则镁的缓慢氧化会对最终产品的储存寿命产生不利影响。随着时间的推移，照明剂的燃速会减慢，烛光度也会降低。

20 世纪 70 年代和 80 年代的烟花色彩效果变得更加明亮，这在很大程度上要归功于中国的一项创新。20 世纪 70 年代，中国的某些工厂率先在有色火焰剂中使用了镁铝合金。通常在烟花中使用的镁铝合金，两种金属的比例为 50∶50，由溶解于 Al_2Mg_3 中的 Al_3Mg_2 溶液组成（Kosanke 等，2004；T. Shimizu，1981）。在有色火焰剂中，镁铝合金的老化问题比纯镁要减轻很多，而且铝的含量较低，不会干扰火焰颜色的产生。镁铝合金可燃剂可以显著提高非金属色焰剂的火焰温度，现在已经可以用镁铝合金基配方产生全色谱范围的颜色。

10.6.4　Veline 颜色系列

烟火技术大师 Robert Veline 开发了一系列基于基本化学原料的有色火焰剂，并且毫无保留地公布了配方，供业余爱好者使用。表 10.10 列出了 Veline 颜色体系，既适用于产生纯色，也适用于通过混合基础色获得更宽范围的颜色（Veline，1989）。

表 10.10　Veline 颜色系列配方

配　方	基　色	红　色	橙　色	绿　色	蓝　色
红胶		9	9	5	9
木炭	20				
镁铝	5	6	6	11	6
高氯酸钾	55	55	55	30	55
硝酸钡				24	
红色氧化铁	5				
碳酸锶		15			
碳酸钙			15		
碳酸钡				15	
碳酸铜					15
氯化聚丙烯		15	15	15	15
木粉（70 目）	6				
糊精	+4	+4	+4	+4	+4
合成色（通过上述基色按百分比混合而成）					
黄色			45	55	
黄绿色			20	80	
浅绿色				80	20
蓝绿色				55	45
品红色	50				50
褐红色	85				15
桃红色	25	60			15
紫色	15	5			80

Veline 希望创建一种颜色配方体系，尽可能降低金属可燃剂的用量（注意：可能会使用少量镁铝合金），该体系可以通过多种方式混合，以产生人们感兴趣的几十种颜色。与下文中讨论的其他单独设计的配方相比，Veline 颜色并不一定是最强烈的颜色，但是该体系对于考虑生产成本和安全因素，以及学习与烟火相关颜色理论的基本原理具有很强的实用性。

10.6.5 用氯进行颜色增强

氯（Cl）是产生良好的红色、绿色和蓝色火焰的关键因素之一，为了获得这些颜色以及控制特定的燃速，需要在烟火药剂中引入氯源。

氯在烟火火焰中有两个重要作用。

（1）氯与可以产生颜色的金属形成具有挥发性的含氯分子，以保证在气相中有足够浓度的辐射体。

（2）这些气相中的含氯物质通常是窄带可见光谱的良好辐射体，以产生可观察到的火焰颜色。

如果没有挥发性和辐射发光这两个特性将很难获得纯正的颜色。

使用氯酸盐或高氯酸盐氧化剂（$KClO_3$、$KClO_4$ 等）是将氯原子引入烟火火焰的一种途径，另一方法是在药剂中加入富氯有机化合物。表 10.11 列出了一些常用于烟火药剂中的氯供体。在配方中少量添加这类物质，就可以显著提高颜色质量。Shimizu 建议在不含金属可燃剂的配方中添加 2%~3% 的有机氯供体，而在含有金属可燃剂的高温配方中添加 10%~15% 的氯供体（T. Shimizu，1981）。

表 10.11 烟火配方的氯供体

材料	分子式	熔点/℃	氯质量分数/%
聚氯乙烯（PVC）	$(-CH_2CHCl-)_n$	约 80℃软化，约 160℃分解	56
氯化聚丙烯（Parlon）	—	140℃软化	约 66
六氯代苯	C_6Cl_6	229	74.7
"灭蚁灵"	$C_{10}Cl_{12}$	160	78.3
六氯乙烷	C_2Cl_6	185	89.9

对于含镁的配方，氯在有色火焰剂中还起到第三个重要作用。Shimizu 认为，这些氯供体在含镁药剂中的主要作用是在火焰中产生氯化氢（HCl），氯化氢与氧化镁反应生成易挥发的 MgCl 分子。由于游离的镁被氯而不是氧气吸收，因此，该反应会降低 MgO 粒子的白炽辐射，使颜色质量得到显著提升：

$$MgO + HCl \rightarrow MgCl + OH \tag{10.2}$$

10.6.6 红色火焰剂：经典锶基体系

理论上来说，一氯化锶（SrCl）分子可以在可见光波段中产生最经典的红色火焰辐射。这种物质在室温下不稳定，它是在烟火中由锶和氯原子之间的气相反应生成的。二氯化锶（$SrCl_2$）可以作为 SrCl 的合理前体，而且也是商业上可以大量获取的，但是其吸湿性太强，无法在烟火药剂中使用。

一氯化锶（SrCl）分子在 620~680nm 范围内辐射一系列谱带（同时也可以观察到其他的峰值），即可见光谱的深红色区。一氢氧化锶（SrOH）是红色和橙红色区域的另一种重要辐射体（Douda, Theory of Colored Flame Production, 1964; Kosanke 等，2004）。图 10.1 给出了一种红色信号弹的辐射光谱。

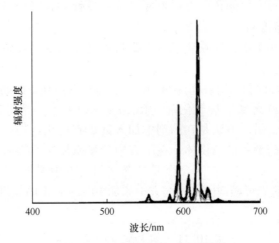

图 10.1 红色信号弹的辐射光谱
（辐射集中在 600~650nm 区域，主要的辐射物质是气态的 SrCl 和 SrOH 分子）

硝酸锶（$Sr(NO_3)_2$）在红色火焰剂中常常同时被用作氧化剂和颜色源。一些更热的氧化剂（如高氯酸钾），除了将氯引入体系以外，还有助于达到更高的燃温和更快的燃速。硝酸锶的吸湿性较强，对于使用这种氧化剂的配方，不应使用水来润湿黏合剂。碳酸锶的吸湿性较低，在合适的条件下可以产生美丽的红色火焰，但其中含有烟火惰性的碳酸根阴离子 CO_3^{2-}，因此，一定要降低其用量，以防止燃烧困难。

为了防止 SrCl 在火焰中被氧化为 SrO，Shidlovskiy 建议使用负氧平衡（可燃剂过量）的药剂。这样可以尽量减少下式中的反应，提高颜色质量（Shidlovskiy, 1964）：

$$2SrCl + O_2 \rightarrow 2SrO + Cl_2 \quad (10.3)$$

值得注意的是，最近用高碘酸盐替代高氯酸盐的研究取得了一些进展，高碘酸盐可以在烟火火焰中产生 SrI。Sabatini 报告称，在军用红光照明药剂中，用

5%（质量比）的高碘酸钾代替10.3%（质量比）的高氯酸钾，可得到相似的燃烧时间、主波长和光谱纯度，甚至发光强度还有所提升（Sabatini，A Review of Illuminating Pyrotechnics，2018）。

此外，已有研究尝试使用高氮有机化合物5—氨基四唑（5-AT，图3.1）作为高氯酸盐体系的替代品。Sabatini和Moretti报告表明，用5-AT替代高氯酸钾的硝酸锶体系具有相似的燃烧时间、更强的光辐射、相似的红色主波长，并提升了整体的光谱纯度（Sabatini等，2013）。

表10.12列出了几种红色火焰配方。

表10.12　红色火焰剂配方

序号	配方	质量分数/%	应用	参考文献
Ⅰ	高氯酸铵（NH_4ClO_4） 碳酸锶（$SrCO_3$） 木粉（慢速可燃剂）	70 10 20	红色火炬	Shimizu，T. in R. Lancaster，1972
Ⅱ	高氯酸钾（$KClO_4$） 碳酸锶（$SrCO_3$） 松根树脂 大米淀粉	67 13.5 13.5 6	红色烟花星体	Shimizu，T. in R. Lancaster，1972
Ⅲ	高氯酸钾（$KClO_4$） 高氯酸铵（NH_4ClO_4） 碳酸锶（$SrCO_3$） 红胶 乌洛托品（$C_6H_{12}N_4$） 木炭 糊精（用3∶1水/乙醇润湿）	32.7 28.0 16.9 14.0 2.8 1.9 3.7	红色烟花星体	Winokur，1978
Ⅳ	高氯酸钾（$KClO_4$） 硝酸锶（$Sr(NO_3)_2$） 环氧树脂（可燃剂/黏合剂）	44 31 25	红色信号弹（残渣很少）	未发表
Ⅴ	高氯酸锂（$LiClO_4$） 六氯胺酮—六胺（$C_5H_{12}N_4$）	75 25	喷枪	Koch，2001
Ⅵ	高氯酸铵（NH_4ClO_4） 二氢叠氮嗪—二肼四嗪（DHT）（$C_2H_6N_8$） 碳酸锂（Li_2CO_3）	49.5 49.5 1.0	红色星体	Koch，2001

续表

序号	配方	质量分数/%	应用	参考文献
Ⅶ	硝酸锶（Sr(NO$_3$)$_2$） 镁粉 30/50 目 聚氯乙烯（PVC） 高碘酸钾（KIO$_4$） 环氧黏合剂	43 32 15 5 5	"绿色烟火"无高氯酸盐红色照明剂，替代美军 M662	Sabatini，2018
Ⅷ	硝酸锶（Sr(NO$_3$)$_2$） 镁粉 30/50 目 聚氯乙烯（PVC） 5—氨基四唑（CH$_3$N$_5$） Epon813/Versamid140（黏合剂）	33.3 41.4 14.7 3.8 6.8	基于5—氨基四唑的"绿色烟火"，无高氯酸盐红色照明剂	Sabatini 和 Moretti，2013

10.6.7 红色火焰剂：锂基替代物

除了锶（St）之外，锂（Li）基化合物可通过锂的原子发射（类似于钠基的黄色辐射）辐射红光。尽管对含锂药剂的研究没有像锶基药剂那样充分，但含锂药剂可以提供良好的红色辐射。据报道锂的主发射波长为 610nm 和 670nm，与锶基化合物相近（Koch，Evaluation of Lithium Compounnds as Color Agents for Pyrotechnic Flames，2001）。表 10.12 给出了使用易获取的高氯酸锂（LiClO$_4$）和碳酸锂（Li$_2$CO$_3$）的红色火焰剂配方。锂化合物的一个缺点是具有较强的吸湿性，可能会导致燃烧和长储性能存在问题。

基于热力学计算和其他化学方面的考虑，Koch 对形成优良的锂基药剂提出了一些要求（Koch，Evaluation of Lithium Compounnds as Color Agents for Pyrotechnic Flames，2001）。

（1）药剂应当设计为富可燃剂配方，避免因为过多的氧生成不希望的 LiOH 产物（LiOH 不像原子 Li 那样发出红光）。

（2）使用含氢量高的可燃剂，可将火焰中不希望的 LiOH 转化为气态锂和水。

（3）避免卤素的使用，尤其是氯，氯会生成 LiCl，在可见光波段不发光（或者引入铝以除去烟火反应中的卤素）。

与钡（Ba）不同，锶（在本书出版时）尚未被认定为重点关注元素，或因对环境有毒副作用而需要进一步监管，因此，对锂基红色火焰剂的研究还没有像钡基火焰剂受到绿色烟火的驱动那样被人们所关注。

10.6.8 绿色火焰剂：经典的钡基体系

含有钡化合物和良好氯源的烟火剂可以在火焰中生成一氯化钡（BaCl），并可观察到绿光的发射。BaCl 在室温下不稳定，但在可见光的 505~535nm 范围（即深绿部分）是一种极好的辐射体（Douda, Theory of Colored Flame Production, 1964; Kosanke 等, 2004）。图 4.1 给出了绿色闪光剂的辐射光谱。

注意：钡和锶的化学性质非常相似，在元素周期表上，钡在锶的下一排。钡和锶在自然界中通常是共存的，很难从天然钡源中除去所有微量的锶，反之亦然。如果化学物质不纯，在钡基配方中，灵敏度高的辐射光谱仪会显示出 620~680nm 的锶辐射，或在锶基配方中显示 505~535nm 的钡辐射。

硝酸钡 [$Ba(NO_3)_2$] 和氯酸钡 [$Ba(ClO_3)_2$] 常用来产生绿色火焰，既作为氧化剂又作为生色剂。氯酸钡能产生深绿色，但它并不稳定（而且对酸敏感），可与良好的可燃剂混合制备成炸药。硝酸钡能产生合适的绿色，且由于具有较高的分解温度和分解吸热量，在使用时相当安全。碳酸钡（$BaCO_3$）是另一种可选用的物质，但是由于其含有烟火惰性阴离子 CO_3^{2-}（类似于上述碳酸锶），使用时必须控制其含量不可过多。

此外，只有在缺氧条件下才能产生出优质的绿色火焰，否则就会形成氧化钡（BaO），在 480~600nm 范围内发射一系列谱带，产生暗黄绿色火焰：

$$2BaCl + O_2 \rightarrow 2BaO + Cl_2 \tag{10.4}$$

当含氯丰富而氧气不足时反应会向左侧移动而获得纯正的绿色，但火焰温度过高也会使 BaCl 分解。因而如果确实要使用金属可燃剂，必须保持最小用量。

这种温度依赖性和氯源的需要是很重要的。硝酸钡和镁/镁铝合金的二元配方在点火时会产生明亮的白光（在一些手持式火花棒中是有意为之），这是由于药剂在高温下产生的 MgO 和 BaO 产物的辐射发光所致。加入含氯有机可燃剂可以降低温度，并提供氯原子以形成 BaCl，产生绿色火焰。表 10.13 给出了几种绿色火焰剂配方。

此外，与上述锶/红色火焰剂研究类似，人们已经在探索使用高含氮量有机分子 5—氨基四唑（5-AT，图 3.1）作为高氯酸盐体系的替代品，同时仍保留钡作为主要的绿色辐射体。Sabatini 和 Moretti 报告指出，在硝酸钡基体系中，用 5-AT 替代高氯酸钾具有相似的燃烧时间、略微增加的光输出量、相似的绿色主波长和相似的整体光谱纯度（Sabatini 等, 2013）。

10.6.9 绿色火焰剂：基于硼的绿色烟火技术

虽然一氯化钡是产生绿色火焰的首选方法，但钡和氯供体（如高氯酸盐）的存在并不符合绿色烟火技术的要求，因为钡可能对心脏具有毒性，而高氯酸盐对人体甲状腺具有毒性。前文中已经在钡基药剂中评估了其他氯供体，如聚氯乙烯（PVC）。

最近的研究表明，硼（B）和碳化硼（B_4C）在产生绿色火焰、消除钡和高氯酸盐的毒性方面有了新进展。亚稳态的二氧化硼（BO_2）可以作为546nm绿光的主要发光辐射体。Poret 和 Sabatini 报告了一种 KNO_3/B/Epon828（黏合剂）配方，其主波长为567nm，光谱纯度为55.0%，而对照组 $Ba(NO_3)_2$/Mg/PVC/Laminac（黏合剂）配方的主波长为562nm，光谱纯度为66.4%（注意：光谱纯度的差异无法用肉眼感知）（Poret 等，2013）。与对照配方相比，硼基配方的缺点是燃速会加快3~4倍，而温度高约800℃。这对于需要长时间燃烧的配方，如喷枪或星体烟花来说，是不可取的。在硼基配方中，除了无定形硼外，还使用了结晶硼进行了类似实验，发现结晶硼会延长燃烧时间，但同时降低了总发光强度（Sabatini, et al. Use of Crystalline Boron as a Burn Rate Retardant toward the Development of Green-Colored Hand held Signal Formulations，2011）。后续研究的碳化硼配方 KNO_3/B_4C/Epon828（黏合剂）部分解决了燃速问题，该配方显示出与钡基配方相似的燃烧时间，主波长为561nm，光谱纯度为51.96%，且发光强度相当。

亚稳态的 BO_2 可通过二硼化镁（MgB_2）生成，其中二硼化镁同时作为可燃剂和硼源。Brusnahan 等报告指出，二硼化镁与硝酸钾或高氯酸铵（以及各种黏合剂和添加剂）制备的药剂，可获得非常令人满意的结果（Brusnahan 等，2016）。在撰写本文时，我们对化学品零售商进行了调研，发现大批量使用二硼化镁并不便宜，它是半导体行业中常用的材料，但是如果有市场需求，可以降低成本。表10.13中列出了一些绿色火焰剂配方。

表10.13 绿色火焰剂配方

序号	配方	质量分数/%	应用	参考文献
Ⅰ	高氯酸铵（NH_4ClO_4）	50	绿色火焰	Shimizu, T. in R. Lancaster, 1972
	硝酸钡 [$Ba(NO_3)_2$]	34		
	木屑	8		
	虫胶	8		
Ⅱ	氯酸钡 [$Ba(ClO_3)_2 \cdot 2H_2O$]	65	绿色火焰	未见报道
	硝酸钡 [$Ba(NO_3)_2$]	25		
	红胶	10		
Ⅲ	高氯酸钾（$KClO_4$）	46	绿色烟花星体	Shimizu, T. in R. Lancaster, 1972
	硝酸钡 [$Ba(NO_3)_2$]	32		
	松根沥青	16		
	大米淀粉	6		
Ⅳ	硝酸钡 [$Ba(NO_3)_2$]	59	苏联绿色闪光弹	Shidlovskiy, 1964
	聚氯乙烯（PVC）	22		
	镁	19		

续表

序号	配方	质量分数/%	应用	参考文献
V	硝酸钡 [Ba(NO$_3$)$_2$] 镁粉 30/50 目 聚氯乙烯（PVC） 氨基四唑（CH$_3$N$_5$） Epon 813/Versamid 140（黏合剂）	43 32 15 5 5	不含高氯酸盐的绿色火焰	Sabatini 和 Moretti，2013
VI	硝酸钾（KNO$_3$） 无定形硼（B） Epon 828/Epikure 3140（黏合剂）	83 10 7	硼基绿色火焰	Poretand Sabatini，2013
VII	硝酸钾（KNO$_3$） 碳化硼（B$_4$C） Epon 828/Epikure 3140（黏合剂）	83 10 7	碳化硼绿色火焰	Brinck，2014
VIII	二硼化镁（MgB$_2$） 硝酸钾（KNO$_3$） 聚四氟乙烯（PTFE）	21 73 3	二硼化镁基绿色火焰	Brusnahan 等，2016

10.6.10　蓝色火焰剂：经典的氯化铜体系

产生强烈的深蓝色火焰对于烟火化学家来说是一个相当大的挑战。要获得纯正的蓝色，需要准确把握温度和分子行为的微妙平衡。

在可见光谱的蓝色区域（435~480nm），最佳的火焰发射可通过一氯化铜（CuCl）得到。该分子的火焰辐射可产生 428~452nm 范围内的一系列谱带，以及若干处于 476~488nm 之间的谱峰（Douda，Theory of Colored Flame Production，1964；Kosanke 等，2004）。

在富氧火焰里，当温度超过 1200℃时，CuCl 会不稳定，反应生成 CuO 和 CuOH。CuOH 能够在 525~555nm 区域发射绿光，其强烈的辐射往往会覆盖蓝光。氧化铜（CuO）可以在红色可见光区域里产生一系列谱带，这种浅红色辐射经常出现在蓝色火焰的顶部，那里有足够的环境氧气使 CuCl 转化为 CuO（T. Shimizu，1981）。在这个体系中，控制氯的存在和限制火焰温度对深蓝色火焰的生成至关重要。

乙酰亚砷酸铜［(CuO)$_3$As$_2$O$_3$·Cu(C$_2$H$_3$O$_2$)］，又称为巴黎绿，几十年前还一直广泛应用于蓝色火焰剂中。它能产生纯正的蓝色火焰，但因使用时对健康有危害（砷对人和动物有毒），目前已经从工业配方中消失。

氧化铜（CuO）、碱式碳酸铜［CuCO$_3$·Cu(OH)$_2$］和硫酸铜（通常以 Cu-

$SO_4 \cdot 5H_2O$ 形式出现）都可以用于蓝色火焰剂。高氯酸钾和高氯酸铵是大多数蓝色火焰剂所用的氧化剂。氯酸钾可能是一种理想的选择，因为它能够在低温下维持反应（高于1200℃时CuCl不稳定），然而，在有水分的情况下，氯酸盐阴离子会发生盐复分解，从钾向铜迁移形成氯酸铜 $[Cu(ClO_3)_2]$。氯酸铜是一种反应性极强的物质，极易爆炸。因此，铜基蓝色火焰剂受潮容易发生反应，无法将 $KClO_3$ 或任何氯酸盐运用到工业生产中。

表10.14给出了几种蓝色火焰剂的配方。Shimizu曾对蓝色火焰和紫红色火焰进行了广泛的研究，这些研究集中于高氯酸钾类配方（T. Shimizu, Studies on Blue and Purple Flame Compositions Made with Potassium Perchlorate, 1980）。

表10.14 蓝色火焰剂配方

序号	配方	质量分数/%	应用	参考文献
Ⅰ	高氯酸钾（$KClO_4$） 聚氯乙烯 氧化铜（CuO） 红胶 大米淀粉	68.5 6 15 7.5 外加5%	优质的蓝色火焰	Shimizu, 1980
Ⅱ	高氯酸钾（$KClO_4$） 高氯酸铵（NH_4ClO_4） 碳酸铜（$CuCO_3$） 红胶	40 30 15 15	蓝色火焰	Shimizu, T. in R. Lancaster, 1972
Ⅲ	高氯酸钾（$KClO_4$） 碳酸铜（$CuCO_3$） 聚氯乙烯 红胶 大米淀粉	68 15 11 6 外加5%	优质的蓝色火焰	Shimizu, 1980
Ⅳ	高氯酸铵（NH_4ClO_4） 红胶 碳酸铜（$CuCO_3$） 木炭 糊精（用异丙醇润湿）	70 10 10 10 外加5%	蓝色烟花星体 （带有木炭星尾）	Stone, 1977
Ⅴ	碘酸铜 $[Cu(IO_3)_2]$ 硝酸胍（$CH_6N_4O_3$） 镁（Mg） 铜（Cu） Epon828/Epikure3140（黏合剂）	15 50 10 15 5	无氯蓝色火焰， CuI发光辐射体	Klapötke 等, 2014

续表

序号	配方	质量分数/%	应用	参考文献
Ⅵ	碘酸钾（KIO_3） 孔雀石 [$2CuCO_3 \cdot Cu(OH)_3$] 硫（S_8）	56.8 27.4 15.8	无氯蓝色火焰， CuI 发光辐射体	Koch，2015
Ⅶ	溴酸钾（$KBrO_3$） 溴化铜（CuBr） 溴化铵（NH_4Br） 六胺（$C_6H_{12}N_4$）	58 18 12 12	无氯蓝色火焰， CuBr 发光辐射体	Juknelevicious 等， 2015
Ⅷ	溴酸钾（$KBrO_3$） 孔雀石 [$2CuCO_3 \cdot Cu(OH)_3$] 硫（S_8）	68 15 17	无氯蓝色火焰， CuBr 发光辐射体	Koch，2015

注：第Ⅳ药剂中的碳酸铜实质是碱式碳酸铜，$2CuCO_3 \cdot Cu(OH)_2$。

10.6.11 蓝色火焰剂："绿色烟火"碘化铜和溴化铜体系

如上所述，CuCl 的生成可得到优质的蓝色火焰，所以通常需要氯源的存在，如会产生环境问题的高氯酸盐。另外，CuCl 在火焰中是一种不稳定的物质，这种短暂存在的分子在过高的火焰温度下会分解，从而使蓝色变淡，并生成发出红光的氧化铜（Ⅱ）。Klapötke 等人的研究表明，尽管 CuCl 在 435～480nm 的蓝色区域内辐射发光，而碘化亚铜（CuI）在大约 460nm 处辐射发光，它可能是一种同样合适甚至更好的蓝色火焰发光辐射体（Klapötke 等，2014）。碘酸铜（Ⅱ）[$Cu(IO_3)_2$] 作为氧化剂，与镁、硝酸胍、尿素或金属铜制备的药剂可燃烧生成 CuI，在火焰中辐射发光，其性能与 CuCl 发光的参比配方相当，甚至更好。根据目前的市场价格，碘酸铜对于烟火药剂来说仍然非常昂贵，但研究表明，无氯铜基蓝光辐射体已经可以成功用于含能材料，这是绿色烟火技术一个重大进步。

另一种卤素溴，已经被研究作为氯的另一种替代物，即在烟火反应中生成溴化亚铜（CuBr）。溴化亚铜的生成可通过上述类似方法来实现，即合成溴酸铜 [$Cu(BrO_3)_2$] 并分解生成 CuBr，或通过溴供体和铜在火焰中生成 CuBr，如使用金属铜与溴酸钾（$KBrO_3$）或溴化铵（NH_4Br）（后者在烟火药剂中常用于冷却剂）反应（Juknelevicious 等，2015）。CuBr 的主波长为 473nm，处于蓝色光谱范围的中间位置。尽管溴酸铜的使用并不普遍，但在铜基配方中，溴酸钾作为氧化剂/溴供体的价格（在撰写本文时），比高氯酸钾高约 35%。虽然并不十分昂贵，但成本也是烟火化学家需要考虑的因素之一。

Koch 对 CuX 发光分子进行了全面研究，其中 X 是卤素 F、Cl、Br 或 I。CuF 是一种较差的蓝色辐射体，但 CuCl、CuBr 和 CuI 都可作为不同用途的蓝色火焰辐射体。基于 CuI 和 CuBr 的蓝光辐射体的配方如表 10.14 所列。

10.6.12 紫色火焰剂

在烟火学上相对较新的紫色火焰可以通过红色光和蓝色光的适当平衡来实现。这两种颜色的混合叠加产生了使观察者可以感知的紫色-紫丁香色-紫罗兰色-品红色等一系列颜色。有多篇关于紫色火焰的综述文章可供参考。在 Shimizu 的论文中，表 10.15 中给出的 2 组配方得到的评级是优（T. Shimizu, Studies on Blue and Purple Flame Compositions Made with Potassium Perchlorate, 1980）。

表 10.15　紫色火焰剂的配方[①]

序　号	配　　方	质量分数/%	评　价
I	高氯酸钾（KClO$_4$） 聚氯乙烯 红胶 氧化铜（CuO） 碳酸锶（SrCO$_3$） 大米淀粉	70 10 5 6 9 外加5%	优
II	高氯酸钾（KClO$_4$） 聚氯乙烯 红胶 铜粉（Cu） 碳酸锶（SrCO$_3$） 大米淀粉	70 10 5 6 9 外加5%	优

① Shimizu, 1980

如前所述，钾是紫色光的弱发射体，通常不足以用于产生有色火焰。Shimizu 指出，实际上钾在紫外线区域中的辐射很强，但人眼无法感知（T. Shimizu, Fireworks from a Physical Standpoint, Part Two, 1983）。

10.6.13 黄色火焰剂：钠

橙黄色火焰颜色可通过钠原子辐射实现，其在 589nm 处的辐射强度随着反应温度的升高而增加，并且发光分子不会在较高温度下发生分解。在很高的温度下，钠原子会形成钠离子。因此，为了获得最好的颜色质量，应当尽量避免达到温度的上限。

通过混合绿色和橙色，可在烟火中获得更纯净的"金丝雀黄"。含有钡化合物（辐射绿光）和钙/钠化合物（辐射橙黄色光）的烟火配方可在黄色区域实现一些漂亮的颜色效果。反复的尝试和实验可能是找到所需黄色调完美配方的最好办法。

大多数钠化合物都具有很强的吸湿性，因此一般不使用简单的化合物，如硝酸钠（$NaNO_3$）、氯酸钠（$NaClO_3$）和高氯酸钠（$NaClO_4$）（这些是氧化阴离子与金属辐射体的化合物），除非在制备前、制备过程中和制备后采取预防措施防止受潮。草酸钠（$Na_2C_2O_4$）和冰晶石（Na_3AlF_6）的吸湿性较低，所以在大多数工业黄色火焰剂中用作生色剂。表10.16列出了一些典型的黄色火焰剂配方，表10.17给出了美国海军的黄色闪光弹配方（以及红色和绿色）。

表10.16 黄色火焰剂配方

序号	配方	质量分数/%	应用	参考文献
Ⅰ	高氯酸钾（$KClO_4$） 草酸钠（$Na_2C_2O_4$） 红胶 虫胶 糊精	70 14 6 6 4	黄色烟花星体	Shimizu, T. in R. Lancaster, 1972
Ⅱ	高氯酸钾（$KClO_4$） 冰晶石（Na_3AlF_6） 红胶	75 10 15	黄色火焰	Shimizu, T. in R. Lancaster, 1972
Ⅲ	硝酸钠（$NaNO_3$） 镁 聚氯乙烯	56 17 27	黄色火焰（苏联）	Shidlovskiy, 1964
Ⅳ	硝酸钾（KNO_3） 草酸钠（$Na_2C_2O_4$） 镁 松香	37 30 30 3	黄色火焰（苏联）	Shidlovskiy, 1964
Ⅴ	硝酸钡[$Ba(NO_3)_2$] 硝酸锶[$Sr(NO_3)_2$] 高氯酸钾（$KClO_4$） 草酸钠（$Na_2C_2O_4$） 六氯代苯（C_6Cl_6） 镁 亚麻籽油	17 16 17 17 12 18 3	黄色信号弹	McIntyre, 1980

表 10.17　美国海军闪光剂配方[①]

配　方	质量分数/%		
	红　色	绿　色	黄　色
镁	24.4	21.0	30.3
高氯酸钾（$KClO_4$）	20.5	32.5	21.0
硝酸锶［$Sr(NO_3)_2$］	34.7		
硝酸钡［$Ba(NO_3)_2$］		22.5	20.0
聚氯乙烯	11.4	12.0	
草酸钠（$Na_2C_2O_4$）			19.8
铜粉（Cu）		7.0	
沥青	9.0		3.9
黏合剂		5.0	5.0

① Webster Ⅲ，1985

10.6.14　钠杂质：生成颜色中的注意事项

必须注意的是，由于钠是发光原子而不是发光分子，因此少量的钠就会对火焰颜色产生很大影响。发光分子必须是通过两种化学物质在火焰中发生反应而形成。发光原子不需要这种火焰化学作用就可以蒸发汽化，并且在火焰中汽化后立即可以发射原子光谱。因此，即使在大批量化学品中钠杂质的含量较少，也会在很大程度上影响火焰颜色。当需要产生较纯的颜色时，原材料的质量控制非常重要，尤其是对钠杂质的控制。

10.6.15　橙色火焰剂：钙和钠/锶的组合

钙是产生橙色最常用的物质，CaCl 和 CaOH 是烟火火焰主要的发光辐射体。CaOH 是首选的发光辐射体，它的主波长为 600nm，CaCl 的波长为 609nm（Kosanke 等，2004）。最常见的钙基橙色生成物质是碳酸钙（$CaCO_3$）、草酸钙（CaC_2O_4）和硫酸钙（$CaSO_4$）。根据不同的需要，可添加适量的锶化合物将颜色从橙色调整为橙红色，而添加适量的钡化合物可以将颜色从黄色调整为黄绿色。

注意：在一些报道的配方中将钠的黄色和锶的红色混合可产生良好的橙色，但过量的钠会将红色稀释变淡。表 10.18 给出了一些典型的橙色火焰剂配方。

表 10.18 橙色火焰剂配方

序号	配 方	质量分数/%	应 用	参考文献
Ⅰ	硫（S） 碳酸钙（$CaCO_3$） 氯酸钾（$KClO_3$）	14 34 52	橙色火焰	Haarman，1996
Ⅱ	氯酸钾（$KClO_3$） 碳酸钠（Na_2CO_3） 碳酸锶（$SrCO_3$） 木炭（C） 红胶 糊精	40 8 2 2 12 5	橙色星体	Haarman，1996
Ⅲ	高氯酸铵（NH_4ClO_4） 高氯酸钾（$KClO_4$） 重铬酸钾（K_2CrO_4） 草酸钙（CaC_2O_4） 镁铝合金（Mg/Al） 红胶 异戊二烯 Alloprene（氯化橡胶） 乙烯基墙纸黏合剂（黏合剂） 水（用于混合）	22 22 4 15 18 5 9 5 外加 12%	橙色发光星体	Sturman，1990

10.7 红外辐射与烟火技术

进入 20 世纪后，随着用于检测和分析烟火及其他发光产品光输出的先进技术不断发展，军方的兴趣也从可见光转向电磁辐射的红外区域。

红外辐射是从热物体发出的连续辐射（Military Pyrotechnic Series Part One,"Theory and Application"，1967），也以离散波长（或频率）从分子中发射，与分子中化学键的振动和转动活动相关。化学键可能会吸收适当波长的红外辐射，从基态振动能级跃迁到激发态，或者是首先受热激发到更高的振动能级，再随着红外辐射光子的发射返回基态。这种红外辐射可用于探测比其背景温度更高的物体，从而提供一种识别高温物体的方法。

夜视技术就是这一领域的应用之一。探测柴油发动机、喷气式发动机和其他突出于背景的热点则是另一个非常活跃的研究领域。烟火制品已被用于保护由于红外辐射而可能被探测到的热物体，使其在战场上免受伤害。

红外辐射的范围为 0.80（即 800nm，可见光的长波端）~ 300μm（微波波段的起始端）。温暖的物体会发射特定的红外辐射热指纹，这一特性是温度和化学键类型（如果有发射红外辐射）的函数，通常是由分子振动引起的选择性辐射和来自固体或液体的黑体连续辐射谱的叠加。

可用于对抗热探测器的对策包括以下几方面。

（1）使用烟火闪光弹，发出高强度的可见光和红外光，使探测器致盲。

（2）使用烟雾，烟雾粒子吸收并散射热目标的辐射，使探测器无法区分目标与背景。

（3）使用多个诱饵，这些诱饵将模拟被探测目标发射红外辐射的类型和强度，从而转移探测器对目标的注意力。

过去几十年中，许多保护飞机免受热寻的导弹攻击的技术都依赖于上述方法。这些技术都应用了由镁可燃剂和聚四氟乙烯（PTFE 或 Teflon®）组成的烟火反应体系。诱饵剂点火后，氟原子在高温下从聚合物的碳骨架中释放出来，与镁剧烈反应生成氟化镁（MgF_2），同时生成碳作为另一种反应产物（Kubota, et al. Combustion Processes of Mg/TF Pyrotechnics, 1987）：

$$2Mg + (CF_2CF_2)_n \rightarrow 2MgF_2 + 2C + 热量 \quad (10.5)$$

为了保持相同的反应特性，体系使用的黏合剂也是一种高含氟量的聚合物，并含有足够的氢原子，可溶于丙酮等溶剂中。这种高氟聚合物的商品名为 Viton®。业内将镁、特氟隆和 Viton 的混合物称为 MTV 药剂。这种药剂燃速快，热量高，也可用作点火剂（Koch, 2002）。

工厂在生产这种对国防工业至关重要的药剂时，在混合处理过程中曾发生了多起药剂着火的惨痛事故。研究表明，该药剂具有非常独特的静电性质，可长时间保留生产过程中产生的静电。因此，应当采取必要的措施以消除积累的电荷，在混合操作完成后，将材料放置更长的时间，以防止这种危险材料引起的生产事故。随着探测方法和对抗技术的日益复杂，该领域的技术也在不断发展进步。

10.8 小结

产生明亮的光是烟火技术的主要效应之一，人们可以用多种化学物质和方法来调节合适的亮度、颜色和特性，以达到预期的效果。为了产生明亮的白光，需要含有金属的高温配方；为了产生特定颜色的火焰，需要限制金属可燃剂的使用，同时需要调节火焰温度，以避免产生颜色的分子（如产生红色的 SrCl）发生衰变或氧化。对可燃剂、氧化剂和其他化学物质进行细致的平衡是达到预期目标的必备条件，但烟火化学工程师可以利用大量的工具和方法来实现多种不同的烟火效果。

第11章 烟的产生

通常人们一般不会将这种烟灰状副产物视为烟火工程师的预期目标。然而,自从人类能够控制最简单的篝火起,就一直在利用这种固体颗粒在空气中飘浮的特殊效果来传递信号、实施遮蔽和娱乐。

11.1 引言

无论是否有意为之，大多数爆炸和烟火反应都会产生少许或者大量的烟。烟会遮蔽有色火焰、干扰呼吸或引起地面上沉降颗粒物的清理等问题[①]。因此，人们通常试图将烟火剂产生的烟含量降到最低，世界各地都在积极研究和开发少烟的烟火剂（Chavez 等，1999）。烟通常是一种令人讨厌的东西，尤其是在一个狭小的空间里，不受欢迎且不环保。

但是，如果你在一辆装甲车里，有人正瞄准你的方向发射热寻的导弹，那么，在适当时间，施放一团合适的烟可以成为真正的救命稻草。人们制造了种类繁多的发烟剂用于日间信号指示、遮蔽防护以及娱乐目的。

产生烟云有两种途径。

（1）固体或液体粒子的分散；

（2）挥发性物质的再冷凝。

成烟物质可以通过烟火反应缓慢释放出来，也可以使用炸药瞬间分散。严格来讲，细小的固体粒子在空气中的扩散称为烟，而液体粒子在空气中的扩散称为雾。烟雾主要是由粒度在 $10^{-9} \sim 10^{-5}$ m 范围的颗粒生成的，而更大的悬浮颗粒会形成尘埃（Shidlovskiy，1964）。烟火发烟剂配方必须满足前几章中讨论过的含能装置的所有标准要求（良好性能、安全性、储存性等）。

11.1.1 固体颗粒的生成与分散

烟火火焰中可能会发生各种导致烟产生的情况。有机可燃剂的不完全燃烧会产生黑色的烟灰火焰（主要成分是原子碳或重碳材料）。含氧量高的可燃剂，如糖，不太可能产生碳。萘（$C_{10}H_8$）和蒽（$C_{14}H_{10}$）等含碳量高的易挥发固体是产生烟灰的良好备选材料。表 11.1 列出了几种会产生黑烟的药剂配方。

表 11.1 黑色发烟剂配方

序 号	配 方	质量分数/%	参考文献
I	氯酸钾（$KClO_3$）	55	Shidlovskiy，1964
	蒽（$C_{14}H_{10}$）	45	
II	氯酸钾（$KClO_3$）	45	Shidlovskiy，1964
	萘（$C_{10}H_8$）	40	
	木炭	15	

---

① 用于冰上曲棍球比赛的室内烟火不仅很难清理，并且会导致冰融化或破坏冰面。

续表

序 号	配 方	质量分数/%	参 考 文 献
Ⅲ	高氯酸钾（$KClO_4$） 硫 蒽（$C_{14}H_{10}$）	56 11 33	Shimizu, T. in R. Lancaster, 1972
Ⅳ	六氯乙烷（C_2Cl_6） 镁（Mg） 萘（或蒽）	62 15[①] 23	Shimizu, T. in R. Lancaster, 1972

同样，通过金属锌与氯化有机化合物（含氯化合物作为氧化剂）之间的反应生成氯化锌（$ZnCl_2$），也可获得良好的白烟。该产物具有吸湿性的独特优势：反应产物（如 $ZnCl_2$）可以大量吸收潮湿空气中的水分，具有加倍增强烟/雾的效果，从而促进产生浓烟或雾。磷单质的燃烧会生成磷的氧化物，也可以用来产生浓密的白烟，因为这些氧化物会吸收水分形成酸，如磷酸（H_3PO_4）。

11.1.2 挥发性物质的蒸发

氧化剂和还原剂之间反应产生的热量可以使混合物中未反应的易挥发组分蒸发（被蒸发的材料没有发生化学变化，只发生相变）。这些蒸发的组分原本是混合物的一部分，在离开反应区后，会凝结成细小的固体粒子，形成烟。挥发性有机染料、氯化铵和硫黄均可用这种方式来产生烟。

另一种方式是：烟火反应在一个单独的容器中进行，产生的热量使相邻隔室中的成烟组分挥发，利用这种技术可以实现重油的蒸发和分散，从而产生白烟[②]。

结合上述基于反应产物和基于蒸发的两种成烟方法，烟火反应的产物可在反应区中形成并蒸发，然后在空气中凝结为细颗粒，产生烟。例如，在许多氯酸钾和高氯酸钾配方中会产生氯化钾（沸点为1407℃）烟，尽管烟通常不是这些配方原本追求的目标。

11.2 彩色发烟剂

11.2.1 彩烟的生成概述

通过有机染料挥发产生彩色烟是一个极具吸引力的烟火课题：化学物质的选择和条件的控制必须恰到好处。军事、商业烟花和娱乐都依赖于这种技术来产生

---

① 原文为16，根据文献 Shimizu, T. in R. Lancaster (1972) 应为15。——译者注
② 虽然未使用任何烟火技术，但小马火车玩具的发动机烟囱通过油的蒸发形成烟雾。

大量鲜艳的彩烟。有效的彩色发烟剂的要求包括以下几方面。

（1）药剂必须产生足够的热量来熔化-蒸发或升华烟火型惰性彩色染料，并产生足够体积的气体将其分散到周围的大气中。

（2）药剂必须在低温下点燃，并在低温（远低于1000℃）下持续平稳燃烧。如果温度过高，有机染料分子会分解，烟的颜色质量和成烟量都会下降。彩色发烟剂配方中一般不使用金属可燃剂，因为其产生的反应温度很高。

（3）虽然要求较低的点火温度，但是，当在所希望的环境温度范围内制备和储存时，这种药剂必须稳定。

（4）产生彩色烟雾的分子必须是低毒性（包括低致癌性）。如前所述，它们必须在烟火反应的温度下容易升华，但又会不分解，从而产生颜色质量优异的浓烟（Chin和Borer，1982）。

如果考虑到低点火温度和在低反应温度下能够可靠持续燃烧，氧化剂的选择就迅速缩小到一种候选材料：氯酸钾（$KClO_3$）。氯酸钾与硫黄或许多有机可燃剂的混合物的点火温度均低于250℃（同时生成的气体产物有助于分散染料）。这种配方能够产生良好的热量，部分原因是$KClO_3$可以在低于400℃的温度下分解放热，生成氯化钾（KCl）和氧气。

由70%的$KClO_3$和30%的糖（$C_{12}H_{22}O_{11}$）组成的药剂在接近220℃的温度下燃烧，其反应热约为0.8kcal/g（Domanico，2008）。氯酸盐/硫体系和氯酸盐/糖体系常用于商用和军用彩色发烟剂配方。

通常将碳酸氢钠（$NaHCO_3$）添加到$KClO_3$/S彩色发烟剂配方中，有以下两个目的。

（1）碳酸氢钠可以中和任何有可能促进药剂过早发火的酸性杂质。

（2）碳酸氢钠作为冷却剂，可以吸热分解产生二氧化碳气体，从而有助于进一步分散蒸发的染料。

碳酸镁（$MgCO_3$）也可以用作冷却剂，它吸热分解为氧化镁（MgO）和二氧化碳。通过改变冷却剂的用量可以获得所需的燃烧速率和适当的反应温度；如果药剂燃烧过快，则应添加更多的冷却剂。

氧化剂与可燃剂的比例也会影响产生的热量和气体的量。$KClO_3$和硫的化学计量混合物（如下式）中氧化剂与可燃剂的质量比为2.55:1.00。现在使用的彩色发烟剂的比例非常接近于这个化学计量比，虽然氯酸盐/硫的反应不会强烈放热，但符合化学计量比的药剂足以产生使染料挥发所需的热量：

$$2KClO_3 + 3S \rightarrow 3SO_2 + 2KCl \tag{11.1}$$

该反应需要71.9%的氯酸钾和28.1%的硫（质量分数），比例为2.55:1.00。

氯酸钾与碳水化合物（如乳糖$C_{12}H_{22}O_{11}$）的反应将产生一氧化碳、二氧化碳或两者的混合物，具体取决于氧化剂与可燃剂的比例。反应平衡方程如下式所示（乳糖以水合物的形式存在，即每个乳糖分子与一个水分子结晶）。

第11章 烟的产生

CO_2 的产生：

$$8KClO_3 + C_{12}H_{22}O_{11} \cdot H_2O \rightarrow 8KCl + 12CO_2 + 12H_2O \quad (11.2)$$

该反应使用 73.1% 氯酸钾和 26.9% 的乳糖水合物（质量分数），比例为 2.72 : 1.00。反应热为 1.06kcal/g（Shidlovskiy 1964）。

CO 的产生：

$$4KClO_3 + C_{12}H_{22}O_{11} \cdot H_2O \rightarrow 4KCl + 12CO + 12H_2O \quad (11.3)$$

该反应使用 57.6% 氯酸钾和 42.4% 乳糖水合物（质量分数），比例为 1.36 : 1.00。反应热为 0.63kcal/g（Shidlovskiy, 1964）。

热量可以通过调节 $KClO_3$ 与糖的比例来进行控制。应当避免使用过量的氧化剂，因为它会促进染料分子的氧化。染料的用量和挥发性也会影响燃烧速度。染料用量越大，燃速就越慢，因为染料实际上是这些药剂中的稀释剂（阻碍燃烧反应的烟火惰性化学物质）。典型的彩色发烟剂含有 40%~60% 的染料（质量分数）。表 11.2 给出了各种彩色发烟剂配方。注意：表中使用了氯酸钾，以及作为可燃剂的硫或糖，并且所有配方都使用了冷却剂。

表 11.2 彩色发烟剂配方

颜 色	配 方	质量分数/%	参 考 文 献
绿烟	氯酸钾（$KClO_3$）	25.4	McIntyre，1980
	硫	10.0	
	绿色染料	40.0	
	碳酸氢钠（$NaHCO_3$）	24.6	
红烟	氯酸钾（$KClO_3$）	29.5	McIntyre，1980
	乳糖	18.0	
	红色染料	47.5	
	碳酸镁（$MgCO_3$）	5.0	
黄烟	氯酸钾（$KClO_3$）	22.0	Smith and Stewart，1982
	蔗糖	15.0	
	喹啉黄染料	42.0	
	碳酸镁（$MgCO_3$）	21.0	

在彩色发烟剂中，易挥发的有机染料从反应物中熔化/蒸发或升华出来，然后在空气中冷凝形成固体小颗粒。图 11.1 给出了一些用于彩色发烟剂中的染料分子结构，这些有机分子相对复杂的键合结构导致了分子轨道上的电子跃迁正好可以吸收某些可见光谱段的波长，而反射其余谱段的波长，从而使人眼看到相应的颜色。

换言之，染料是可见光的强吸收剂。当光照射到这些染料粒子并被反射时，反射的光中缺失了被染料分子吸收的那部分波长，因而观察者看到的是相应的互补色。这种颜色的产生过程与生成有色火焰不同，在有色火焰中，辐射体的发射波长可被观察者感知为颜色。表10.7列出了可见光光谱各区域的补色。

橙色7号
a-二甲苯-偶氮-b-萘酚

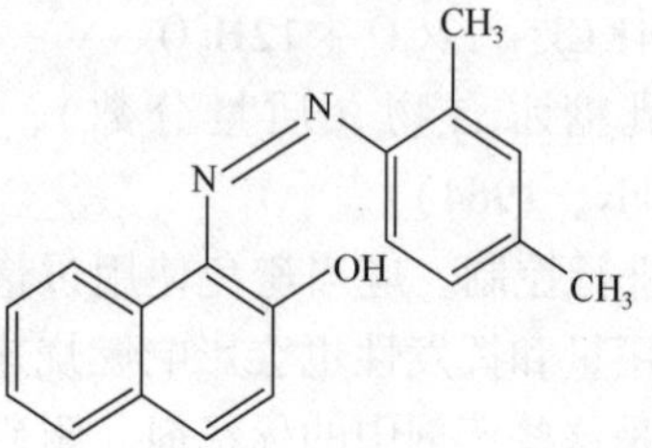

溶剂绿3号
1,4-二对甲苯氨基蒽醌

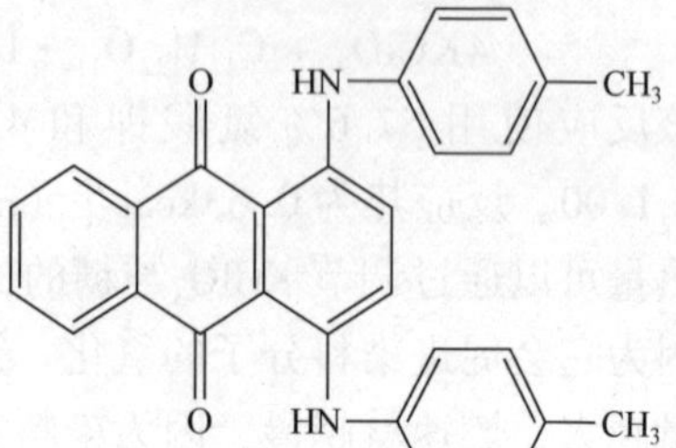

分散红9号
1-甲胺基蒽醌

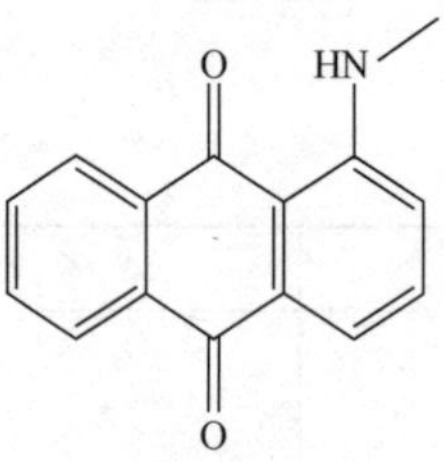

紫色
1,4-二氨基-2,3-二氢蒽醌

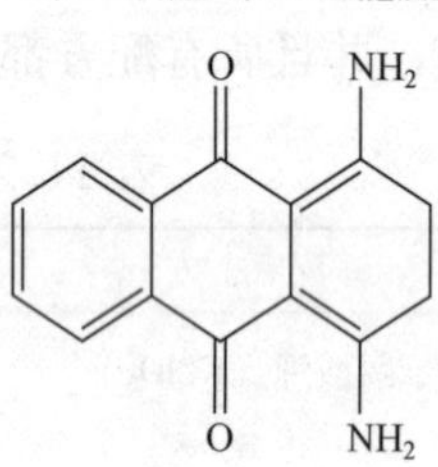

喹啉黄
2-(2-喹啉)-1,3-茚满二酮

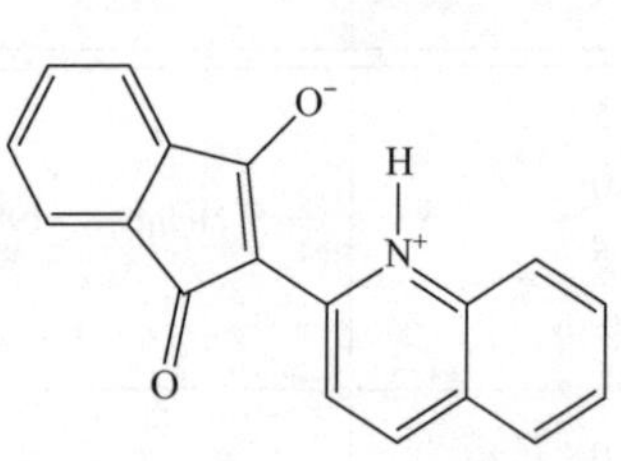

还原黄4号
二苯并(a,h)-芘-7,14-二酮

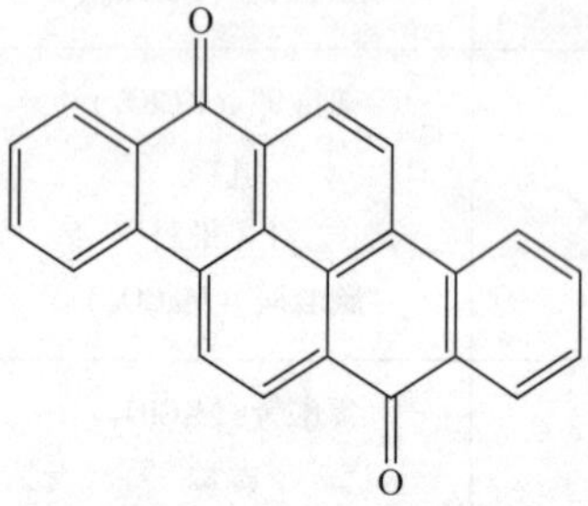

图11.1 彩色发烟剂中使用的几种染料的化学名称和分子结构
（烟雾染料在超过200℃时必须保持稳定，并且必须通过致癌性以及其他潜在健康危害的筛选测试）

有许多染料被应用于有色发烟剂中，人们对其中的许多染料开展了致癌性和其他潜在健康危害的研究，因为他们的分子式类似于一些已知的问题化合物（Chin等，1982；Domanico，2008）。在有色发烟剂中起到较好作用的染料应该具备以下性质。

（1）挥发性。染料可以在加热时转变成气态，而不会发生实质性分解。通常只能使用低分子量材料（小于400g/mol），因为挥发性一般随着分子量的增加而降低。离子类物质晶格中存在强烈的离子间吸引力，通常具有较低的挥发性，所以盐类化合物的作用效果不好。因此，染料不应含有如—COO⁻（羧酸离子）和 NR_4^+（取代铵盐）之类的官能团。

（2）化学稳定性。不能存在过多的富氧官能团（—NO_2、—SO_3H）。在发烟剂的典型反应温度下，这些基团容易释放出氧气，导致染料分子的氧化分解。可以使用—NH_2和—NHR（胺）等基团，但必须注意在富氧环境中可能发生的氧化偶联反应。

11.2.2 绿色烟火：环境友好的黄色烟雾

复杂的有机化学结构既赋予有色染料颜色，同时也可能是其毒性或对环境产生负面影响的原因。例如，图 11.1 所示的还原黄 4（Vat Yellow 4）被国际癌症研究机构列为第三类化学品，这意味着，尚未将其归类为对人类致癌物，也未确定其不致癌。这种化学物质通常用于军用黄色发烟剂中，因此人们开展了各种研究以寻找合适的替代品，如溶剂黄 33/D&C 黄 11 号（Moretti 等，2013）。表 11.3 比较了含有还原黄 4 的现役黄色发烟剂配方和含有溶剂黄 33 的新配方。两种发烟剂都将氯酸盐和蔗糖作为主要二元烟火组分，并使用了其他添加剂。值得注意的是，新的"绿色"黄色染料发烟剂不仅能满足军事上对燃烧时间的需求，而且感度测试表明，与军用照明剂相比，该配方的感度更低。针对该体系，进一步研究了高氯酸盐的"绿色"替代品 5-氨基四唑（5-AT）的作用，5-AT 作为一种气体生成组分，有助于烟幕粒子的扩散，从而提高其遮蔽性能（Gluck 等，2017）。

表 11.3 传统军用黄色发烟剂与"绿色"黄色发烟剂配方及实验数据比较

现役 M194 黄色发烟剂		推荐的"绿色"替代品	
配　　方	质量分数/%	配　　方	质量分数/%
还原黄 4（黄色染料）	13	溶剂黄 33（黄色染料）	37
氯酸钾	35	氯酸钾	34.5
蔗糖	20	蔗糖	21.5
碳酸氢钠（冷却剂）	3	碱式碳酸镁（冷却剂）	5.5
苯蒽酮（黄色染料）	28	硬脂酸（加工用润滑剂）	1
VAAR 黏合剂	1	气相二氧化硅（有助于均匀混合）	0.5
点火时间	9~18s（要求）	点火时间	15.0s
燃速/(g/s)	3.89~7.78（要求）	燃速	4.64
		撞击感度/J	17.2
		摩擦感度/N	>360
		静电感度/J	>0.25

11.3 白烟的生成

11.3.1 白烟生成概述

通过烟火反应产生白烟的途径包括以下几种。

(1) 硫的升华。在这种配方中,使用硝酸钾作为氧化剂,硫(可燃剂)相对于硝酸钾(氧化剂)过量,硫和硝酸钾之间的烟火反应产生的热量将使硫升华。注意:反应中将会生成一些有毒的二氧化硫气体,必须在通风良好的区域点燃和使用这些配方①。

(2) 磷的燃烧。白磷或红磷燃烧后产生各种磷的氧化物,这些氧化物吸收水分后可以形成浓密的白烟。研究人员正在积极开展与红磷基发烟剂有关的研究工作,以便替代氯化锌 HC 发烟剂(见下文),典型的红磷发烟剂配方如表 11.4 所列。非常危险的白磷常与爆破装药一起使用。注意:含磷烟雾会产生酸性化合物,对眼睛、皮肤和呼吸道具有刺激性。

表 11.4 白色发烟剂配方

序号	配方	质量分数/%	备注	参考文献
I	六氯乙烷(C_2Cl_6) 氧化锌(ZnO) 铝	45.5 47.5 7.0	HC-C 型	Military Pyrotechnic Series Part One, "Theory and Application", 1967
II	六氯乙烷(C_2Cl_6) 氧化锌(ZnO) 高氯酸铵(NH_4ClO_4) 锌粉 聚酯树脂	34.4 27.6 24.0 6.2 7.8	改良 HC 型	Military Pyrotechnic Series Part One, "Theory and Application", 1967
III	红磷 丁基橡胶,氯化物	63 37	动物实验研究表明成烟物质具有急性毒性作用	McIntyre, 1980
IV	红磷 镁 过氧化镁(MgO_2) 氧化镁(MgO) 微晶蜡	51.0 10.5 32.0 1.5 5.0		Smith and Stewart, 1982
V	硝酸钾(KNO_3) 硫 二硫化二砷(As_2S_2)	48.5 48.5 3.0	含砷	Lancaster, 1972

---

① 值得注意的是,此方法已用于在封闭区域(如室内花园)内的鼠害控制。

(3) 油的挥发。烟火反应可以产生足够的热量，从而使高分子量的碳氢化合物蒸发。这种碳氢化合物油类分子随后在空气中凝结形成白色烟云。通过选择低毒性油类，可以使这类烟雾对健康的负面影响在上述讨论的所有材料中降到最小。

(4) 氯化锌的形成（HC 发烟剂）：

$$C_xCl_y + y/2Zn \rightarrow xC + y/2ZnCl_2 + 热量$$

这一反应生成氯化锌蒸气，在空气中冷凝吸湿，产生非常有效的灰白色烟雾。这种药剂已经广泛使用了几十年，在制备过程中有着良好的安全性。然而，当人体持续暴露在氯化锌中时，会引起头痛和其他一些可能的健康问题。由于多种反应产物的相关问题，人们正在积极寻找 HC 型发烟剂的替代品。

最初的 HC 发烟剂（A 型）含有金属锌和六氯乙烷（C_2Cl_6，即 HC 发烟剂中的 HC），但这种药剂对水分非常敏感，受潮会自燃。另一种方法是在配方中加入少量的铝金属，并用氧化锌（ZnO）代替对湿度敏感的金属。点火后会发生一系列下述反应（Military Pyrotechnic Series Part One, "Theory and Application", 1967）：

$$2Al + C_2Cl_6 \rightarrow 2AlCl_3 + 2C \tag{11.4}$$

$$2AlCl_3 + 3ZnO \rightarrow 3ZnCl_2 + Al_2O_3 \tag{11.5}$$

$$ZnO + C \rightarrow Zn + CO \tag{11.6}$$

$$3Zn + C_2Cl_6 \rightarrow 3ZnCl_2 + 2C \tag{11.7}$$

或者最初的触发反应被认为是（McLain, 1980）：

$$2Al + 3ZnO \rightarrow 3Zn + Al_2O_3 \text{（铝热型反应过程）} \tag{11.8}$$

无论以何种形式进行反应，反应产物都是 $ZnCl_2$、CO 和 Al_2O_3，其中铝所占的百分比在总体燃烧速度中发挥关键作用。氧化锌在 1000℃ 以上与碳原子自发反应，这个反应过程吸收热量，从而使烟雾冷却而变白（式 (11.6)）。有铝参与的反应（反应式 (11.4) 或式 (11.8)）都是强烈放热的，这一过程控制着发烟剂的燃烧速度。使用少量的铝金属就会产生质量最佳的白烟。表 11.4 中列出了两种 HC 发烟剂的配方。

(5) 冷烟。白烟也可以通过非加热的方式实现。将装有浓盐酸的烧杯放在装有浓氨水的烧杯附近，会通过气相反应产生白烟：

$$HCl(气) + NH_3(气) \rightarrow NH_4Cl(固)$$

同样，四氯化钛（$TiCl_4$）能与潮湿空气迅速发生反应，生成氢氧化钛 $Ti(OH)_4$ 和氯化氢（HCl）组成的浓烟云。显然，反应产生的氯化氢气体会吸收大气中的水分形成盐酸，因此，当决定在哪里以及如何部署这种烟云时，必须考虑到这一情况。

11.3.2 "绿色烟火":HC 型发烟剂替代产品的研究

近年来,许多研究项目致力于开发白色发烟剂以取代 HC 型发烟剂,希望其具有低毒性以及满足良好发烟剂的其他要求。由于 HC 发烟体系已经具有非常优越的遮蔽性能,因此,创造出更好的替代性配方是一项艰巨的挑战。

人们研究了一种与上述彩烟蒸发成烟相类似的体系,这种体系使用氯酸钾/硫或者氯酸钾/糖的混合物来蒸发或升华挥发性有机化合物,从而产生白色烟云。对苯二甲酸($C_8H_6O_4$)是一种在化学工业中广泛用于塑料生产的材料,已被证实是通过这种方式能有效产生白烟的化学品之一。由于在化工行业的应用,这种材料易于获得高纯度产品且成本适中(成本始终是烟火配方选择的主要驱动力)。对苯二甲酸在氯酸钾/蔗糖体系的燃烧火焰温度下容易升华,产生白烟,其结构如图 11.2 所示。对苯二甲酸 TA 发烟剂配方如表 11.5 所列。

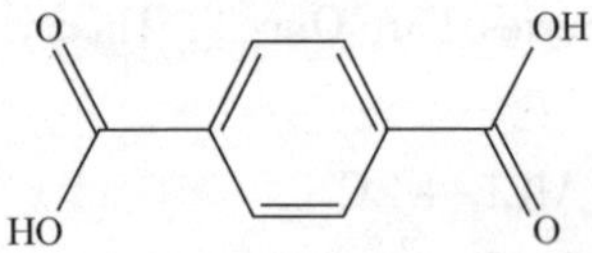

图 11.2 对苯二甲酸和肉桂酸的化学结构
(对苯二甲酸和肉桂酸均可用于通过升华和空气中再凝固产生低毒性白烟)

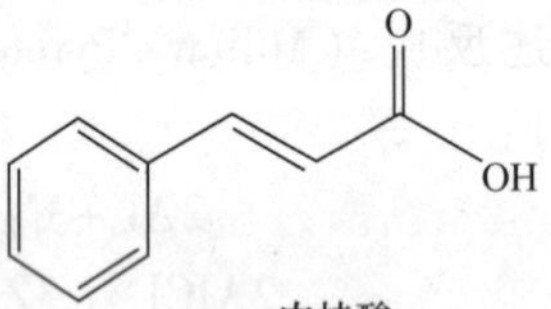

表 11.5 苯二甲酸 TA 发烟剂配方

配　　方	质量分数/%
氯酸钾($KClO_3$)	23
蔗糖($C_{12}H_{22}O_{11}$)	14
对苯二甲酸($C_8H_6O_4$)	57
碳酸镁($MgCO_3$)	3
石墨	1
硝化纤维素黏合剂	2

尽管在同等质量情况下,TA 发烟剂的遮蔽效果无法与 HC 发烟剂相媲美,但将来很有可能出现以下情况:含 TA 发烟剂的这类低毒成分的发烟装置被用于训练,而具有更高遮蔽性能的 HC 发烟剂则被保留在真实的战场条件下使用。

Gluck 等最近的研究证明了高含氮量的 5—氨基四唑(5-AT,图 3.1)有机可燃剂在 TA 发烟剂中的有效使用(Gluck, Klapotke and Shaw, Effect of Adding 5-Aminotetrazole to a modifield U. S. Army Terephthalic Acid White Smoke Compositions,

2017)。5-AT 在燃烧时产生大量的氮气，有助于分散挥发的对苯二甲酸，增强遮蔽性能。研究发现，用 5-AT 代替蔗糖作为可燃剂（与上述配方相比），可使光的平均透过率显著降低 1/2 以上。

美国海军设计另一种类似的替代 HC 型发烟剂的配方中使用肉桂酸（$C_6H_5CHCHCO_2H$），这是一种通常用来制药、食品和香水工业的有机化学品（Douda 等，1977）。肉桂酸的毒性比 HC 发烟剂要低得多，甚至被用作人类食用的调味剂，肉桂酸的结构如图 11.2 所示。肉桂酸发烟剂配方如表 11.6 所列[①]。

表 11.6　肉桂发烟剂配方

配　　方	质量分数/%
蔗糖（$C_{12}H_{22}O_{11}$）	12
氯酸钾（$KClO_3$）	29
碳酸氢钠（$NaHCO_3$）	6.5
肉桂酸（$C_6H_5CHCHCO_2H$）	47.5
硅藻土	5

最后，碳化硼（B_4C）也显示出作为制备环保型白烟的可燃剂的潜力。美国陆军设计的碳化硼基发烟剂配方（Shaw 等，2013）如表 11.7 所列。

表 11.7　碳化硼基发烟剂配方

配　　方	质量分数/%
碳化硼（B_4C）	13
硝酸钾（KNO_3）	60
氯化钾（KCl）	25
硬脂酸钙（$C_{36}H_{70}O_4$）	2

硬脂酸钙是一种脂肪酸盐和润滑剂，可用作燃速调节剂，以促进药剂组分的混合，提高颗粒堆积和密度。硬脂酸钙具有阻止热气体流过未反应材料的作用，通常热气体流过未反应的材料会加快燃烧速度（这对于烟雾的产生是不利的，因为增加的燃烧速度会导致爆燃而不是产生烟雾）。氯化钾作为稀释剂，通常是烟火惰性的，据报道可以降低配方的白光度（回顾前面所指出的，碳化硼可作为一种潜在的"绿色"绿光辐射体）。由于该配方的最终目标是遮蔽而不是照明，因此加入氯化钾会产生比较好的效果。然而氯化钾会产生固体产物（燃烧残渣），

---

① 译者注：肉桂酸发烟剂配方中的 5% 硅藻土在原文中遗漏，根据（Douda 等，1977）原始文献添加。

不利于烟雾的产生，因此，必须在降低白光度和不产生太多的固体产物之间寻找一个适当的平衡点。

11.4 小结

烟的产生对烟火技术人员来说是一个巨大的挑战：使用适当的化学物质来创造恰好合适的条件，在合适的温度，生成合适的产物以产生所需要的烟。烟火技术人员不仅必须考虑到产生热量和生成产物的化学因素，而且，在许多情况下，还必须考虑原材料或产物的毒性：烟被分散在很可能被人或动物摄入的空气中。然而，这些挑战也为富有创造力和创新精神的人们提供了充分的机会，以探索可用于军事、商业和娱乐目的更加安全及有效的发烟剂配方体系。

第 12 章　声音的产生

全世界都对烟花着迷，很多国家每年至少有一个特别的日子，天空会爆发出绚烂的色彩和喧闹的声音。人类对夜空中的火焰和响亮的爆炸声有着强烈的迷恋和敬畏，这种现象甚至可以追溯到很久以前。那么，烟花到底有什么吸引力呢？它们很有趣，但人类灵魂深处肯定存在某种更深层次的东西，让我们被这些明亮的爆炸声深深吸引。

12.1 声音的产生：声响效果

烟火装置产生的最常见和最基本的听觉效果是巨大的爆炸声（通常为"砰砰"或"嘣嘣"声）。在声音效应的技术术语中，爆炸声效应本身就是一个声响效应。在烟花工业中，产生声响效应的手段是鞭炮，在军事上则被用作爆炸模拟器。无论是在民用还是军用领域，用来生成声响效应的最典型配方是一种氧化剂和金属的混合物，被称为闪光剂（在第10章的白光剂中有类似详细讨论）。

声响效应通常是通过点燃一种密封在厚壁硬纸板管里的炸药产生的，密闭条件可让压力在容器内部累积，达到破裂/爆破点，释放出巨大压力，从而产生人耳感知的声音。氯酸钾和高氯酸钾是声光药剂配方中最常用的氧化剂，因为产生声响需要足够热且快速的反应，以提供所需的冲力（硝酸钡在合适的配方中也可产生类似的效果）。声光药剂在点火时会产生闪光和"砰"的一声巨响。黑火药在足够的密闭条件下也会产生声响效应，但它并没有闪光剂那样明亮的光效应。

一种材料要成为可生成声光效果的闪光剂，其关键因素包括以下几方面。

（1）当被密封在管子里并点燃时，即使是很小的药量，也能观察到巨大的声音效果和明亮的闪光，如普通的鞭炮。

（2）烟火药中含有活性氧化剂和相当大比例的细颗粒（通常小于270目）金属可燃剂，也有可能存在少量或适量的其他化学物质，如作为促进剂的硫。

（3）火焰温度很高，通常为3000℃以上。

（4）在制备过程中，药剂本身也可能会发生大规模爆炸，是否发生取决于许多因素，包括金属颗粒大小、密封情况以及氧化剂和可燃剂的比例。

（5）在储存运输过程中，如果运输纸箱装有每单位质量含大量闪光剂的装置，则可能会发生大规模爆炸。同样，单位质量中的"大量"的具体量值取决于多种因素，但对于高度密封的高能粉末，每单位火药的量可以低至1g左右。

了解这些因素后，我们可以提出"Conkling 闪光剂定义"：闪光剂是指一种爆炸性配方，通常用于在一个完整的烟火装置中产生声响。闪光剂中含有至少一种氧化剂（如高氯酸钾或硝酸钡），和不少于25%（以重量计）的金属粉末可燃剂（如铝或镁），其粒径小于53μm（即可过270目筛）。配方中也可能存在其他可燃剂，如硫（Conklin, Regarding a Default Classification System for Fireworks. April, 2006）。

闪光剂属于真正的炸药，如果其用量足够大（达到100g以上），即便没有密封的散药也会发生剧烈爆炸。如前所述，烟火工程师可能会有疑问：闪光剂究竟是燃烧还是完全爆炸？除了研究爆炸物理过程的科学家以外，对大多数人来说，最佳的答案可能是"谁在乎呢，它爆炸了！"。闪光剂非常敏感且能量很高，使用时需要非常谨慎小心。

氯酸盐基混合物比高氯酸盐混合物危险得多，因为其点火温度很低。实际上，使用任何一种氧化剂制成的闪光剂都是非常危险的，在国内外烟花制造厂有很多人因此丧生。这类药剂只能用远程操控方式进行混合，每次限量制备，并且散装药剂应当远离操作人员存放。

众所周知，传统的中国鞭炮中使用氯酸钾、硫黄和铝的混合物，这种氯酸盐与硫的混合物对生产商来说是加倍危险的。氯酸钾/硫系统的点火温度低于200℃。铝是一种优良的可燃剂，铝的存在会使烟火反应一旦开始就迅速进行传播。目前尚无来自中国的安全性数据，但人们不禁会疑问，在制作这种鞭炮的过程中，发生过多少事故。英国于1894年禁止制备氯酸钾-硫配方，因为发生过多次与这一配方相关的事故。

为什么中国工厂使用氯酸钾和铝/硫组分？其中一个原因是缺乏原产地监管。美国消费品安全委员会（Consumer Product Safety Commission，CPSC）对消费型爆竹的爆炸物含量做了限制，其化学成分最多不得超过50mg[①]。使用如此少量的化学成分，很难用纸质鞭炮可靠制备出令人满意的"砰砰"声。然而，含有氯酸盐的配方，加上细粒度的铝粉或镁粉可以做到。人们希望用50mg药剂的爆炸就能满足民众在每年7月4日（美国国庆日）制造声音效果的愿望，即便烟火装置在某种程度上被误用，也不至于到要送急诊的程度。人们对装有50mg烟火药剂零售包装的运输纸箱进行了大量测试，结果表明，这些产品在包装运输期间，即使发生火灾也不会有造成大爆炸的危险。

CPSC对基于CPSC备案号的2006 0034法规提出了修正案，即烟花爆竹条例修正案，并根据烟花爆竹生产商和使用者的性质和利益，给予了若干评论期和延长期。截至撰写本文时，最终规则尚未被接受，但提出的规则和公众意见均可在线查看（Regulations. gov，2017）。

美国用于空中烟花的标准闪光剂配方是高氯酸钾、硫或硫化锑和铝的混合物，这种药剂可以在空中而不是地面点燃。该配方的点火温度比氯酸盐基混合物高几百摄氏度，但由于其对火花和火焰极为敏感，仍然是非常危险的。火花感度在很大程度上取决于配方中使用的特定金属粉末，有研究表明，极细片状铝的火花感度最高（Conkling, et al. Investigation of the Spark Sensitivities of Oxidizer/Aluminum Compositions. April, 2000）。极少量闪光剂的点燃会迅速传播至整个样品。这些药剂只能由经验丰富的工作人员进行无接触制备。

表12.1列出了几种闪光剂配方，可用于产生不同目的的声光效果。通常将这些药剂密封在纸板管中，以产生所需的声音效果。

---

① 美国联邦法规第16条，章节1500.17（a）（8）。

表 12.1 声光剂配方

序号	配方	质量分数/%	应用	参考文献
I	高氯酸钾（$KClO_4$） 硫化锑（Sb_2S_3） 镁	50 33 17	军用模拟器	McIntyre，1980
II	高氯酸钾（$KClO_4$） 铝 硫 硫化锑（Sb_2S_3）	64 22.5 10 3.5	军训器材 M-80 爆竹	McIntyre，1980
III	氯酸钾（$KClO_3$） 硫 铝	43 26 31	日本空中烟火闪光雷	Shimizu，1981
IV	高氯酸钾（$KClO_4$） 硫 铝	50 27 23	日本空中烟火闪光雷	Shimizu，1981

注：从本质上讲，这些药剂的制备、储存和运输都极为危险，并且对静电或其他能量输入引起的点火特别敏感，只能由训练有素的人员在采取适当的防护措施条件下进行混合

12.2 啸声

通过将某些氧化剂-可燃剂混合物紧密地压入有开口或开孔的硬纸管中并点燃，可以产生独特的啸声现象（即类似于人类或火车汽笛的高音）。当燃烧产生的热气体从管中快速向上通过开口排气时，通过气体湍流实现同步振动，可以使人耳听到特征性的啸声。麦克斯韦（Maxwell，1996）已从化学和物理的角度详细分析了这种复杂的流体动力学现象，近期也出版了讨论啸声的相关综述（Davies，2005）。为了充分了解这一现象（Domanico，1996；Podlesak 等，2004），有关啸声的进一步研究仍然在继续。在没有将粉末压制在管中的情况下，啸声剂（也称为啸声剂）会产生快速的闪光（以爆炸方式），但不会产生类似啸声的效果。啸声剂的配方是以氯酸钾或高氯酸钾为氧化剂，以苯甲酸盐或取代苯甲酸为可燃剂。苯甲酸钾和水杨酸钠两种有机盐可燃剂的结构如图 12.1 所示。

啸声剂的研发最初是为了在推进剂应用中寻找黑火药的替代品。可以想象一下，烟火化学家第一次在研究中混合了现在所知的啸声剂组分，把药剂压装入一根管子里，检查其推进剂特性，然后在点燃时听到一声响亮刺耳的声响。

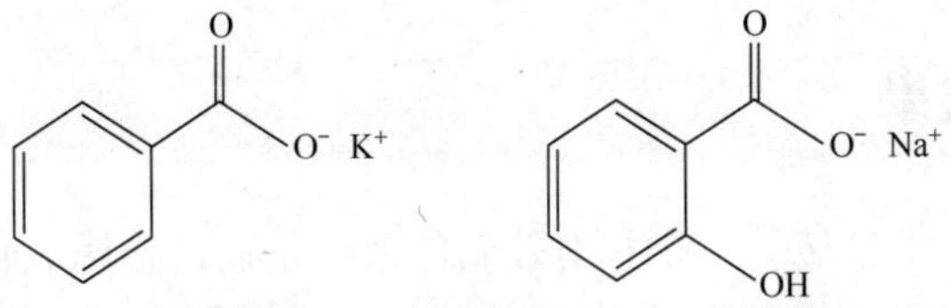

第12章 声音的产生

图12.1 苯甲酸钾和水杨酸钠的分子结构
(两者均在啸声剂中用作有机可燃剂,将这些可燃剂和合适的氧化剂压制后将会产生相对快速的燃烧,但不至于瞬间爆燃。快速燃烧和热气体的产生有助于流动的气体混合物中产生振动和湍流,从而发出啸声效果)

自那以后,产生类似啸声效果的装置在民用领域和军用领域都有所应用,在民用舞台上用于烟花效果,在军事应用中被用作模拟装置,在训练演习中模拟来袭炮弹。啸声剂配方中可以添加少量(大约5%)钛颗粒(粒径大于100目),这样在伴随声音输出的同时还会产生火花喷泉效果。

啸声效果是通过压制的药剂中一层接一层地间歇性燃烧所产生的。由于气体必须以很快的速度生成以实现啸声现象,并且药剂被压入一个半封闭的管中,使得啸声剂具有很大的爆炸风险,因此必须谨慎小心地制备和装入管中。除了闪光剂,啸声剂也许可能是商业烟花工业使用的第二大高能的烟火药剂。应尽量避免使用大量散药,且不得将其存放在操作人员附近。表12.2给出了一些啸声剂的配方。

表12.2 啸声剂配方

序号	配方	质量分数/%	备注	参考文献
I	氯酸钾($KClO_3$) 没食子酸($C_7H_6O_5 \cdot H_2O$) 红胶	73 24 3	军用模拟器	McIntyre,1980
II	高氯酸钾($KClO_4$) 苯甲酸钾($KC_7H_5O_2$)	70 30	可能是制备和使用最安全的	Shimizu,1981
III	高氯酸钾($KClO_4$) 水杨酸钠($NaC_7H_5O_3$)	75 25	吸湿性高,不易贮存	Shimizu,1981
IV	高氯酸钾($KClO_4$) 邻苯二甲酸氢钾($KC_8H_5O_4$)	75 25	中国啸声剂	未发表

注:这些配方对点火非常敏感,制备起来会非常危险,只能由经过培训的人员在适当防护条件下混合

12.3 爆裂效果

在娱乐烟火技术领域，一个相对较新的效应是通过金属氧化物和金属之间铝热型反应产生的爆裂效果（大量的"啪啪"声或爆裂声)①。最初的爆裂配方是由中国引入烟花行业，其组分含有四氧化三铅（俗称红铅氧化物，分子式为Pb_3O_4），以镁铝合金作为可燃剂。人们后来开发了不含有毒铅的替代配方，同样是基于铝热剂型金属氧化物-金属反应，其中使用氧化铋（Ⅲ）和氧化铜（Ⅱ）来代替四氧化三铅，仍然使用镁铝合金作为可燃剂（Jennings White，1992）。在配方中添加粗粒度（>100目）的钛金属颗粒，除了裂纹效应外，还会产生壮观的白色火花效果（T. Shimizu, Studies on Mixtures of Lead Oxides with Metals [Magnalium, Aluminum or Magnesium], 1990）。

当爆裂配方的颗粒被点燃时会产生声音效果，铝热剂反应产生的气压极小，因此，小颗粒对周围环境几乎没有爆炸作用。然而，在制造场所中，大量的爆裂成分会燃烧得非常快，产生巨大的热量，在使用此类配方时，必须小心谨慎。氧化铋与50/50镁铝合金的反应类似于：

$$2Bi_2O_3 + 3Mg + 2Al \rightarrow 2Bi + 3MgO + Al_2O_3 \qquad (12.1)$$

表12.3给出了含红铅和不含铅的爆裂效应配方。这些配方将与溶剂/黏合剂混合，潮湿的原材料经过造粒变成小颗粒，干燥后以供使用。

表12.3 爆裂配方

序号	配　　方	质量分数/%	参 考 文 献
Ⅰ	红铅氧化物（Pb_3O_4） 镁铝合金（Mg/Al）（>100目） 氧化铜（CuO）	82 9 9	Kosanke 等，2012
Ⅱ	氧化铋（Bi_2O_3） 氧化铜（CuO） 镁铝合金（Mg/Al） 钛（>100目） 黏合剂/溶剂	50 15 20 15 根据需要调整	未发表
Ⅲ	亚硝酸铋[$Bi_5O(OH)_9(NO_3)_4$] 镁铝合金（Mg/Al）（60目） 氧化铜（CuO）	70 20 10	Jennings White，1992

---

① "龙蛋"或"法老蛋"就是基于这种现象。

虽然尚不确定爆裂效果产生的原理,但已经提出了两种理论。首先,式(12.1)中的铝热剂型反应,氧化铋被还原为单质铋,但反应温度(由于存在镁铝合金)将高于铋的沸点,约为2800℃。因此,铋得以快速产生并立即闪蒸,在空气中迅速膨胀(然后迅速冷却成固体),产生压力爆破声效果,人耳可以听到爆裂声。其次,大颗粒金属,如镁铝合金、钛或锆,似乎是爆裂效应的来源。在研究中,大颗粒镁铝合金被确定是爆裂声的来源,可以观察到大颗粒会在空气中破碎成较小的火花颗粒,附带产生爆裂声(Kosanke 等,2012)。

12.4　烟火化学研究结语

正如读者所看到的那样,烟火原理和含能材料的研究和应用是涉及复杂的化学相互作用和物理过程的交叉领域,可以为使用者和观察者提供实用功能和迷人的效果。从相对简单的二元光和热生成体系,到复杂的烟雾和声音效果,烟火化学研究已经为火的科学和艺术带来了令人瞩目的进步。然而,正如绿色烟火的发展给我们的启示,要使烟火成为一门更好、更安全、更具建设性的学科,还有许多工作要做,还有许多创新研究有待探索。我们希望本文能为科学家、研究人员和烟火爱好者提供一个起点与持续的参考,以便更好地理解和不断推进烟火化学的发展。

第 13 章 致谢和未来展望

13.1 致谢

这本书是对 John Conkling 博士一生研究工作的延续。感谢他的工作，并感谢他的指导，这份感谢对于他所做的一切而言简直微不足道，包括 Conkling 博士作为导师和朋友为我提供的帮助，作为华盛顿大学的学生和教授为学校做出的贡献，对马里兰州切斯特敦社区（Chestertown，MD）的支持，以及他在数十年的职业生涯中对于国际烟火行业的领导作用。从各个方面来说，Conkling 博士都是哲学家和大师。

感谢 Sandy Conkling 夫人，我很开心能与她共事，她曾在 Conkling 博士身边，协助研讨会、美国烟火技术协会以及烟火技术领域的其他日常活动。Conkling 太太总是邀请我，对我帮助颇多，这份经历真的非常宝贵！

感谢 Joe Domanico 博士在夏季烟火技术研讨会期间的指导和交流。Joe 有一种无与伦比的本领，总能在烟火的世界里找到充实和欢乐，他总是不厌其烦地解释更多细节或开玩笑。当烟火药剂在他身后的实验室安全柜中燃烧时，我在书的空白处做的笔记和来自 Joe 的信件中的只言片语，对我的指导以及本书的成文无比珍贵。图 13.1 是在 2011 年夏季，又一次成功举办了夏季烟火研讨会之后，我、Conkling 博士和 Joe 的合影。

图 13.1　Christopher J. Mocella、Dr. John Conkling 和 Joe Domanico
（2011 年 6 月在马里兰州切斯特敦华盛顿学院举行的第 25 届夏季烟火研讨会之后的合影）

感谢 Tyler Benedum 博士,我追随他在华盛顿学院为 Conkling 博士工作,然后又去了夏洛茨维尔(Charlottesville),偶尔参加全美汽车拉力赛(NASCAR)比赛。我不确定,如果没有与 Tyler 的友谊和他的指导,我是否会有机会与 Conkling 博士建立起最初的联系。

非常感谢 Jesse Sabatini 博士让我了解到绿色烟火技术的进步。Sabatini 博士和他的同事们的工作切实推动了烟火技术的最新进展,我希望他毕生的工作在烟火技术领域得到最高的尊崇。Sabatini 博士开启了我对绿色烟火技术的初步了解,这使我开始花费数月的时间在环保含能材料的广阔世界中寻找真正的目标。

非常感谢美国化学学会(American Chemical Society,ACS)对烟火化学的兴趣,并赞助了三场关于烟火的现场网络研讨会。这些研讨会让与会人员受益匪浅。感谢我的合伙人 Erik Holderman、Tanya Fogg、Samuel Toba、Michael David、Darren Griffin、Andrew Maynard 以及所有其他加入了这个有趣项目的协助人员。

数不清的同事为本文提供过咨询、建议和支持(无论他们是否意识到),对本文的编写起到了重要作用:Ira Reese、Don Cousins、Steve Cassata、Mike McCormick 博士、Melanie Glass、Justin Shey 博士、Chris Bauges 博士、Randall Bennett 博士、Laura Parker 博士、Rich Lareau 博士、Jimmie Oxley 博士、Peter Christian、Taryn Price 博士、Jill Phillips 博士、Mike Shepherd 博士、Kirk Yeager 博士、Frank Creegan 博士和 Rick Locker 博士。

感谢 Gilson Company, Inc. 和 UTEC Corporation, LLC 提供的分析设备图片。

感谢我的编辑 Barbara Knott,他提供了诸多帮助,推动了第 3 版工作的开展。起初,要从 Conkling 博士那里接过接力棒,我有点胆怯,但是 Barbara 在帮助我完成更新、编写和出版定稿文本的过程中发挥了无法估量的重要作用。感谢 CRC 出版社和 Taylor & Francis 集团给予我们的这次难得的机会。

感谢我父亲良好的化学基因,也感谢我母亲良好的英语语法基因,希望我把它们都物尽其用了。

最后,如果没有我亲爱的妻子 Kelly 和儿子 Joshua 的支持,我将无法做到这一点,他们允许我偷偷到办公室里写书,并总是给我额外的鼓励。我真的很爱你们。

13.2 未来展望

本书的目的是作为一个广阔烟火世界的入门书籍,尤其是从化学的角度出发。研究人员还可以使用许多其他文章、期刊、团体和公共资源来继续他们的研究,下面我们简单介绍其中的一部分。

本文中提及的两位著名学者是 Takeo Shimizu 博士和 A. A. Shidlovskiy,他们的著作是烟火界的传奇。Shidlovskiy 的《烟火学原理》(*Principles of Pyrotechnics*)

(翻译自俄语原文)是对理论原理以及经典实用配方的入门读物。Shimizu博士出版了两部具有开创性的著作，《烟火——艺术、科学和技术》(Fireworks—The Art, Science, and Technique)，以及《从物理角度来看烟火》(四部)(four-part Fireworks from a Physical Standpoint)。这两本书都提供了烟火技术背后的科学观点，以及有关成分及其物理性质的宝贵信息。

Joseph McLain博士的《固态化学视角下的烟火》(Pyrotechnics from the Viewpoint of Solid State Chemistry)还提供了对烟火技术和高能反应的学术和实践见解。McLain博士是Conkling博士在华盛顿学院进修含能材料时的导师。在含能材料领域中，另外两部广受欢迎的经典著作是Tenney L. Davis的《火药与炸药的化学》(The Chemistry of Powder & Explosives)（最初于1943年出版）以及Claude-Fortune Ruggieri的《烟火原理》(Principles of Pyrotechnics)（最初于1821年出版）。这些书籍极具启发性，同时也需要敏锐的头脑才能理解化学原理和那个时代的技术写作风格。

最近，《烟火技术》杂志(Journal of Pyrotechnics)在其烟火技术参考丛书中出版了几本书，其中包括《烟火技术图解词典》(Illustrated Dictionary of Pyrotechnics)，《烟火技术百科全书》(三部)(three-part Encyclopedic Dictionary of Pyrotechnics)，以及《烟火化学》(Pyrotechnic Chemistry)，进一步探讨了与本书所介绍的概念相关的许多有趣的技术细节。

有多家学术研究期刊致力于烟火学和含能材料，不断发表新的研究成果并推动最新技术的发展。其中包括John Wiley&Sons, Inc. 出版的《推进剂、炸药、烟火技术》(Propellants, Explosives, Pyrotechnics)、Bonnie Kosanke（Bonnie Kosanke与Ken Kosanke同为烟火学领域的开创性研究者）出版的《烟火技术》杂志(Journal of Pyrotechnics)、Taylor & Francis Group出版的《含能材料》杂志(Journal of Energetic Materials)，以及Begell House, Inc. 出版的《国际含能材料和化学推进杂志》(International Journal of Energetic Materials and Chemical Propulsion)。许多其他学术研究期刊也定期在其科学刊物中发表有关烟火学的研究，如美国化学会和皇家化学学会。

在G. I. Brown的《大爆炸：爆炸物的历史》(The Big Bang: A History of Explosives)中可以了解含能材料的悠久历史（从黑火药开始，主要是炸药）。对于第二次世界大战后烟火和烟花世界的历史，阅读John Conkling博士的《砰！美国不断发展的烟花产业》(BOOM! American's Ever-Evolving Fireworks Industry)就可一览全貌。

众多的爱好者和贸易团体在支持烟火和烟花社团。这些团体是烟火界的核心，促进艺术上不断进步，倡导安全和环境问题，并举办论坛来讨论和展示成员们的精彩工作（当然也包括烟花表演）。其中就包括国际烟火协会（PGI），这是一个致力于烟花的艺术性、保护和欣赏的国际组织。PGI每年都会举办盛大的烟火表演。他们管理着许多当地的俱乐部和分支机构，在训练有素的烟火工程师的监督下，他们可以成为开始安全和适当地使用烟火的一个极好的资源。

美国烟火协会（American Pyrotechnics Association，APA）是一个行业组织，其宗旨是"鼓励所有类型烟花的安全设计和使用，为其成员提供行业信息和支持，并促进对烟花行业的负责任监管"。APA 将通过与美国国会和执法机构的合作来协助烟花企业。

国际烟火学会（International Pyrotechnics Society，IPS）是一个以研究为中心的组织（其官方刊物为《推进剂、炸药、烟火技术》（*Propellants, Explosives, Pyrotechnics*）），旨在促进信息交流，为会员创造资源，鼓励进行烟火技术的研究以及每年举办一次国际烟火技术研讨会（始于 1968 年）。本书中大量使用了这些研讨会发表的论文，重点介绍了涉及烟火技术的各种科学概念和实用配方。

还有许多其他地方和国际组织也在推广烟火，包括英国烟火协会、加拿大烟火协会、国家烟火协会，所有这些组织都可以在互联网上找到。

在美国以及世界各地，都有许多大学和大学的学术研究小组研究烟火、炸药和含能材料。他们正在与军方研究机构（如美国陆军研究、发展和工程司令部（Research, Development, and Engineering Command，RDECOM））一起，不断开展研究并在学术期刊上发表他们的成果。

在此，我们不可能一一列出烟火技术涉及的每一项资源和研究团体，但是希望这篇简短的概述有助于为读者指明正确的方向，开始他们自己的旅程，学习更多关于含能材料和烟火技术的知识。请尽情享受，玩得开心，保证安全，并一如既往地保持粉末干燥。

参 考 文 献

Aikman, L. M.; et al. 1987. Improved mixing, granulation, and drying of highly energetic pyro mixtures. *Propellants, Explosives, Pyrotechnics* 12(1): 17–25.

Akhavan, J. 2004. *The Chemistry of Explosives*, 2nd Edition. Cambridge: The Royal Society of Chemistry.

APA 2017. American pyrotechnics association. Accessed May 6, 2017. www.americanpyro.com.

ASTM International 2017. ASTM E11: Standard specification for woven wire test sieve cloth and test sieves. ASTM International. Accessed Sep 4, 2017. https://www.astm.org/Standards/E11.htm.

Bailey, A.; et al. 1992. The handling and processing of explosives. *Proceedings of the 18th International Pyrotechnics Seminar*. Breckenridge, CO: International Pyrotechnics Society.

Barisin, D.; Batinic-Haberle, I. 1994. The influence of the various types of binder on the burning characteristics of the magnesium-, boron-, and aluminum-based igniters. *Propellants, Explosives, Pyrotechnics* 19: 127.

Barrett, G. D. 1984. Venting of pyrotechnics processing equipment. *Proceedings, Explosives and Pyrotechnics Applications Section, American Defense Preparedness Association*. Los Alamos, NM: American Defense Preparedness Association.

Barton, T. J.; et al. 1982. Factors affecting the ignition temperature of pyrotechnics. *Proceedings, 8th International Pyrotechnics Seminar*. Steamboat Springs, CO: ITT Research Institute: 99.

Barton, T. J.; et al. 1984. The influence of binders in pyrotechnic reactions–magnesium-oxidant systems. *Proceedings of the 9th International Pyrotechnics Seminar*. Colorado Springs, CO: International Pyrotechnics Society.

Bauer, H. H.; Christian, G. D.; O'Reilly, J. E. 1979. *Instrumental Analysis*. Boston, MA: Allyn & Bacon, Inc.

Brinck, T., Ed. 2014. *Green Energetic Materials*. Chichester: John Wiley & Sons, Ltd.

Brousseau, P.; Anderson, C. J. 2002. Nanometric aluminum in explosives. *Propellants, Explosives, Pyrotechnics* 27: 300.

Brown, M. E. 1988. *Introduction to Thermal Analysis*. New York: Chapman and Hall.

Brown, M. E.; Rugunanan, R. A. 1989. A temperature-profile study of the combustion of black powder and its constituent binary mixtures. *Propellants, Explosives, Pyrotechnics* 14(2): 69–75.

Brusnahan, J. S.; Poret, J. C.; Moretti, J. D.; Shaw, A. P.; Sadangi, R. K. 2016. Use of magnesium diboride as a "Green" fuel for green illuminants. *ACS Sustainable Chemistry and Engineering* 4: 1827–1833.

Brusnahan, J.; Shaw, A.; Moretti, J.; Eck, W. 2017. Periodates as potential replacements for perchlorates in pyrotechnic compositions. *Propellants, Explosives, Pyrotechnics* 42: 62–70.

Buchanan, B. J., Ed. 1996. *Gunpowder–The History of an International Technology*. Bath: Bath University Press.

Burke, A. R.; et al. 1988. Ignition mechanism of the titanium-boron pyrotechnic mixture. *Surface and Interface Analysis* 11: 353–358.

Cardu, M.; Giraudi, A.; Oreste, P. 2013. A review of the benefits of electronic detonators. *REM–International Engineering Journal* 66(3): 375–382.

Charsley, E. L.; et al. 1986. The properties and reactions of the boron-potassium nitrate pyrotechnic system. *Proceedings of the 11th International Pyrotechnics Seminar*. Vail, CO: International Pyrotechnics Society.

参 考 文 献

Chavez, D. E.; Hiskey, M. A.; Naud, D. L. 1999. High-nitrogen fuels for low smoke pyrotechnics. *Journal of Pyrotechnics* (10): 17.

Chin, A.; Borer, L. 1982. Investigations of the effluents produced during the functioning of navy colored smoke devices. *Proceedings of the 8th International Pyrotechnics Seminar.* Steamboat Springs, CO: ITT Research Institute: 129.

Conkling, J. A. 2006. Regarding a default classification system for fireworks. *Presented at the 9th International Symposium on Fireworks.* Berlin, Germany.

Conkling, J. A.; Jacobson, D. 2000. Investigation of the spark sensitivities of oxidizer/aluminum compositions. *Presented at the 5th International Symposium on Fireworks.* Naples, Italy.

Conkling, J.; Halla, S. 1984. The reaction of potassium chlorate with organic fuels. *Annual Meeting of Explosives and Pyrotechnics Applications Section.* Los Alamos, NM: ADPA.

Cooper, P. 1996. *Introduction to the Technology of Explosives.* New York: Wiley-VCH.

Cooper, P. W. 1996. *Explosives Engineering.* New York: VCH Publishers, Inc.

Corbel, J. M. L.; van Lingen, J. N. J.; Zevenbergen, J. Z.; Gijzeman, O. L. J.; Meijerink, A. 2013. Study of a classical strobe composition. *Propellants, Pyrotechnics, Explosives* 38: 634–643.

Cumming, A. 2017. Energetic materials in the environment. *Propellants, Explosives, Pyrotechnics* 42(1): 5–6.

Davies, M. 2005. A review of the chemistry and dynamics of pyrotechnic whistles. *Journal of Pyrotechnics* (21): 1–12.

Davies, N.; Griffiths, T. T.; Charsley, E. L.; Rumsey, J. A. 1985. Studies on gasless delay compositions containing boron and bismuth. *Proceedings of the 10th International Pyrotechnics Seminar.* Karlsruhe, Germany: International Pyrotechnics Society.

Davis, T. L. 1941. *The Chemistry of Powder and Explosives.* New York: John Wiley & Sons, Inc.

de Klerk, W. P. C.; Berger, B.; van Ekeren, P. J. 2008. Lifetime study on the pyrotechnic parts of amunition article. *Proceedings of the 35th International Pyrotechnics Seminar.* Fort Collins, CO: International Pyrotechnics Society.

Department of Defense Explosives Safety Board 2008. DOD contractor's safety manual for ammunition and explosives (DoD 4145.26-M, March 13, 2008 Edition). U.S. Department of Defense. Available to the public at http://www.esd.whs.mil/DD/.

Department of the U.S. Army 1984. Military Explosives. Technical Manual TM 9-1300-214. Washington, DC: Department of the U.S. Army.

De Yong, L. V.; Valenta, F. J. 1989. *IHTR-1279: Evaluation of Selected Computer Models For Modeling Pyrotechnic And Propellant Devices.* Indian Head Technical Report. Indian Head, MD: United States Navy–Naval Ordnance Station.

De Yong, L.; Lu, F. 1998. Radiative ignition of pyrotechnics: Effect of wavelength on ignition threshold. *Propellants, Explosives, Pyrotechnics* 23: 328.

Diercks, D.; Day (Thiokol) 1982. The use of encapsulated binders in illuminant manufacture. *Proceedings of the 8th International Pyrotechnics Seminar.* Steamboat Springs, CO: International Pyrotechnics Society: 186–205.

Dillehay, D. R. 2004. Illuminants and illuminant research. In *Pyrotechnic Chemistry*, Kosanke, K. L., Ed. Whitewater, CO: Journal of Pyrotechnics, Inc: 1–4

Domanico, J. A.; et al. 1996. Pyrotechnic whistle performance variations. *Proceedings of the 22nd International Pyrotechnics Seminar.* Fort Collins, CO: International Pyrotechnics Society: 489.

Domanico, J. A. 2008. Using a standard test protocol to qualify candidate low toxicity colored smoke dyes. *Proceedings of the 35th International Pyrotechnics Seminar.* Fort Collins, CO: International Pyrotechnics Society.

Douda, B. E. 1968. Spectral observations in illuminating flames. *Proceedings, First International Pyrotechnics Seminar.* Estes Park, CO: Denver Research Institute: 113.

Douda, B. E. 1964. *Theory of Colored Flame Production*. RDTN 71. Crane, IN: U.S. Naval Ammunition Depot.

Douda, B. E.; Tanner Jr., J. E. 1977. Cinnamic acid containing pyrotechnic smoke composition. United States Patent US4032374 A. June 28.

Durgapal, U. C.; et al. 1988. Study of zirconium-potassium perchlorate pyrotechnic systems. *Proceedings of the 13th International Pyrotechnics Seminar*. Grand Junction, CO: International Pyrotechnics Society.

Elischer, P.; et al. 1986. Evaluation of a low toxicity delay composition. *Proceedings of the 11th International Pyrotechnics Seminar*. Vail, CO: International Pyrotechnics Society.

Ellern, H. 1968. *Military and Civilian Pyrotechnics*. New York: Chemical Publishing Company, Inc.

ET Users Group 2016. Time/pressure test–UN Test 2c(i). May 10. Accessed Sep 24, 2017. http://www.etusersgroup.org/timepressure-test/.

Gabbott, P., Ed. 1998. *Principles and Applications of Thermal Analysis*. Hoboken, NJ: Wiley-Interscience Publishing.

Gao, J.; Wang, L.; Yu, H.; Xiao, A.; Ding, W. 2011. Recent research progress in burning rate catalysts. *Propellants, Explosives, Pyrotechnics* 36: 404–409.

Glasby, J. S. n.d. *The Effect of Ambient Pressure on the Velocity of Propagation of Half-Second and Short Delay Compositions*. Report No. D.4152. Ardeer: Imperical Chemical Industries, Nobel Division.

Gluck, J.; Klapotke, T. M.; Shaw, A. P. 2017. Effect of adding 5-aminotetrazole to a modified U.S. army terephthalic acid white smoke compositions. *Central European Journal of Energetic Materials* 14: 489–500.

Gluck, J.; Klapotke, T. M.; Rusan, M.; Shaw, A. 2017. Improved efficiency by adding 5-aminotetrazole to anthraquinone-free new blue and green colored pyrotechnical smoke formulations. *Propellants, Explosives, Pyrotechnics* 42: 131–141.

GOEX, Inc. 2014. *GOEX, Inc. Black powder*. January 1. Accessed May 12, 2017. http://www.goexpowder.com/index.html.

Haarman, D. J. 1996. The wizards' pyrotechnic formulary. Self-Published.

Han, Z. Y.; Zhang, Y. P.; Du, Z. M.; Li, Z. Y.; Yao, Q.; Yang, Y. Z. 2017. The formula design and performance study of gas generators based on 5-aminotetrazole. *Journal of Energetic Materials* 36: 61–68.

Henkin, H.; McGill, R. 1952. Rates of explosives, decomposition of explosives. *Industrial and Engineering Chemistry* 44: 1391.

Hussain, G.; Rees, G. J. 1992. Combustion of black powder, part IV: Effect of carbon and other parameters. *Propellants, Explosives, Pyrotechnics* 17(1): 1–4.

Jain, S. R. 1987. Energetics of propellants, fuels, and explosives: a chemical valence approach. *Propellants, Explosives, Pyrotechnics* 12(6): 188–195.

Jeffus, L. 2017. *Welding: Principles and Applications*, 8th Edition. Boston, MA: Cengage Learning.

Jennings-White, C. 2004. Chapter 14: Glitter chemistry. In *Pyrotechnic Chemistry*. Whitewater, CO: Journal of Pyrotechnics.

Jennings-White, C. 2004. Chapter 15: Strobe chemistry. In *Pyrotechnic chemistry*. Whitewater, CO: Journal of Pyrotechnics.

Jennings-White, C. 1992. Lead-free crackling microstars. *Pyrotechnica XIV*.

Jennings-White, C. 1993. Nitrate colors. *Pyrotechnica XV*.

Jennings-White, C. 2004. Strobe chemistry. *Journal of Pyrotechnics* (20): 7–16.

Jones, D. E. G.; et al. 2003. Hazard characterization of aluminum nanopowder compositions. *Propellants, Explosives, Pyrotechnics* 28: 120.

Juknelevicious, D.; Karvinen, E.; Klapotke, T.; Kubilius, R.; Ramanavicius, A.; Rusan, M. 2015. Copper(I) bromide: An alernative emitter for blue-colored flame pyrotechnics. *Chemistry: A European Journal* 21: 15354–15359.

参 考 文 献

Kelly, J. 2004. *Gunpowder: Alchemy, Bombards, and Pyrotechnics: The History of the Explosive That Changed The World*. New York: Basic Books.

Klapötke, T.; Rusan, M.; Sabatini, J. 2014. Chlorine-free pyrotechnics: Copper(I) iodide as a "Green" blue-light emitter. *Angewandte Chemie International Edition* 53: 9665–9668.

Koch, E. C. 2005. Special materials in pyrotechnics: The chemistry of phosphorus and its compounds. *Journal of Pyrotechnics* (21): 39–50.

Koch, E.-C. 2001. Evaluation of lithium compounds as color agents for pyrotechnic flames. *Journal of Pyrotechnics* 13: 1–8.

Koch, E.-C. 2002. Magnesium-fluorocarbon pyrolants III: Development and application of Magnesium/Teflon/Viton (MTV). *Propellants, Explosives, Pyrotechnics* 27(5): 262–266.

Koch, E.-C. 2015. Spectral investigation and color properties of copper(I) halides CuX (X=F, Cl, Br, I) in pyrotechnic combustion flames. *Propellants, Explosives, Pyrotechnics* 40: 799–802.

Koch, E.-C.; Weiser, V.; Roth, E.; Knapp, S.; Kelzenberg, S. 2012. Combustion of ytterbium metal. *Propellants, Pyrotechnics, Explosives* 37: 9–11.

Kohler, J.; Meyer, R. 1993. *Explosives, Fourth, Revised and Extended Edition*. New York: VCH Publishers.

Kosanke, B. J.; K. L. Kosanke. 2012. Control of pyrotechnic burn rate. *Journal of Pyrotechnics*: 275–288.

Kosanke, K. L.; Kosanke, B. J. 2004. Chapter 9: The chemistry of colored flames. In *Pyrotechnic Chemistry*. Whitewater, CO: Journal of Pyrotechnics.

Kosanke, K. L.; Kosanke, B. J. 1993. Aluminum metal powders in pyrotechnics. In *Pyrotechnics Guild Bulletin*.

Kosanke, K. L.; Kosanke, B. J.; Sturman, B. T.; Winokur, R. M. 2012. *Encyclopedic Dictionary of Pyrotechnics*. Whitewater, CO: Journal of Pyrotechnics, Inc.

Kubota, N. 2004. *Propellant Chemistry (Chapters 11 and 12)*. Whitewater, CO: Journal of Pyrotechnics, Inc.

Kubota, N.; Serizawa, C. 1987. Combustion processes of Mg/TF pyrotechnics. *Propellants, Explosives, Pyrotechnics* 12(5): 145–148.

Kuwahara, T.; Matsuo, S.; Shinozaki, N. 1997. Combustion and sensitivity characteristics of Mg/TF pyrolants. *Propellants, Explosives, Pyrotechnics* 22(4): 198–202.

Lake, E. R. 1982. *Percussion Primers, Design Requirements*. Report MDC AO514, Revision B. St. Louis, MO: McDonnell Aircraft Company.

Lancaster, R. 1972. *Fireworks Principles and Practice*. New York: Chemical Publishing Co., Inc.

Larsson, A.; Wingborg, N. 2011. Green propellants based on ammonium dinitramide (ADN). In *Advances in Spacecraft Technologies*, Hall, J., Ed. Rijeka: InTech: 139–156.

Li, Y.; Cheng, Y.; Hui, Y.; Yan, S. 2010. The effect of ambient temperature and boron content on the burning rate of the B/Pb_3O_4 delay compositions. *Journal of Energetic Materials* 28: 77–84.

Liu, J.; Guan, H. 2017. Preparation, characterization and performance of microencapsulated red phosphorus. *Propellants, Explosives, Pyrotechnics* 42: 1358–1365.

Ma, H.; et al. 2017. Thermal behavior of nitrocellulose-based superthermites. *The Royal Society of Chemistry* 7: 23583–23590.

Maltitz, I. V. 2001. Our present knowledge of the chemistry of black powder. *Journal of Pyrotechnics Winter* (14): 27–39.

Maxwell, W. R. 1996. Pyrotechnic whistles. *Journal of Pyrotechnics* (4): 37–46.

McIntyre, F. L. 1980. *A Compilation of Hazard and Test Data for Pyrotechnic Compositions*. Report AD-E400-496. Dover, NJ: U.S. Army Armament Research and Development Command.

McLain, J. H. 1980. *Pyrotechnics from the Viewpoint of Solid State Chemistry*. Philadelphia, PA: The Franklin Institute Press.

McLain, L. 2017. *For the Love of Fireworks*. Chestertown, MD: Lulu Publishing Services.

Meyerriecks, W. 1998. Organic fuels: Composition and formation enthalpy part I–Wood derivatives, related carbohydrates, exudates, & resins. *Journal of Pyrotechnics* (8).

Meyerriecks, W. 1999. Organic fuels: Composition and formation enthalpy part II–Resins, charcoal, pitch, gilsonite, & waxes. *Journal of Pyrotechnics* (9).

Meyerriecks, W.; Kosanke, K. L. 2003. Color values and spectra of the principal emitters of colored flame. *Journal of Pyrotechnics* 18: 710–731.

Moore, W. J. 1983. *Basic Physical Chemistry*. Englewood Cliffs, NJ: Prentice Hall.

Moretti, J. D.; Sabatini, J. J.; Chen, G. 2012. Periodate salts as pyrotechnic oxidizers: Development of barium- and perchlorate-free incendiary formulations. *Angewandte Chemie, International Edition* 51(28): 6981–6983.

Moretti, J. D.; Sabatini, J. J.; Poret, J. C. 2014. High-performing red-light-emitting pyrotechnic illuminants through the use of perchlorate-free materials. *Chemistry-Weinheim-European Journal* 20(28): 8800–8804.

Moretti, J.; Sabatini, J.; Shaw, A.; Chen, G.; Gilbert, R.; Oyler, K. 2013. Prototype scale development of an environmentally benign yellow smoke hand-held signal formulation based on solvent yellow 33. *ACS Sustainable Chemistry & Engineering* 1: 673–678.

National Institues of Health 2018. Barium nitrate–National library of medicine HSDB database. TOXNET–Toxicology Data Network. February 11. Accessed Feb 11, 2018. https://toxnet.nlm.nih.gov/cgi-bin/sis/search/a?dbs+hsdb:@term+@DOCNO+401.

Pantoya, M.; Maienschein, J. 2014. Safety in energetic materials research and development–Approaches in academia and a national laboratory. *Propellants, Explosives, Pyrotechnics* 39: 483–483.

Parington, J. R. 1960. *A History of Greek Fire and Gunpowder*. Cambridge: W. Heffer & Sons, Ltd.

Pauling, L. 1960. *The Nature of the Chemical Bond*. Ithaca, NY: Cornell University Press.

Persson, P.; Holmberg, R.; Lee, J. 1994. *Rock Blasting and Explosives Engineering*. Boca Raton, FL: CRC Press LLC.

Plimpton, G. 1984. *Fireworks: A History and Celebration*. New York: Doubleday.

Podlesak, M.; Wilson, M. 2004. Chapter 16. A study of the combustion behavior of pyrotechnic whistles. In *Pyrotechnic Chemistry*, Kosanke; et al., Eds. Whitewater, CO: Journal of Pyrotechnics.

Poret, J.; Sabatini, J. 2013. Comparison of barium and amorphous boron pyrotechnics for green light emission. *Journal of Energetic Materials* 31: 27–34.

Price, D.; Clairmont, A. R.; Jaffee, I. 1967. The explosive behavior of ammonium perchlorate. *Combustion and Flame* 11: 415.

Puchalski 1974. The effect of angular velocity on pyrotechnic performance. *Proceedings of the 4th International Pyrotechnics Semianr*. Steamboat Springs, CO: Denver Research Institute: 14–1.

Pytlewski, L. 1981. The unstable chemistry of nitrogen. *Pyrotechnics and Explosives Seminar P-81*. Philadelphia, PA.

Railbeck, G.; Kislowski, C.; Chen, G. 2008. Demonstration of an environmentally benign pyrotechnic black smoke in a battlefield effects simulator. *Proceedings of the 35th International Pyrotechnics Seminars*. Fort Collins, CO: 95–102.

Rajendran, G.; et al. 1989. A study of the molybdenum/barium chromate/potassium perchlorate delay system. *Propellants, Explosives, Pyrotechnics* 14(3): 113–117.

Reed, J. W. 1992. Analysis of the accidental explosions at PEPCON, Henderson, Nevada, on May 4, 1988. *Propellants, Explosives, Pyrotechnics* 17: 88.

Regulations.gov. 2017. Amendment to fireworks safety standards; Advance notice of proposed rulemaking; request for comments and information. September 12. Accessed Mar 18, 2018. https://www.regulations.gov/docket?D=CPSC-2006-0034.

Reynolds, J.; Hsu, P.; Hust, G.; Strout, S.; Springer, H. K. 2017. Hot spot formation in mock materials in impact sensitivity testing by drop hammer. *Propellants, Explosives, Pyrotechnics* 42: 1303–1308.

Rose, A.; Rose, E. 1961. *The Condensed Chemical Dictionary*. New York: Reinhold Publishing Company.

Rose, J. E. 1971. *IHTR-71-168: Flame Propagation Parameters of Pyrotechnic Delay and Ignition Compositions*. Indian Head Technical Report. Indian Head, MD: United States Navy–Naval Ordinance Station.

Rose, J. E. 1980. The role of charcoal in the combustion of black powder. *Proceedings of the 7th International Pyrotechnics Seminar*. Vail, CO: ITT Research Institute: 543.

Sabatini, J. 2018. A review of illuminating pyrotechnics. *Propellants, Explosives, Pyrotechnics* 43: 28–37.

Sabatini, J. J.; Moretti, J. D. 2013. High-nitrogen-based pyrotechnics: Perchlorate-free red- and green-light illuminants based on 5-aminotetrazole. *Chemistry–A European Journal* 19(38): 12839–12845.

Sabatini, J.; Moretti, J.; Hall, D.; Leon, R. 2013. Recover, recycle, and reuse: Prove-out of pyrotechnic illuminants containing demilitarized magnesium. *ChemPlusChem* 78: 1358–1362.

Sabatini, J.; Poret, J.; Broad, R. 2011. Use of crystalline boron as a burn rate retardant toward the development of green-colored handheld signal formulations. *Journal of Energetic Materials* 29: 360–368.

Schneitter, R. L.; Schneitter, S. C. 1998. Ignition of salute compositions and black powder under vacuum and inert gases. *Proceedings of the 4th International Symposium on Fireworks*. Halifax, Nova Scotia, Canada: International Symposium on Fireworks: 587–591.

Sellers, K.; et al. 2007. *Perchlorate Environmental Problems and Solutions*. Boca Raton, FL: CRC Press–Taylor & Francis Group.

Seltzer, R. 1998. Impact widening from explosion of Nevada rocket oxidizer plan. *Chemical and Engineering News*, August 8.

Shaw, A. P.; Poret, J. C.; Gilbert Jr. R. A.; Domanico, J. A.; Black, E. L. 2013. Development and performance of boron carbide-based smoke compositions. *Propellants, Explosives, Pyrotechnics* 35: 1–7.

Shidlovskiy, A. A. 1964. *Principles of Pyrotechnics*, 3rd Edition. Translated by Report FTD-HC-23-1704-74. Moscow: Foreign Technology Division—Wright-Patterson Air Force Base.

Shimizu, T. 1982. *Fireworks from a Physical Standpoint, Part One*. Translated by A. Shulman. Austin, TX: Pyrotechnica Publications.

Shimizu, T. 1983. *Fireworks from a Physical Standpoint, Part Two*. Translated by Shulman A. Austin, TX: Pyrotechnica Publications.

Shimizu, T.; Lancaster, R. 1972. *Fireworks Principles and Practice*. New York: Chemical Publishing Co.

Shimizu, T. 1980. Studies on blue and purple flame compositions made with potassium perchlorate. *Pyrotechnica VI*.

Shimizu, T. 1982. Studies on strobe light pyrotechnic compositions. *Pyrotechnica VIII*.

Shimizu, T. 1985. Studies in microstars. *Pyrotechnica X*, August.

Shimizu, T. 1990. Studies on mixtures of lead oxides with metals (magnalium, aluminum, or magnesium). *Pyrotechnica XIII*.

Shimizu, T. 2004. Chemical components of fireworks compositions. In *Pyrotechnic Chemistry*, Kosanke, K., Ed. Whitewater, CO: Journal of Pyrotechnics, Inc.

Shimizu, T. 1981. *Fireworks–The Art, Science and Technique*. Tokyo: distributed by Maruzen Co., Ltd.

Skinner, D.; Olson, D.; Block-Bolten, A. 1998. Electrostatic discharge ignition of energetic materials. *Propellants, Explosives, Pyrotechnics* 23(1): 34–42.

Smith, M. D.; Stewart, F. M. 1982. Environmentally acceptable smoke munitions. *Proceedings of the 8th International Pyrotechnics Seminar*. Steamboat Springs, CO: ITT Research Institute.

Srinivasan, A.; Viraraghavan, T. 2009. Perchlorate: health effects and technologies for its removal from water resources. *International Journal of Environmental Research and Public Health* 6(4): 1418–1442.

Stanbridge, M. 1988. Reactions. *Pyrotechnica XII*, June.

Stone, J. 1977. Cut star making. *Pyrotechnica I*, October.

Sturman, B. 1990. The knox pyroballets 1988. *Pyrotechnica XIII*, 36.

Summer Pyrotechnic Seminars 2012. Unit 3: Reactivity. In *Presentation Materials for the Chemistry of Pyrotechnics and Explosives*. Chestertown, MD: Summer Pyrotechnic Seminars. Slide 16.

Tanner, J. E. 1972. *RDTR-18: Effect of Binder Oxygen Content on Adiabatic Flame Temperature of Pyrotechnic Flares*. Research Division Technical Report. Crane, IN: United States Navy–Naval Ammunition Depot.

Taylor, F. R.; Jackson, D. E. 1986. Development of a Polymer Binder for Pyrotechnic Compositions. *Proceedings of the 11th International Pyrotechnics Seminar*. Vail, CO: International Pyrotechnics Society.

Taylor, F.; Broad, R.; Lopez, L. 1991. The replacement of undesirable barium chromate by iron(III) oxide in the tungsten/potassium perchlorate/barium chromate delay composition. *Proceedings of the 16th International Pyrotechnics Seminar*. Jönköping, Sweden: International Pyrotechnics Society.

Thomson, B. J.; Wild, A. M. 1975. Factors affecting the rate of burning in a titanium–strontium nitrate based composition. *Proceedings of Pyrochem International 1975*. United Kingdom: Pyrotechnics Branch, Royal Armament Research and Development Establishment.

Tichapondwa, S. M.; Focke, W. W.; del Fabbro, O.; Gisby, J.; Kelly, C. 2016. A comparative study of $Si-BaSO_4$ and $Si-CaSO_4$ pyrotechnic time-delay compositions. *Journal of Energetic Materials* 34: 342–356.

Tulis, A.; et al. 1986. Investigation of physical and chemical effects in energetic fuel-oxidizer powder compositions–stoichiometry vs. Particle size relationship. *Proceedings of the 11th International Pyrotechnics Seminar*. Vail, CO.

Tuye, R. L. 1976. *Principles of Fire Protection Chemistry*. Boston, MA: National Fire Protection Association.

U.S. Army Armament Research, Development, and Engineering Center 2011. *Ball Drop Impact Test for Primary Explosives Users Manual*. Technical Report ARMET-TR-09045. Picatinny Arsenal, NJ: United States Army.

U.S. Army Material Command 1963. *Military Pyrotechnic Series Part Three: "Properties of Materials Used in Pyrotechnic Compositions"*. Technical Manual. Washington, D.C.: U.S. Army Material Command.

U.S. Army Material Command 1967. *Military Pyrotechnic Series, Part One: "Theory and Application"*. Technical Manual. Washington, D.C.: U.S. Army Material Command.

U.S. Consumer Product Safety Commission 2017. Fireworks Devices. *Code of Federal Regulations, Title 16, Part 1507*.

U.S. Department of Transportation n.d. Hazardous Materials Regulations. In *Code of Federal Regulations*, Title 49, Parts 172–173.

United Nations 2009. *Recommendations on the Transport of Dangerous Goods–Manual of Tests and Criteria*. Manual. New York: United Nations.

参 考 文 献

United Nations 2015. *UN Recommendations on the Transport of Dangerous Goods–Model Regulations (19th Edition)*. Regulations, United Nations. https://www.unece.org/trans/danger/publi/unrec/rev19/19files_e.html.

Veline, R. 1989. *A Compatible Star Formula System for Color Mixing*. Self-published: Available publicly by searching "Veline color". Accessed Nov 18, 2017. http://www.skylighter.com/fireworks/how-to/color-fireworks-stars.asp.

Venkatachalam, S.; Santhosh, G.; Ninan, K. 2004. An overview on the synthetic routes and properties of ammonium dinitramide (ADN) and other dinitramide salts. *Propellants, Explosives, Pyrotechnics* 29(3): 178–187.

Von Engel, A.; Cozens, J. R. 1964. Origin of excessive ionization in flames. *Nature* 202: 480.

Wang, P. S.; Hall, G. F. 1988. Friction, impact, and electrostatic discharge sensitivities of pyrotechnic materials: A comparative study. *Proceedings of the 13th International Pyrotechnics Seminar*. Grand Junction, CO: International Pyrotechnics Society.

Weast, R. C., Ed. 1994. *CRC Handbook of Chemistry and Physics*, 75th Edition. Boca Raton, FL: CRC Press, Inc.

Webster III, H. A. 1985. Visible spectra of standard navy colored flares. *Propellants, Explosives, Pyrotechnics* 10(1): 1–4.

Weiser, V.; Roth, E.; Raab, A.; Juez-Lorenzo, M.; Keizenberg, S.; Eisenreich, N. 2010. Thermite type reactions of different metals with iron-oxide and the influence of pressure. *Propellants, Explosives, Pyrotechnics* 35: 240–247.

Wharton, R. K.; Rapley, R. J.; Harding, A. 1993. The mechanical sensitiveness of titanium/black powder pyrotechnic compositions. *Propellants, Explosives, Pyrotechnics* 18(1): 25–28.

Wilharm, C.; Chin, A.; Pliskin, S. 2014. Thermochemical calculations for potassium ferrate(VI), K_2FeO_4, as a Green Oxidizer in Pyrotechnic Formulations. *Propellants, Explosives, Pyrotechnics* 39: 173–179.

Winokur, R. M. 1978. The pyrotechnic phenomenon of glitter. *Pyrotechnica II*.

Wilson, J., Ed. 2006. NASA–Solid rocket boosters. March 5. Accessed July 8, 2017. https://www.nasa.gov/returntoflight/system/system_SRB.html.

Young, G.; Sullivan, K.; Zachariah, M.; Yu, K. 2009. Combustion characteristics of boron nanoparticles. *Combusion and Flame* 156: 322–333.

Zhu, C.; Wang, H.; Min, L. 2014. Ignition temperature of magnesium powder and pyrotechnic composition. *Journal of Energetic Materials* 32: 219–226.